高等学校教材

无机化学实验

Inorganic Chemistry Experiment

第二版

展树中　王湘利　陈彩虹　主编
华南理工大学无机化学教研室　组织编写

化学工业出版社
· 北 京 ·

内容简介

本书结合编者学校多年无机化学实验的教学经验，汲取近年来化学研究和实验教学改革的最新成果，参考国内外相关的化学实验教材及论著编写而成。内容安排上遵循由浅入深、由简单到复杂、由专题到综合循序渐进的原则。本教材包含绪论和43个实验，内容包括：化学实验预备知识，介绍化学实验中的基本操作，例如试剂的取用、固液分离、蒸发和结晶等，并对学生进行实验室安全教育；基本原理和验证性实验，通过实验教学提升学生对无机化学基本理论的理解、掌握和运用程度；重要元素及化合物的性质实验，通过实验教学使学生对主要化合物的性质和变化规律加深理解；综合性实验，使学生把学到的理论知识与实际结合在一起，并能解决实际问题；设计性实验，基于科研成果设计出的科目，把学术成果转化为实验教学内容，提升学生的学习兴趣，培养学生的创新素质。本书配有二维码，扫码可观看实验操作视频或实验原理讲解。

本书可作为高等学校化学、化工、材料、轻工、食品、冶金、生物工程等专业的无机化学实验教材，也可供从事化学实验室工作或化学研究工作的人员参考。

图书在版编目（CIP）数据

无机化学实验/展树中，王湘利，陈彩虹主编；华南理工大学无机化学教研室组织编写. —2版. —北京：化学工业出版社，2022.7

高等学校教材

ISBN 978-7-122-41205-8

Ⅰ.①无… Ⅱ.①展…②王…③陈…④华… Ⅲ.①无机化学-化学实验-高等学校-教材 Ⅳ.①O61-33

中国版本图书馆CIP数据核字（2022）第060917号

责任编辑：窦　臻　林　媛　　　装帧设计：史利平

责任校对：杜杏然

出版发行：化学工业出版社（北京市东城区青年湖南街13号　邮政编码100011）

印　　装：河北鑫兆源印刷有限公司

787mm×1092mm　1/16　印张13　字数314千字　2022年9月北京第2版第1次印刷

购书咨询：010-64518888　　　售后服务：010-64518899

网　　址：http：//www.cip.com.cn

凡购买本书，如有缺损质量问题，本社销售中心负责调换。

定　　价：39.00元

前言

新时代高等学校的教学目的由给学生输送知识向知识传授与能力发展并重转变，高等学校的人才培养由单一型向综合型转变。实验教学是培养学生动手能力的有效途径，是发展学生创新能力的重要载体。实验教学体系、知识内容与创新能力培养融合是大学实验教学的发展趋势。无机化学实验是化学、化工类或一些非化学类专业大学新生接触的第一门基础实验课，不仅对学生的基本理论和基本技能的培养举足轻重，还培养规范严谨的实验习惯和实事求是的科学态度，同时对学生创新意识和创新能力的培养至关重要。如何将化学实验变得更生动有趣，如何充分利用科研资源，如何将现代教育技术应用于实验教学中，如何将实验教学技能与创新能力的培养融为一体，成为第二版教材编写的初衷和目标。与同类教材相比，本教材具有以下特点和优势：

1. 教学理念更新化

本着“学生主体、兴趣驱动、问题引领、自主探索”的教学新理念，在保持第一版特色的同时，第二版教材减少验证性实验的比例，大幅增加综合性和设计性实验，多角度培养和提升学生的综合能力和创新能力。例如，编入“不同形貌 CdS 的制备与表征”等新实验科目，培养学生进行无机合成和结构表征的技能。

2. 教学内容可视化

现代教育技术与教育教学的深度融合下，为适应新时代化学实验教学的需求，第二版教材配有数字资源，扫二维码可观看实验操作视频或实验原理讲解，图文并茂。学生既能线下又能线上进行实验学习，为自主学习提供更多途径。

3. 实验选题实用化

具有实用价值、贴近生产实践的实验项目，既能激发学生的实验兴趣，也使学生了解和感受无机物在能源、环境和材料等领域的广泛应用。为此，第二版教材编入“含银废水金属银的回收与利用”、“碘盐的制备与检验”和“用铝箔、铝制饮料罐制备硫酸铝”等实验科目。

4. 科研成果教材化

为充分利用科研资源，提升学生的科研兴趣，把最新科研成果编入第二版教材，让科研从神秘走向台前，让科研反哺教学。例如，“钴基催化剂的制备及光催化水还原制取氢”实验使学生能综合应用所学知识进行能源新领域的探究。

5. 探究实验科研化

通过综合性和设计性实验的训练，学生不仅学会各种仪器的使用方法，掌握各种类型无机物的合成方法和表征手段，而且学习相关科学研究方法，有助于创新思维和创新能力的培养，为今后的研究工作奠定基础。例如，实验“配合物的合成、晶体结构分析与性能表征”，X 射线衍射、电镜以及各种光谱技术也被写入第二版教材。

本教材由华南理工大学展树中、王湘利和陈彩虹主编。具体内容的选定由展树中负责，内容修改和定稿由展树中完成。参加编写的人员有展树中、王湘利、陈彩虹（绪论、实验 1、5、7、9、10、15、16、28、31、32、35、39、41、42）、魏小兰（实验 21、22、23、26、36）、李朴（实验 2、3、4、6、27）、邹智毅（实验 17、18、19、20）、李白滔（实验 8）、刘静（实验 11、12、24、25、33、43）和杨少容（实验 13、14、29、30、34、40），以及顺德职业技术学院李玮（实验 37、38）。实验教学视频由王湘利、陈彩虹制作。

限于时间仓促，本教材难免有不妥之处，敬请同行和读者批评指正。

编者于华南理工大学

2022 年 3 月

第一版前言

本教材是在经过多年无机化学实验教学的实践，并对以往使用的教材进行适当的修改、补充和完善的基础上编写而成的。其主要包括如下内容。

1. 无机化学实验基础知识与基本操作、常用测量仪器的使用及实验结果的表示与处理等内容的介绍。

2. 基本操作实验。着重对学生进行简单的玻璃加工、称量、试剂的取用、溶液的配制、固体的溶解、固液分离、蒸发、结晶的基本实验技能的训练。

3. 基本化学原理实验。旨在通过实验加深学生对无机化学基本理论（化学热力学、化学动力学及酸碱平衡、沉淀溶解平衡、氧化还原平衡、配位平衡等）的理解、掌握和运用。

4. 重要元素及化合物性质实验。从非金属、s 区和 p 区金属（主族金属）到过渡金属，对主要化合物的性质和变化规律进行学习、巩固和验证。

5. 综合性实验。注重理论与实际的结合，将无机化学理论和化学实验的基本原理和操作技术在实验的过程中加以综合应用。

6. 研究及设计性实验。

全书共收编了 37 个实验，且具有以下几方面的特色。

（1）加强基础知识、基本操作和基本技能的训练，为进一步学习打下坚实的基础。

（2）实验内容由浅入深，由基础到综合，循序渐进，符合学生认知的学习规律。

（3）对一些经典的实验进行了适当的改革。如在“磺基水杨酸铁（Ⅲ）配合物的组成和稳定常数的测定”的实验中简化实验步骤，在保留原有的用分光光度计测定系列配合物溶液吸光度内容的基础上，给出设计提示，引导学生在给定的药品和仪器规格、数量基础上，自行设计稀释配体和中心离子溶液，以及按等摩尔系列法配制样品溶液的方案。促使学生由被动学习到主动求知，既有效地利用了实验室现有的条件，考虑到大学一年级学生对化学专业知识掌握的程度，又使学生的综合实践能力得到了强化训练，经过四年的教学实践，收到了良好的效果。

（4）利用本教研室的科研项目，编写相关的研究性实验，“溶剂萃取法处理电镀厂含铬废水”“介质的酸度对石油亚砜萃取铁离子的影响”“晶体结构分析”等，有些可作为开放实验，便于学生了解科学研究的方法，扩大知识面，有助于其科学思维的培养和创新能力的训练。

本教材由古国榜教授担任主编，负责全书的策划、编排和审定，李朴、展树中参与主编，全书的统稿、复核由李朴负责。参与教材编写工作的有邹智毅（实验

3、10、11、15～19、23、24）、魏小兰（实验 5、6、12、20～22、30、32～34、36）、李朴（绪论、第 1～3 章、实验 2、4、14、25、28、31、37）、展树中（实验 27、29、35）、李白滔（实验 8、9、13）、黄莺（实验 1、7）、王湘利（实验 26），徐立宏为“无机化学实验常用仪器”中各种仪器提供英文翻译。柳松、林亦辉、曾祥德及华南理工大学化学与化工学院无机化学教研室同仁为本书编写提供大量的帮助，化学工业出版社为本书的编辑出版做了大量的工作，在此谨向他们致以诚挚的谢意。

本书编写时也参考了兄弟院校的教材和公开出版的书刊及互联网上的相关内容，在此对有关的作者和出版社表示衷心的感谢。

由于我们水平有限，书中难免有不妥之处，敬请同行和读者批评指正。

编者

2009 年 6 月

目录

附录

参考文献

绪论

一、化学实验预备知识

（一）无机化学实验的目的

实验是化学研究的基础，它除了对化学理论知识进行验证外，还能通过实验中的新发现、新问题，不断地充实化学理论，促进化学理论的进一步发展。对于化学化工类等专业的学生来说，无机化学实验则是进入大学后第一门实验化学课程，它和无机化学理论课程一起为今后的实际工作和科学研究都起到了承前启后、奠定基础的作用。因此，无机化学实验课具有如下目的。

（1）使学生通过亲自动手做实验，及对实验对象的观察和分析，获得第一手感性知识，加深对化学元素及其化合物的认识和掌握，进一步理解物质性质和物质结构的关系、化学反应速率和化学热力学原理，以及酸碱平衡、沉淀溶解平衡、氧化还原平衡和配位平衡对化学反应的影响。

（2）通过系统地学习、实践，正确地掌握化学实验的基本操作技术和技能，掌握重要化合物的一般制备、分离及检验的方法，了解某些基本常数的测定方法与原理，了解实验方法和实验条件的选择和确定原则，学习和掌握常规仪器的使用，获得准确的实验数据，并学会科学地整理、分析和归纳实验结果。

（3）通过科学、规范地实验操作，培养学生认真、严谨的工作作风；通过对实验现象的细致观察，实验数据的准确记录，培养学生实事求是的科学态度；通过对实验结果的分析、处理，以及对一些实际问题（如异常现象、疑难问题、实验失败等）的解决，培养学生发现问题、独立思考、独立分析和解决问题的能力；通过综合性、研究性、设计性实验的训练，培养学生独立获取知识、运用知识解决问题的综合能力。

（二）无机化学实验的要求

要做好无机化学实验应有正确的学习方法，具体包括以下几个方面：

1. 预习

（1）认真阅读实验教材和参考资料中的有关内容。

（2）明确实验目的及有关的实验原理，了解实验内容、操作要点和注意事项，合理安排实验方案。

（3）简明扼要地写好预习报告。

2. 实验

（1）认真、正确地进行操作，多动手、勤动脑，细心观察实验现象，用已学过的知识判断、理解、分析和解决实验中所观察到的实验现象和所遇到的问题，培养分析问题和解决的能力。

（2）应及时和如实并有条理地记录实验现象及数据。

（3）遇到问题或实验结果与预测现象不符等"反常"现象时，应积极思考、查找原因，力争自己解决，在自己难以解决的情况下，请教指导教师。若实验失败，应找出原因，经指导教师同意，可重做。

（4）在实验过程中，应该保持肃静，严格遵守实验课的纪律。

（5）严格遵守实验室的各项规章制度，安全第一，注意节约水、电、药品和器材，爱护仪器和实验室各项设备。

3. 实验报告

实验报告包括如下内容：

（1）实验目的。

（2）实验原理。

（3）实验内容或步骤，可用简图、表格、化学式或符号表示。

（4）实验现象或数据记录。

（5）解释、结论或讨论、数据处理或计算。

性质实验要写出反应方程式；制备实验应计算产率；测定实验应进行数据处理并将结果与理论值相比较，并分析产生误差的原因等。

（三）化学实验室规则

（1）实验前应认真做好预习，明确实验目的，了解实验内容及注意事项，写出预习报告。

（2）做好实验前的准备工作，清点仪器。

（3）实验时保持肃静，思想集中，认真操作，仔细观察现象，如实记录，积极思考问题。

（4）保持实验室和台面清洁、整齐，火柴梗、废纸屑、废液、废金属屑应倒在指定的地方，不能随手乱扔，更不能倒在水槽中，以免水槽或下水道堵塞、腐蚀或发生意外。

（5）爱护公共财物，小心正确地使用仪器和设备，注意安全，节约用水、电和药品。使用精密仪器时，必须严格按照操作规程进行，如发现故障，应立即盖上瓶塞，以免弄乱，沾污药品。放在指定地方的药品不得擅自拿走。从瓶中取出的药品不能再倒回原瓶中。

（6）实验完毕后将所用仪器清洗干净并放回原处，整理好桌面。

（7）每次实验后由学生轮流值日，负责整理公用药品、仪器，打扫实验室卫生，清理实验后废物；关闭水、电、煤气开关，关好门窗。

（8）实验室内的一切物品（包括仪器、药品、产物等）不得带离实验室。

（四）安全守则和意外事故的处理

1. 安全守则

（1）熟悉实验室环境，了解电源、煤气总阀、急救箱和消防用品的位置及使用方法。

（2）一切易燃、易爆物品的操作应远离火源。严禁用火焰或电炉等明火直接加热易燃液体。

（3）注意煤气灯及酒精灯的使用安全。酒精灯内的酒精不能超过其容量的2/3。灯内酒精不足1/4时，应熄灭后添加酒精。燃烧着的酒精灯焰应用灯盖熄灭，不可用嘴吹灭，以防引燃灯内酒精。

（4）能产生有刺激性、有毒和有恶臭气味的实验，应在通风橱内或通风口处进行。

（5）严禁用手直接接触化学品。使用具有强腐蚀性的试剂，如强酸、强碱、强氧化剂等，应特别小心，防止溅在衣服、皮肤，尤其是眼睛上。稀释浓硫酸时，应将浓硫酸慢慢注入水中，并不断搅动，切勿将水倒入浓酸中，以免因局部过热，使浓硫酸溅出，引起灼伤。溶解氢氧化钠、氢氧化钾等强碱性物质，由于溶解过程放热，应选择在耐热的容器中进行。

（6）嗅瓶中气味时，鼻子不能直接对着瓶口，应用手把少量气体轻轻地扇向自己的鼻孔。

（7）加热试管时，不能将管口对着自己或他人。不要俯视正在加热的液体，以防被意外溅出的液体灼伤。

（8）严禁做未经教师允许的实验，或将药品任意混合，以免发生意外。

（9）不用湿手去接触电源。水、电、煤气用完后应立即将开关关闭。

（10）严禁在实验室内进食、吸烟。实验用品严禁入口。实验结束后，必须将手洗净。

2. 意外事故的处理

（1）割伤　伤处不能用水洗，应立即用药棉擦净伤口（若伤口内有玻璃碎片，应先挑出），涂上紫药水（或、碘伏），再用止血贴或纱布包扎，如果伤口较大，应立即去医院医治。

（2）烫伤　可用1%高锰酸钾溶液擦洗伤处，然后涂上医用凡士林或烫伤膏。

（3）化学灼伤　酸灼伤时，应立即用大量水冲洗，然后用3%～5%碳酸氢钠溶液（或稀氨水、肥皂水）冲洗，再用水冲洗。最后涂上医用凡士林。

（4）吸入有刺激性或有毒气体　如不慎吸入氯气、氯化氢，可立即吸入少量酒精和乙醚的混合蒸气，若吸入硫化氢气体而感到头晕等不适时，应立即到室外呼吸新鲜空气。

（5）触电　立即切断电源，必要时进行人工呼吸。

（6）起火　熄灭火源，停止加热。小火可用湿布或砂子覆盖燃烧物，火势较大时用泡沫灭火器。油类、有机物的燃烧，切忌用水灭火。电器设备着火，应首先关闭电源，再用防火布、砂土、干粉等灭火。不能用水和泡沫灭火器，以免触电。实验人员衣服着火时，不可慌张跑动，否则加快气流流动，使燃烧加剧，而应尽快脱下衣服，或在地面上打滚或跳入水池。

（五）实验室“三废”的处理

为防止实验室排放的废气、废液、废渣污染环境，保障实验人员的安全与健康，一方面应节约使用化学药品，从源头上减少污染物的产生，另一方面应将“三废”进行适当处理。

1. 化学实验室废气的处理

化学实验室常见的废气有Cl_2、HCl、H_2S、NH_3、SO_2、NO_x、甲苯、酚等有机物质的蒸气。处理方法如下：

（1）溶液吸收法　用适当的液体吸收处理气体废弃物。如用酸性液体吸收碱性气体，用碱性液体吸收酸性气体。此外还可用水、有机溶液作吸收剂吸收废气。

（2）固体吸附法　用固体吸附剂吸收废气，使气体吸附在固体表面而被分离。常用的固体吸附剂有活性炭、硅胶、分子筛、活性氧化铝等。

除此之外，还有用氧化、分解等方法对废气进行处理。

2. 化学实验室废液的处理

（1）废酸液　用塑料桶收集后以过量的碳酸钠或石灰乳溶液中和，或用废碱液中和，然后用大量的水冲稀，清除废渣后排放。

（2）废碱液　用废酸液中和，然后用大量的水冲稀，清除废渣后排放。

（3）含砷、锑、铋、汞和重金属离子的废液　加碱或硫化钠使之转化为难溶的氢氧化物或硫化物沉淀，过滤分离，清液处理后排放，残渣若无回收价值，则以废渣的形式送固体废物处理中心深埋处理。

（4）含氟废液　加入石灰使其生成氟化钙沉淀，以废渣的形式处理。

（5）含氰废液　切勿将含氰废液倒入酸性液体中，因氰化物遇酸产生剧毒的氰化氢气体，危害人员的生命安全。正确的处理方法是先加氢氧化钠调节 pH＞10，再加入过量的 3% $KMnO_4$ 溶液，使 CN^- 被氧化分解。若 CN^- 含量较高，可加入漂白粉使 CN^- 氧化成氰酸盐，并进一步分解为 CO_2 和 N_2。另外，氰化物在碱性介质中与亚铁盐作用可生成亚铁氰酸盐而被破坏。

在有化学废液处理企业的地区，也可将分类收集的废液送往企业进行专业处理。

3. 化学实验室废渣的处理

（1）无毒废物按垃圾处理，其中破碎的玻璃仪器单独收集和处置。

（2）有毒废渣集中在专用的废物桶内，分类送到固废中心采用深埋处理。

二、无机化学实验中的常用仪器

表 0-1 中列举了实验室里常用的部分仪器，并做了相关的说明。

表 0-1　实验室里常用的部分仪器

仪器	种类和规格	用途	注意事项
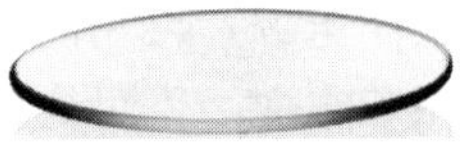 表面皿	玻璃制品，形状为圆弧倒角的圆弧形，规格以口径表示	能用于烧杯、蒸发皿、漏斗等仪器的盖子；也可作为承载容器，承载 pH 试纸等	不能像蒸发皿那样加热，需垫上石棉网
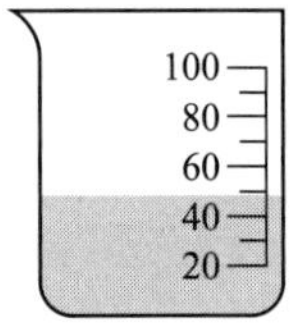 烧杯	常见为玻璃质，也有塑料质。规格以容积的量表示	常用来配制溶液和作为较大量的试剂的反应容器，也可作为简易水浴的盛水器	所盛液体不能超过烧杯容积的 2/3，防止搅拌时液体飞溅或沸腾时液体溢出，加热前擦干烧杯的外壁；加热时应放在石棉网上，避免干烧
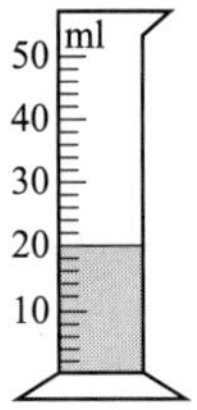 量筒	玻璃质，极少部分为塑料质。规格以容积的量表示	用于非精密量取一定体积的液体	不能加热，不能用作反应容器，不能在量筒或量杯中配制溶液，也不可用于稀释强酸、强碱溶液

续表

仪器	种类和规格	用途	注意事项
 称量瓶	根据材料分为普通玻璃称量瓶和石英玻璃称量瓶。瓶的规格以直径×瓶高(mm)表示,分扁形、高形两种外形	用于准确称量一定量的固体,因有磨口塞,可以防止瓶中的试样吸收空气中的水分和CO_2等	称量瓶不能用火直接加热,瓶盖不能互换,称量时不可用手直接拿取,应带指套或垫以洁净纸条
 碘量瓶	玻璃制品,规格以容积表示	一般为碘量法测定中专用的一种锥形瓶。也可用作其他产生挥发性物质的反应容器	碘量瓶可以加热,应放在石棉网上,使受热均匀
 滴瓶	玻璃制品,有无色和棕色两种颜色。规格以容积表示	滴瓶用于存放少量液体。需要避光保存时用棕色瓶	滴瓶上的滴管与滴瓶配套使用;不可长时间盛放强碱(玻璃塞),不可久置强氧化剂;吸上的药品剩余不可倒回;滴管不可倒放、横放,以免试剂腐蚀滴管;滴液时,滴管不能放入容器内,以免污染滴管,损伤容器;滴管不能平放或倒立,以防液体流入胶头;盛碱性溶液时改用木塞或橡胶塞
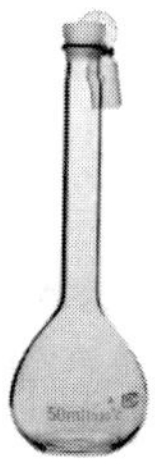 容量瓶	玻璃制品,规格以容积表示	用于配制一定浓度的溶液	不能加热,不能用毛刷洗涤管的内壁
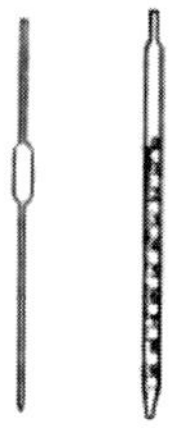 移液管	玻璃制品,管身为无色。规格以容量表示	用于准确量取一定量的液体	不能加热,也不能量取热的液体。清洗时,不能用毛刷洗涤管的内壁

仪器	种类和规格	用途	注意事项
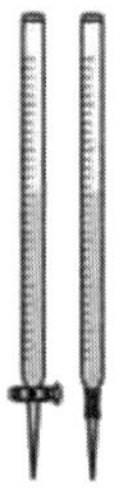 滴定管	玻璃制品，管身为无色或棕色。规格以刻度的最大标度表示	用于滴定，也可用于量取一定体积的液体。酸式滴定管可盛装酸性及氧化性溶液。碱式滴定管可盛装碱性及无氧化性的溶液	不能加热，也不能量取热的液体。清洗时，不能用毛刷洗涤管的内壁。酸式滴定管和碱式滴定管不能互换使用
 滴定台	金属台架、塑料夹和白色底板	用于滴定管的固定	防止夹子松动，保证固牢滴定管
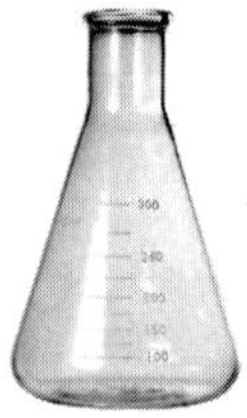 锥形瓶	玻璃制品，规格以容量表示	用于滴定操作	可在石棉网上加热
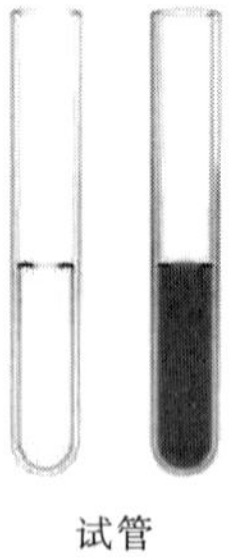 试管	玻璃制品，试管分普通试管、离心试管等多种。普通试管的规格以外径(mm)×长度(mm)表示	普通试管在常温或加热时用作少量试剂的反应，便于观察和操作	普通试管可直接用火加热。硬质试管可加热至高温。加热时应使用试管夹夹持。加热时注意扩大受热面积，防止暴沸或受热不均匀使试管破裂。加热后不能骤冷
 试管夹	一般为木制品，也有竹制的	用于夹持试管，方便实验	防止腐蚀烧灼，手握长柄
 试管刷	铁丝(钢丝)作骨架，上面由许多排列整齐、向外伸展的细刷丝构成	用于试管、烧杯等仪器的洗涤	不宜在高温和高速度情况下使用

续表

仪器	种类和规格	用途	注意事项
 研钵	瓷、玻璃和石英制品。规格以口径或容量表示	用于固体的均匀混合及粉化，例如用于红外光谱测试的样品制作等	不能加热，不能用强酸或强碱洗涤
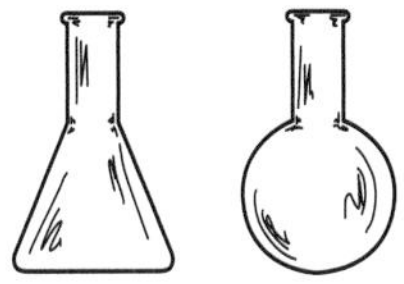 烧瓶	玻璃制品，有多种形状。规格以容量大小表示	用作反应物量较多，且需长时间加热的反应器	加热时应放在石棉网上，或用适当的加热浴加热。圆底烧瓶竖放在台面上时应垫以合适的器具，以防滚动而打破烧瓶
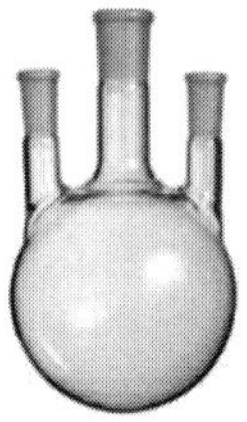 三口烧瓶	玻璃制品，有普通型和标准磨口型。规格以容量表示	用作反应物量较多，且需长时间加热并需要回流的反应器	加热时应放在石棉网上，或用适当的加热浴加热。三口圆底烧瓶竖放在台面上时应垫以合适的器具，以防滚动而打破烧瓶
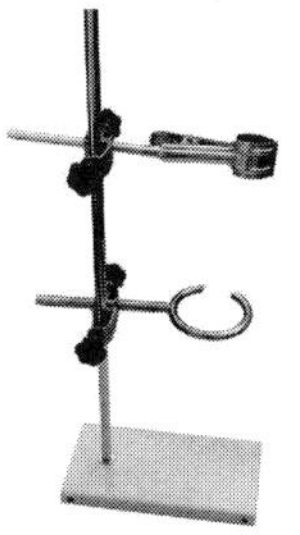 金属架台	金属制品。烧瓶夹和双丝顶也有铝或铜制成的	用于放置和固定化学反应装置。根据不同的实验内容，常配有能上下移动的铁环、烧瓶夹、滴定管夹、冷凝管夹等附加器械。若实验需要加热，则可配加热装置。若实验需要加热回流，则可与自来水管、冷凝器配合使用	注意重心，铁架台自身较重是保证实验过程中仪器稳定的重要因素。但在夹持仪器时，应尽可能使仪器夹持在铁架台的台面上方，使重心落在台面中间，不倒塌，不倾斜
 磁力搅拌器	规格以转速表示	用于化学反应过程中的搅拌，使反应能均匀进行	反应过程中，容器底部的固体不能过多
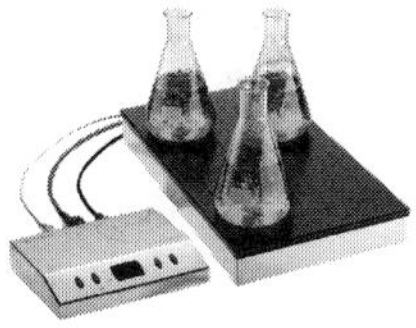 电加热板	规格以加热功率表示	在不引入明火的情况下，用于溶液的加热和浓缩等	根据加热功率不同，实验时温度一般控制在300℃以下，且有人员看管

仪器	种类和规格	用途	注意事项
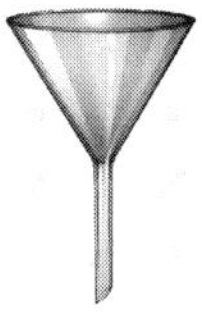 漏斗	玻璃制品，规格以口径大小和颈的长短表示	长颈漏斗用于向气体发生装置中注入液体，也用于过滤操作	不能直接用火加热
 分液漏斗	玻璃制品，规格以容量大小表示	常用做萃取操作	不作加热仪器使用
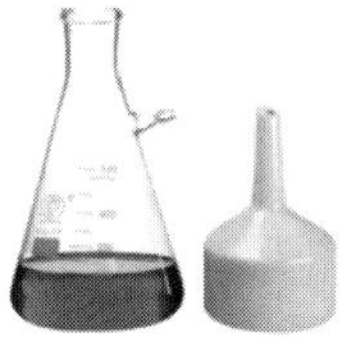 抽滤瓶、布氏漏斗	常见的布氏漏斗为陶瓷制的，规格以容量或漏斗口径表示。抽滤瓶为玻璃制品，规格以容量表示	布氏漏斗和抽滤瓶配套使用，用于溶液减压过滤操作	不能直接用火加热
 循环水真空泵	常用的一种减压设备，规格以真空度大小表示	主要用于减压过滤和减压蒸馏等	防止水倒流
 旋转蒸发仪	主要由旋转马达、蒸发管、真空系统、流体加热锅、冷凝管和冷凝样品收集瓶等部件组成	结合减压装置，主要用于减压条件下连续蒸馏易挥发性溶剂	沸点较低的溶剂不适合旋转蒸发
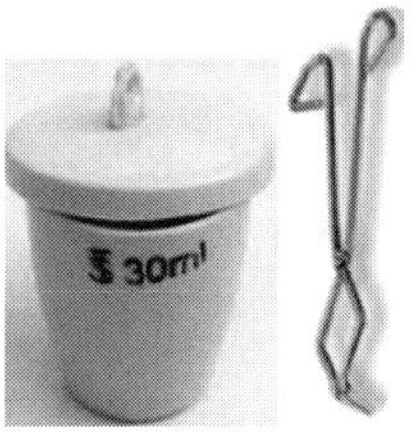 坩埚、坩埚钳	坩埚可分为石墨坩埚、黏土坩埚和金属坩埚三大类。规格以容量表示。坩埚钳由不锈钢，或不可燃、难氧化的硬质材料制成	坩埚用于灼烧固体物质；坩埚钳通常用来夹取坩埚，也可用来夹取蒸发皿	坩埚可直接受热，不要骤冷，要用坩埚钳取下。灼热的坩埚应放在石棉网上。坩埚钳夹取坩埚和坩埚盖时要轻夹，避免用力，使质脆的瓷坩埚等被夹碎

仪器	种类和规格	用途	注意事项
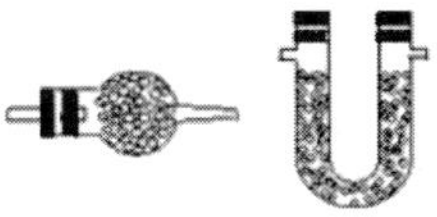 干燥管	玻璃制品。有多种形状，常见直形一球干燥管、U形干燥管、U形具塞干燥管	用于干燥气体	干燥管中不能装液体，只能装固体。所填装的干燥剂应不与气体反应，颗粒要大小适中，填充时也要松紧适中
 干燥器	玻璃制品，规格以容量表示	用于样品的干燥与保存	不作加热使用
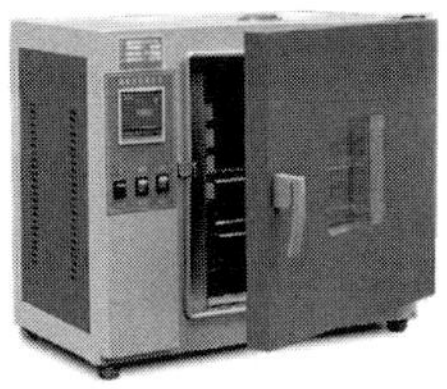 烘箱	规格以加热功率表示	用于实验室作玻璃仪器的烘干和干燥等使用	不适用于挥发物及易燃易爆物品的置入与干燥，以免引起爆炸
 三脚架	金属制品，有大小、高低之分	用作支撑物，放置较大或较重的加热容器	承载的容器体量不能过大
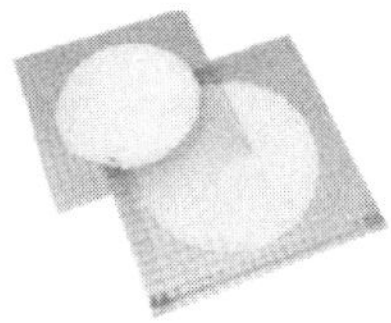 石棉网	由两片铁丝网夹着一张石棉水浸泡后晾干的棉布做成	置于受热仪器与热源之间，使受热物体受热均匀	不能与水接触或折卷
 泥三角	用铁丝扭成，套有瓷管，有大小之分	可用以支撑灼烧的坩埚和加热的蒸发皿	灼烧的泥三角要放在石棉网上

续表

仪器	种类和规格	用途	注意事项
 蒸发皿	陶瓷制品，规格以口径或容量表示	用于蒸发或浓缩液体	耐高温，但不宜骤冷
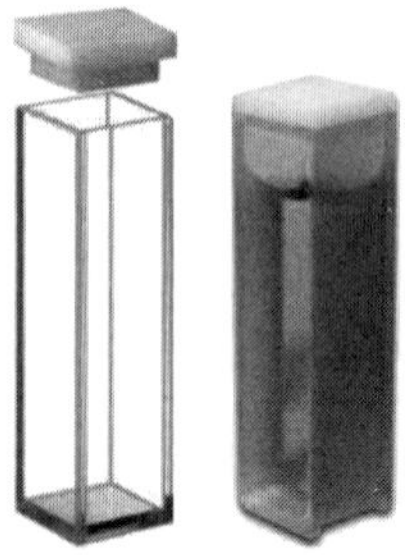 比色皿	石英制品，统一规格	用于光谱分析	手要触摸比色皿的毛面，不要触摸其光面。洗涤时，不能用毛刷刷比色皿内壁

三、干燥剂及干燥器的使用

（一）干燥剂

干燥是指除去药品或样品中水分或防止一些物品吸收水分的过程。凡能够吸收水分的物质都可用作干燥剂。

干燥剂可分为酸性、中性和碱性物质干燥剂，以及金属干燥剂等。在选择干燥剂时应注意选用的干燥剂不能与被干燥的物质发生任何反应，同时还要考虑干燥的速率、效果和干燥剂的吸水量。一般，酸性物质的干燥选用酸性干燥剂，中性物质的干燥选用中性干燥剂，碱性物质的干燥常用碱性干燥剂。表 0-2 列出了一些常用干燥剂及其干燥性能。

表 0-2　一些常用干燥剂的性能

干燥剂	吸水量/干燥速度	酸碱性	适用范围	不适用范围	备　注
P_2O_5	大/快	酸性	大多数中性和酸性气体、C_2H_2、CS_2、烃、卤代烃、酸与酸酐、腈	碱性物质、醇、酮、易发生聚合的物质、HCl、HF	一般先用其它干燥剂预干燥；容易潮解
浓 H_2SO_4	大/快	酸性	大多数中性或酸性气体(干燥器、洗气瓶)、饱和烃、卤代烃、芳烃	不饱和化合物、醇、酮、酚、碱性物质、H_2S、HI 等	不适宜升温真空干燥
CaO	一般/慢	碱性	中性和碱性气体、胺、醇	醛、酮、酸性物质	特别适合于干燥气体
NaOH KOH	大/较快(均为熔融过的)	碱性	NH_3、胺、醚、烃(干燥器)、肼	醛、酮、酸性物质	潮解

干燥剂	吸水量/干燥速度	酸碱性	适用范围	不适用范围	备注
$CaCl_2$	大/快	含碱性杂质(CaO)	HCl、烃、链烯烃、醚、卤代烃、酯、腈、中性气体	NH_3、醇、胺、酸、酸性物质、某些醛、酮及酯	价廉；能与许多含氮和氧的化合物生成溶剂化物、配合物或发生反应
Na_2SO_4	大/慢	中性	普遍适用；特别适用于酯及敏感物质溶液		价廉；常用作预干燥剂
$MgSO_4$	大/较快	中性，有的微酸性	普遍适用；特别适用于酯及敏感物质溶液		价廉
硅胶	大/快	酸性	普遍适用(干燥器)	HF	常先用 Na_2SO_4 预干燥；可加 $CoCl_2$ 制成变色硅胶，干燥时，无水 $CoCl_2$ 呈蓝色，吸水后 $CoCl_2 \cdot 6H_2O$ 呈粉红色
分子筛	大/较快	酸性	温度在100℃以下的大多数流动气体，有机溶剂(干燥器)	不饱和烃	一般先用其他干燥剂预干燥；特别适用于低分压的干燥

(二) 干燥器的使用

由于空气中总含有一定量的水分，为防止一些易吸潮的物品及灼烧过的坩埚和样品吸收水分，应将它们放入干燥器内。

干燥器是一种具有磨口盖子的厚质玻璃器皿，盖子磨口处涂以一层薄薄的凡士林，可以使其更好地密封。干燥器的底部放置适当的干燥剂，其上架有洁净的带孔瓷板，以便放置需干燥保存的物品。干燥器中的干燥剂不要放得太满，一般装至干燥器下室的一半即可。灼烧过的样品应稍冷却后才能放入干燥器内，并在冷却的过程中每隔一定时间打开一下盖子，以调节干燥器内的压力。防止热的物品冷却后，干燥器内部产生负压，使盖子难以打开。

由于凡士林将干燥器黏合得很紧，开启干燥器时，应左手按住干燥器的下部，右手握住盖的圆顶，小心向前推开盖子，如图 0-1(a) 所示。搬动干燥器时，应用两手的拇指同时按住干燥器的盖子，以防盖子滑落打碎。如图 0-1(b) 所示。

(a) 开启干燥器

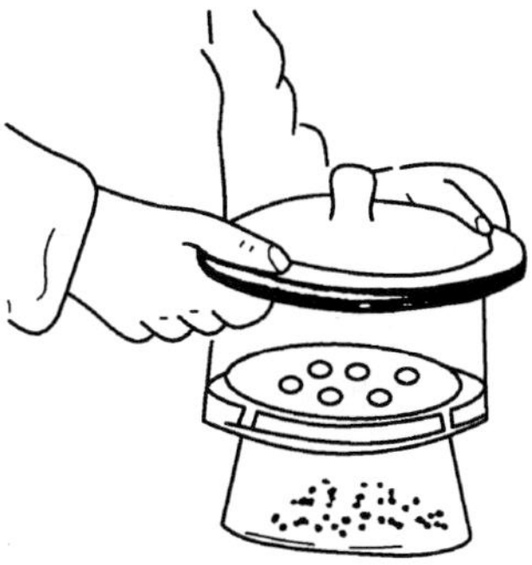
(b) 搬动干燥器

图 0-1 干燥器的使用

四、气体钢瓶的标识及使用

（一）气体钢瓶的标识

实验室常用的气体还可由气体钢瓶获得。钢瓶中的气体一般由气体厂生产，经高压压缩后储存在气体钢瓶中。根据储存气体的性质，钢瓶内装气体可分为压缩气体、液化气体和溶解气体三类。压缩气体是指临界温度＜－10℃，经高压压缩后，仍处于气态的气体，如 O_2、H_2、N_2、空气等。液化气体是指临界温度≥10℃，经高压压缩，转为液态与其蒸气处于平衡状态的气体，如 CO_2、NH_3、Cl_2、H_2S 等。溶解气体是指单纯加高压压缩可能产生分解、爆炸等危险的气体，这类气体必须在加高压的同时，将其溶解在适当的溶剂中，并由多孔性固体填充物吸收。如乙炔钢瓶是将颗粒活性炭、木炭、石棉或硅藻土等多孔性物质填充在钢瓶内，再掺入丙酮，通入乙炔气使之溶解在丙酮中。表 0-3 列出了部分高压气体钢瓶的颜色和标志。

表 0-3　部分高压气体钢瓶的颜色和标志

气瓶名称	瓶身颜色	字样	字体颜色	色环	瓶内气体状态
氧气瓶	淡蓝	氧	黑	白色单环或双环	液化气体
氢气瓶	淡绿	氢	大红	大红单环或双环	液化气体
氮气瓶	黑	氮	白	白色单环或双环	液化气体
氩气瓶	银灰	液氩	深绿	无	液化气体
氦气瓶	银灰	氦	深绿	无	液化气体
压缩空气瓶	黑	液化空气	白	无	液化气体
二氧化碳气瓶	铝白	液化二氧化碳	黑	黑色单环	液化气体
氨气瓶	淡黄	液氨	黑	无	液化气体
氯气瓶	深绿	液氯	白	无	液化气体
硫化氢气瓶	银灰	液化硫化氢	大红	无	液化气体
乙炔气瓶	白	乙炔不可近火	大红	无	溶解气体
其他可燃气体	棕	气体名称	白或淡黄		
其他不可燃气体	银灰	气体名称	黑或大红		

（二）气体钢瓶的使用

气体钢瓶是用无缝合金或锰钢钢管制成的圆柱形的高压容器。其底部呈半球形，为便于竖放，通常还配有钢制底座。气瓶的顶部有开关阀（总压阀），其侧面接头（支管）有与减压器相连的连接螺纹。为避免把可燃气体压缩到空气或氧气钢瓶中的可能性，以及防止偶然把可燃气体连接到有爆炸危险的装置上去的可能性，用于可燃气体的为左旋螺纹，非可燃气体的为右旋螺纹。使用钢瓶中气体时，还应安装配套的减压器，以使瓶内的高压气体的压力降到实验所需的压力。不同的气体有不同的减压器。不同减压器的外表涂以不同的颜色加以标识，且要与各种气体的气瓶颜色标识一致。但应注意的是：用于氧气的减压器可用于装氮气或空气的钢瓶上，而用于氮气的减压器只有在充分清除了油脂之后，才可用于氧气瓶上。图 0-2 所示为以氧气表为例的钢瓶气表示意图。

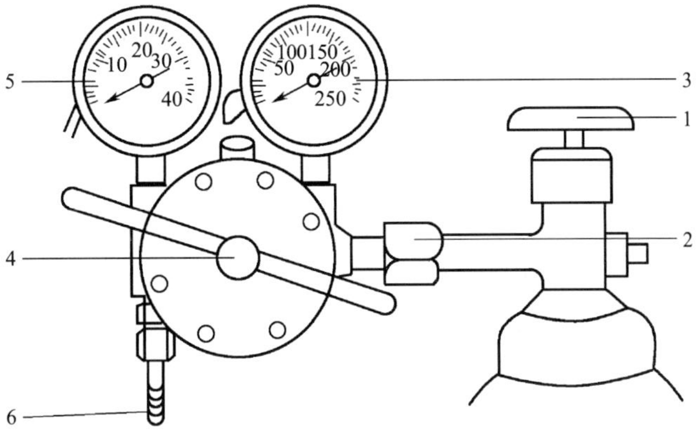

图 0-2　氧气表结构

1—总压阀；2—气表和钢瓶连接螺丝；3—总压表；4—调节阀门；5—分压表；6—供气阀门

安装减压器时应先将钢瓶侧面支管的灰尘、脏物等清理干净，并检查支管接头上的丝扣不应有滑牙，然后将减压器与钢瓶侧面的支管连接，拧紧，在确保安装牢固后，才能打开钢瓶的开关阀。

安装好减压器后先开钢瓶开关阀，并注意高压压力计的指示压力。然后慢慢旋紧减压器的调压螺杆，此时减压阀开启，气体由此经过低压室通向出口，从低压压力计上可读取出口气体的压力，转动调压螺杆至所需的压力为止。当气体流入低压室时要注意有无漏气现象。实验完毕，应先关钢瓶的总压阀，放尽减压器内的气体，然后旋松调压螺杆。

安全使用气体钢瓶还应注意以下事项。

（1）钢瓶应安置在阴凉、通风、远离热源及避免强烈振动和暴晒的地方，并将之直立固定放置。

（2）室内存放的钢瓶不得多于两瓶。氧气瓶不可与易燃性气体钢瓶同放一室，也严禁与油类接触，操作人员不能穿戴沾有油污的衣物和手套，以免引起燃烧。氢气钢瓶应存放在远离烟火的地方，且要经常检查是否漏气（用肥皂水检查法），避免氢气与其他气体混合发生爆炸。乙炔瓶应放在通风、温度低于 35℃的地方，充灌后的乙炔钢瓶需静置 24h 后才能使用。使用时气速不可太快，以防带出丙酮。如发现瓶身发热，应立即停止使用，并用水冷却。

（3）开启钢瓶时，人应站在出气口的侧面，动作要慢，避免被气流射伤。

（4）钢瓶内的气体不可完全用尽，其余压一般不应低于 9.8×10^5 Pa，以防空气倒灌，再次充气时发生危险。

（5）搬运钢瓶要用专用气瓶车，轻拿轻放，防止剧烈振动、撞击。乙炔钢瓶严禁横卧滚动。

（6）钢瓶应定期进行安全检查，如耐压试验、气密性检查和壁厚测定等。

五、化学实验中的基本操作

（一）玻璃仪器的洗涤

实验中使用的各种玻璃仪器必须洁净，否则会直接影响实验结果的准确性。根据实验要求不同，可采用以下几种洗涤方式。洗净的玻璃仪器其内壁应能被水均匀地润湿而无水的条纹，且不挂水珠。

1．水洗

一般的玻璃仪器，如烧杯、烧瓶、锥形瓶、试管和量筒等，可以选择用适当大小的毛刷从里到外用水刷洗，反复几次，至水倒出后仪器内壁不挂水珠为洗净。最后用少量蒸馏水或去离子水冲洗 2～3 次。这样可刷洗掉水可溶性物质、部分不溶性物质和灰尘。

2．用去污粉或洗涤剂洗

若仪器内壁有油污等有机物，可用去污粉、肥皂粉或洗涤剂进行洗涤。先用少量自来水将仪器内壁润湿，然后用蘸有去污粉或洗涤剂的毛刷刷洗，再用自来水冲洗干净，最后用蒸馏水或去离子水润洗内壁 2～3 次。有机实验中使用磨口的玻璃仪器，洗刷时应注意保护磨口，不宜使用去污剂，改用洗涤剂洗涤。对不易用毛刷刷洗的或用毛刷刷洗不干净的玻璃仪器，如滴定管、容量瓶移液管等，可将洗涤剂倒入或吸入容器内浸泡一段时间后，把容器内的洗涤剂倒入贮存瓶中备用，再用自来水清洗和去离子水润洗。

3．用铬酸洗液或王水洗涤

如果对仪器的洁净度要求高，或是用上述方法仍不能洗干净，可采用铬酸洗液洗涤。铬酸洗液是用重铬酸钾（$K_2Cr_2O_7$）和浓硫酸（H_2SO_4）配成。重铬酸钾在酸性溶液中，有很强的氧化能力，对玻璃仪器又极少有侵蚀作用，所以这种洗液在实验室内使用最广泛。酸性洗液的浓度可从 5%～12%。例如配制 5%的洗液 500mL。取 25g 工业品 $K_2Cr_2O_7$ 置于 50mL 水中（加水量不是固定不变的，以能溶解为度），加热溶解，冷却，徐徐加入浓 H_2SO_4 450mL（边加边搅拌），贮于玻璃塞玻璃瓶中备用。

铬酸洗液有很强的腐蚀性，易灼伤皮肤，损坏衣物，毁坏实验台面，使用时要非常小心。若不慎将洗液溅在皮肤或衣物上，应立即用大量的水冲洗。由于铬 Cr(Ⅵ) 有毒，会污染环境，应尽量少用。另外，由于王水不稳定，使用王水时应现配现用。

4．现代实验室洗液的配制与使用

（1）洗液的配制

① 碱液　在一个大器皿（玻璃或塑料）中，加入一定量的异丙醇，随后加入氢氧化钾固体，并使之饱和，便可作为洗涤玻璃器皿的碱液。

② 酸液　在一个大器皿（玻璃或塑料）中，加入一定量蒸馏水，随后加入盐酸使其浓度约为 $0.10\text{mol}\cdot\text{L}^{-1}$，便可作为洗涤玻璃器皿的酸液。

（2）玻璃器皿的洗涤　把需要清洗的玻璃器皿放入碱液里浸泡，24h 后取出，并用自来水冲洗。洗后的玻璃器皿转移至酸液中浸泡，0.5h 后取出，分别用自来水和蒸馏水冲洗。

（二）玻璃仪器的干燥

实验室常用的玻璃仪器干燥方法有如下几种：

（1）晾干　不急用的，要求不高的仪器，可在洗净后，倒掉水分，倒置于无尘处（如实验柜内或仪器架上），使其自然干燥。

（2）吹干　先将玻璃仪器内、外壁擦干，内壁的水分要尽可能倾尽，然后用电吹风或专用的气流烘干机吹干。用此法干燥仪器时，要求在通风良好，没有明火的环境中进行。

（3）烤干　先将玻璃仪器内外壁水分尽可能倾尽，然后用小火均匀烤干仪器。此方法适用于数量少、体积小、耐高温的玻璃仪器，如试管、烧杯的干燥。

（4）烘干　先将玻璃仪器内、外壁的水分尽可能倾尽，然后放入烘箱中，在105～120℃烘干。此方法特别适用于数量较多、口径较小的仪器。

（5）有机溶剂挥干　先将玻璃仪器内、外壁水分尽可能倾尽，然后用丙酮或酒精等易挥发的有机溶剂润湿仪器内壁几次，倒出并回收用过的有机溶剂（此后还可再用乙醚润湿仪器一遍），最后晾干或吹干仪器。

（三）药品的取用

化学实验室中，一般只贮存固体试剂和液体试剂，气体物质都是需用时临时制备或取自气体钢瓶。一般固体药品放在广口瓶中，液体试剂放在细口瓶中。见光易分解的试剂（HNO_3、$AgNO_3$、$KMnO_4$）应装在棕色试剂瓶内。装碱液的试剂瓶不应使用玻璃塞，而要使用橡胶塞或软木塞。腐蚀玻璃的试剂（如氢氟酸）应保存在塑料瓶中。每个试剂瓶上都应贴有标签，标明试剂名称、规格或浓度和配制日期。在取用和使用任何化学试剂时，本着节约原则，按需取用。要做到“三不”，即不能用手直接接触化学药品，不直接闻气味，不尝味道。试剂瓶塞或瓶盖打开后要倒放桌上，取用试剂后立即还原塞紧。防止污染试剂或引起意外事故。

1. 固体试剂的取用

粉末状试剂或粒状试剂通常用药匙取用，可根据取用量和容器口径选择不同大小的药匙。药品取出后要尽量送入容器底部。对于容易散落或沾在容器口和壁上的粉状试剂，可将其倒在折成的槽形纸条上，将容器平置，使纸槽沿器壁伸入底部、竖起容器并轻抖纸槽，使试剂滑入器底。

块状固体用镊子送入容器时，务必先使容器倾斜，使之沿器壁慢慢滑入器底（图0-3）。取多了的试剂不能放回试剂瓶中，也不能丢弃，应放在指定容器中供他人或下次使用。

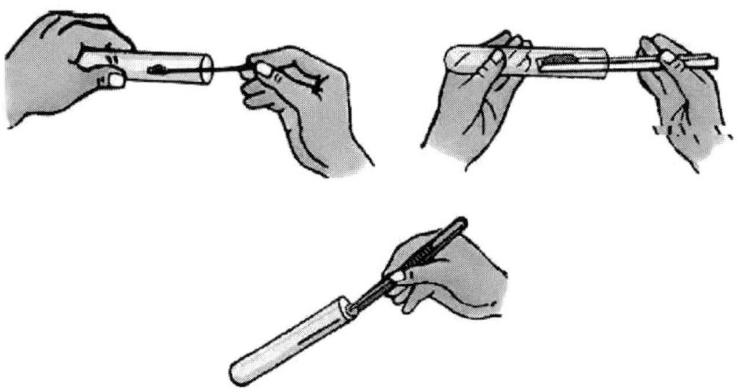

图0-3　固体药品的取用

固体试剂可在干净的称量纸或表面皿上称量，具有腐蚀性或易潮湿的固体应放在玻璃容器内进行称量。

2. 液体药品的取用

(1) 取用细口瓶中的液体试剂　瓶塞应倒置于台面上，拿试剂瓶时，瓶上的标签面向手心（防止瓶口残留的药液流下来腐蚀标签），如图 0-4(a) 所示。瓶靠试管口，试剂沿试管或容器壁注入，以免洒在外面。取出所需量后，慢慢竖起瓶子，瓶口剩余的一滴试剂碰到容器口或用玻璃棒引入烧杯中，防止液滴沿瓶子外壁流下。用完后应立即将瓶塞盖回原瓶，注意不要盖错，并将试剂瓶放回原处。已取出的多余试剂，可倒入指定容器或供他人使用，不能再倒回原试剂瓶。

(2) 从滴瓶中取用液体试剂　滴管不要接触反应容器内壁或放在实验台上，以免沾污滴管或造成试剂污染。滴加时要垂直滴加，如图 0-4(b) 所示。滴加完毕后须立即将滴管放回原滴瓶中，切记不可放错。不准用自己的滴管从试剂瓶中取药品。滴瓶的滴管胶头在上，不能平放或倒置（防止试液倒流，腐蚀胶头）。

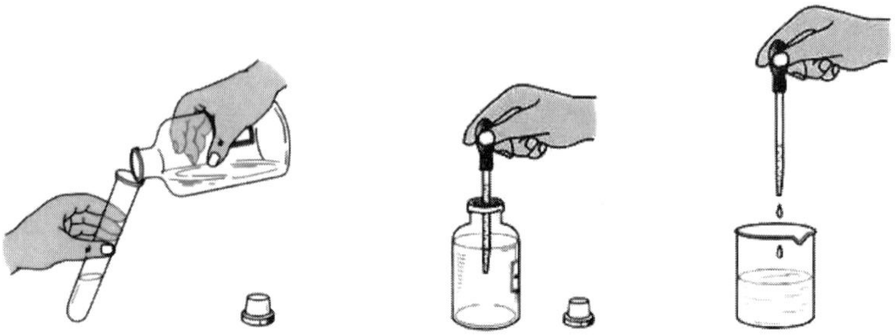
(a)　(b)

图 0-4　液体药品的取用

(3) 定量取用液体试剂　可根据要求选用量筒、移液管（吸量管）或滴定管。

(4) 取用浓酸、浓碱试剂　浓酸、浓碱都具有强腐蚀性，使用时要格外小心。如果不慎将酸沾到皮肤或衣物上，立即用较多的水冲洗（如果是浓硫酸，必须迅速用抹布擦拭，然后用大量水冲洗），再用 3%～5% 的碳酸氢钠溶液来冲洗。如果将碱溶液沾到皮肤上，要用较多的水冲洗，再涂上硼酸溶液。实验时要特别注意保护眼睛。万一眼睛里溅进了酸或碱溶液，要立即用水冲洗，切不要用手揉眼睛。

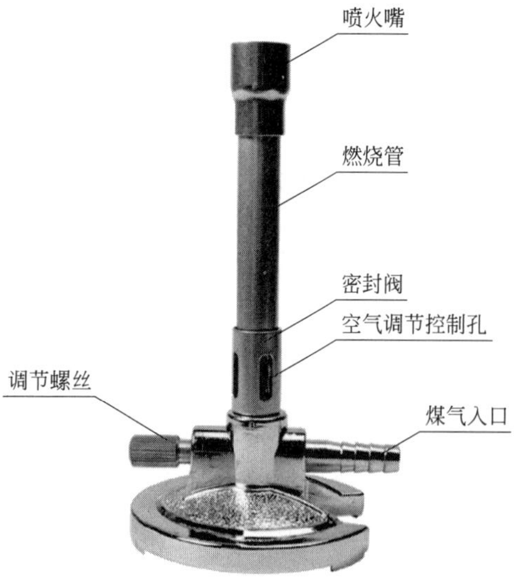

图 0-5　煤气灯结构示意图

(四) 实验室中的热源与操作

1. 实验室加热用的仪器设备

实验中一般使用的加热用设备有煤气灯、酒精喷灯、电炉、电热板、马弗炉等。

(1) 煤气灯　煤气灯是化学实验室中常用的加热器具，其火焰温度可达 1000℃左右（煤气的组成不同，火焰的温度会有所差异）。煤气灯的式样众多，但构造原理基本相同，如图 0-5

所示。它由灯座和金属灯管两部分组成，金属管下部有螺旋可与灯座相连，其下有几个圆孔为空气入口。螺旋金属管（密封阀）既可完全关闭也可不同程度地开启圆孔，以调节空气的进入量。灯座侧面有煤气的入口，可用橡皮管把它和煤气的气门相连，将煤气导入灯内。

灯座侧面有调节螺旋针（有的煤气灯是在下面），可调节煤气的进入量。

火焰的调节：先密封阀关闭煤气灯的空气入口，点着火柴，打开煤气门，将煤气点着，调节煤气门螺丝或灯座下的螺旋针使火焰保持适当高度。如果煤气燃烧不完全，火焰呈黄色（系炭粒发光所产生的颜色），温度不高，这种火焰称为还原焰。旋转密封阀，适当调节空气进入量的大小，可使煤气燃烧完全。这种火焰称为正常火焰，它分为三层，如图 0-6(a) 所示。

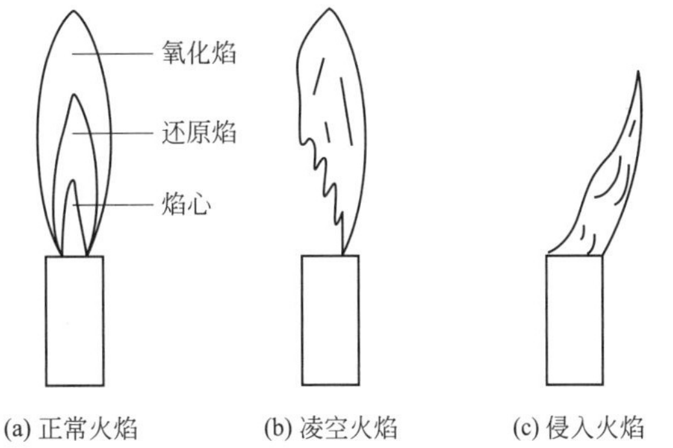

图 0-6　煤气灯的火焰

实验一般都用氧化焰来加热。温度的高低可通过调节火焰的大小来控制。如果空气或煤气的进入量调节得不合适时，会产生不正常的火焰，如图 0-6(b)、图 0-6(c) 所示。当空气的进入量很大或煤气和空气的进入量都很大时，火焰蹿出煤气灯出口而凌空燃烧，这种火焰称凌空火焰。它只在点燃的瞬时产生，当火柴熄灭时火焰也立即熄灭。当空气的进入量很大，煤气的进入量很小，或者中途煤气的供应突然减少时，都会使煤气在金属管内燃烧，在管口有细长的火焰，这种火焰称侵入火焰，也不能持久。产生侵入火焰时，常使金属灯管烧得很热，此时切勿用手摸金属管，以免烫伤。遇到产生凌空火焰和侵入火焰时，应将煤气门关闭，重新点燃和调节火焰。

煤气灯使用完毕，应先关闭煤气管阀门，使火焰熄灭，再将煤气灯螺旋针阀和密封阀旋紧。注意，不能用一个煤气灯去点燃另一个煤气灯。

煤气中含有大量一氧化碳，会使人中毒，因此使用煤气灯时务必防止中毒，不用时一定要将煤气阀门关闭。如遇漏气，应停止实验，检查煤气灯是否漏气。如果发现漏气，应立即修理。

（2）酒精喷灯　酒精喷灯是实验中常用的热源。喷灯的火力，主要靠酒精与空气、蒸气混合后燃烧而获得高温火焰。

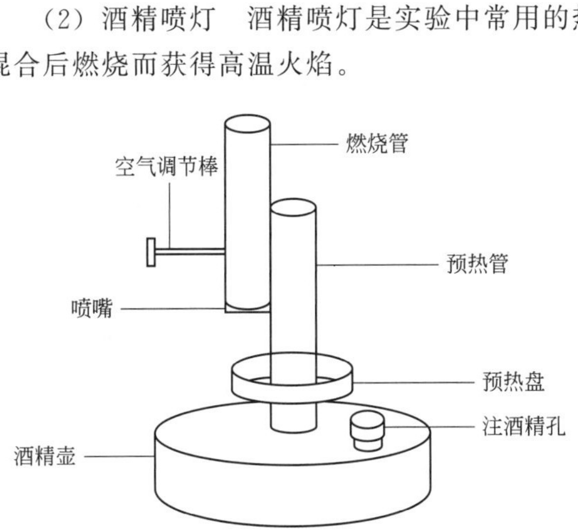

图 0-7　座式酒精喷灯示意图

常用的酒精喷灯有座式酒精喷灯和挂式酒精喷灯两种。座式酒精喷灯的酒精贮存在灯座内，挂式喷灯的酒精贮存罐悬挂于高处。酒精喷灯的火焰温度可达 1000℃左右。

座式酒精喷灯的外形结构如图 0-7 所示，它主要由注酒精孔、预热盘、预热管、燃烧管、空气调节棒、酒精壶等组成。预热管与燃烧管焊在一起，中间有一细管相通，使蒸发的酒精蒸气从喷嘴喷出，在燃烧管燃烧。通过空气调节棒调整管内空气比例，控制火焰的大小。

旋开旋塞向灯壶内注入酒精，一般加入量为灯壶总容量的 2/5 到 2/3 之间，不得注满，也不能过少。过满易发生危险，过少则灯芯线会被烧焦，影响燃烧效果。拧紧旋塞，不可漏气。新灯或长时间未使用的喷灯，点燃前需将灯体倒转 2～3 次，使灯芯浸透酒精。将喷灯放在石棉板或大的石棉网上，使用前，先在预热盘中注入酒精，并将其点燃。等预热管内酒精受热汽化并从燃烧管口喷出时，预热盘内燃着的火焰就会将喷出的酒精蒸气点燃。有时也需用火柴点燃。移动空气调节棒，使火焰按需求稳定。停止使用时，可用石棉网覆盖燃烧口，同时移动空气调节棒，加大空气量，灯焰即会熄灭。然后稍微拧松旋塞，将灯壶内的酒精蒸气放出。喷灯使用完毕，应将剩余酒精倒出。

视频扫一扫

酒精喷灯的使用方法

使用酒精喷灯应注意以下几点：①严禁使用开焊的喷灯。②严禁用其它热源加热灯壶。③若经过两次预热后，喷灯仍然不能点燃时，应暂时停止使用。应检查接口处是否漏气（可用火柴点燃检验），喷出口是否堵塞（可用探针进行疏通）和灯芯是否完好（灯芯烧焦，变细应更换），待修好后方可使用。④喷灯连续使用时间为 30～40min 为宜。使用时间过长，灯壶的温度逐渐升高，导致灯壶内部压强过大，喷灯会有崩裂的危险，可用冷湿布包住喷灯下端以降低温度。⑤在使用中如发现灯壶底部凸起时应立刻停止使用，查找原因（可能使用时间过长、灯体温度过高或喷口堵塞等）并做相应处理后方可使用。

（3）电炉和加热套　电炉采用电炉丝通过电流产生热能（见图 0-8），按功率大小分为 500W、800W、1000W、2000W 等，加热玻璃器皿时必须垫上石棉网，电炉属于明火，在保障安全下方可使用。电热套是加热圆底烧瓶的专用加热设备，可取代油浴、砂浴。由于采用球形加热，可使容器受热面积达到 60%以上，其安全省电、热能高。电热套按烧瓶大小可分为 50mL、100mL、250mL、1000mL 等规格，严禁向电热套注入液体。若液体意外溢入套内时，请迅速关闭电源，将电热套放在通风处，待干燥后方可使用，以免漏电或电器短路发生危险。

（4）电热板　电热板和电炉使用方法大体相同，它比电炉受热更均匀，烧杯等器皿可直接放在上面加热（如图 0-9）。

（5）马弗炉（Muffle furnace）　马弗炉又称箱式电阻炉，是一种通用的加热设备，是为实验室提供的高温炉（如图 0-10）。依据外观形状可分为箱式炉、管式炉、坩埚炉。马弗炉的应用范围较广，主要用于各种有机物和无机物的灰化、磺化、熔融、烘干、熔合、热处理以及灼烧残渣、烧失量等的测试。

图 0-8　电炉

图 0-9　电热板

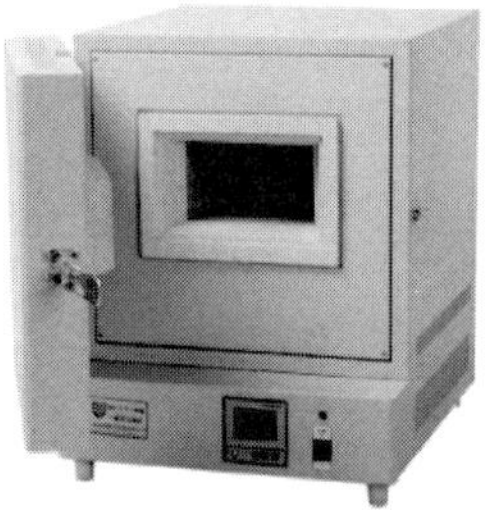

图 0-10　马弗炉

2. 实验室里的加热方法

实验室常用酒精灯、酒精喷灯、电炉、电热板等进行直接加热。实验室安全规则中规定禁止明火直接加热易燃溶剂，电热板不用于加热圆底烧瓶，会因受热不均导致局部过热，甚至破裂。为保证受热均匀，一般使用间接加热，作为传热的介质有水、有机液体、熔融盐、砂等。实验室常用来加热的器皿有试管、烧杯、烧瓶、锥形瓶、蒸发皿、坩埚、燃烧匙等。离心试管、表面皿、吸滤瓶、容量瓶等不能作为加热容器。

（1）直接加热

① 直接加热试管中的液体或固体　试管加热时，被加热的液体量不能超过试管高度的1/3。加热前，应先擦干试管外壁。加热液体时，用试管夹夹住试管的中上部（距试管口约1/3处），试管稍倾斜，如图0-11所示。管口切勿对着自己或别人。先加热液体的中上部，再慢慢往下移动，并不断上下移动或轻轻振摇试管，使各部分溶液受热均匀，加热过程注意力要集中，随时防止局部沸腾而发生喷溅。

图0-11　加热试管中的液体

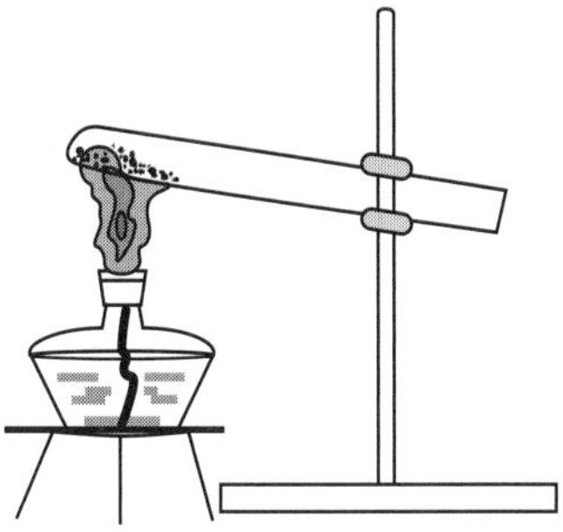
图0-12　固体的加热

直接加热试管中的固体时，使固体试剂尽可能平铺在试管的末端，将试管固定在铁架台上，试管口稍向下倾斜，略低于管末端，如图0-12所示。以免凝结在试管上端的水珠往下流到灼热部位，使试管炸裂。加热时，先加热固体中下部，再慢慢移动火焰，使各部分受热均匀，最后将火焰固定在试管中固体下部加热。

② 加热烧杯、烧瓶中的液体　烧杯中所盛液体不超过其容积的1/2，烧瓶中所盛的液体则不超过其容积的2/3，加热前应将容器外部擦干，再放在石棉网上加热，如图0-13所示。使其受热均匀，以免炸裂。

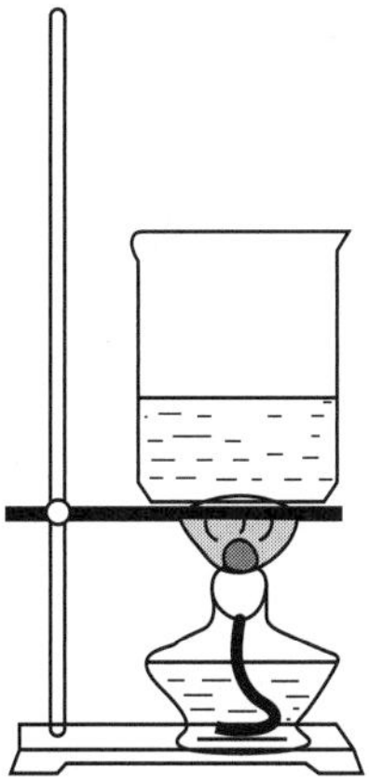
图0-13　加热烧杯

图0-14　四孔数显恒温水浴锅

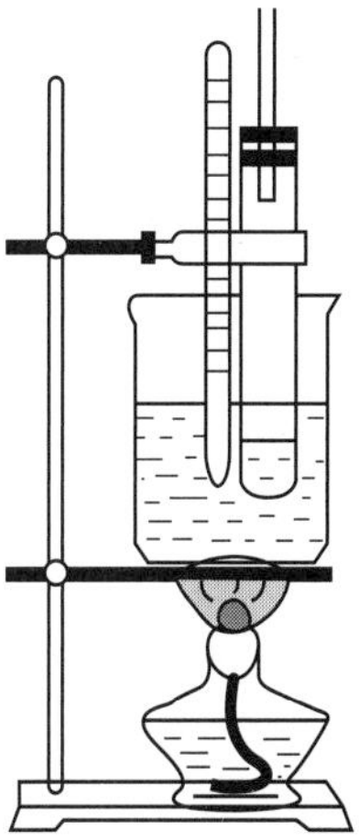
图0-15　烧杯水浴

（2）间接加热

① 水浴加热　当要求被加热物质受热均匀，温度恒定且不超过100℃时，可使用水浴加

热。实验室常使用电热恒温水浴进行间接加热，如图 0-14 所示。它是内外双层箱式加热设备，电热丝安装在槽底部。槽的盖板上按不同规格开有一定数目的孔（常见有 2 孔、4 孔、6 孔、8 孔，以单列或双列排列），每孔都配有几个同心圆圈和一个盖子，可放置大小不同的被加热的仪器。使用前，要向水浴锅内加水，加水量不超过内锅容积的 2/3，使用的过程中要注意补充加水，避免将锅烧干。完成实验后，锅内的水可由水箱下侧的放水阀放出。使用电热恒温水浴要特别注意不要将水溅到电器盒内，以免引起漏电造成危险。实验中为方便起见，加热试管时常用烧杯代替水浴锅，如图 0-15 所示。

② 油浴或砂浴　当被加热物质要求受热均匀而温度高于 100℃时，可使用油浴或砂浴。油浴是以油代替水，使用时应防止着火。常用的油有甘油（150℃以下的加热）、液体石蜡（200℃以下的加热）等。

砂浴是用清洁、干燥的细砂铺在铁制器皿中，被加热容器部分埋入沙中。电砂浴锅温度可根据需要调整。

（五）溶解、蒸发和结晶

1. 溶解

将溶质（常为固体物质）溶于水、酸或碱等溶剂的过程为溶解。溶解固体物质时需要根据其性质和实验的要求选择适当的溶剂，所加溶剂的量应使固体物质完全溶解。为加快溶解的速度常需借助加热、搅拌等方法。

搅拌液体时，应手持玻璃棒并转动手腕，用微力使玻璃棒在容器中部的液体中均匀转动，让固体与溶剂充分接触而溶解。在搅拌时不可用玻璃棒沿容器壁划动，更不可用力过猛，大力搅动液体，甚至使液体溅出或戳破容器。

若需加热溶解，可根据被溶解物质的热稳定性，选择直接加热或间接加热的方法。

2. 蒸发

当溶液很稀而所制备的无机物的溶解度又较大时，为了能从溶液中析出该物质的晶体，必须通过加热，使溶液浓缩到一定程度后，经冷却，方可析出晶体。当物质的溶解度较大时，要蒸发到溶液表面出现晶膜才停止加热；当物质的溶解度较小或高温下溶解度大而室温下溶解度小时，不必蒸发到液面出现晶膜就可冷却。蒸发通常在蒸发皿中进行，这样蒸发的面积大，有利于快速浓缩。蒸发皿中所盛的液体不要超过其容积的 2/3，以防溶液溅出。如果液体量较多，蒸发皿一次盛不下，可随溶剂蒸发持续向蒸发皿中添加溶液。若无机物是稳定的，可以直接加热，否则应用水浴间接加热。

3. 结晶

当溶液蒸发到一定浓度后冷却，此时溶质超过其溶解度（过饱和状态），晶体即从溶液中析出。当溶液蒸发到一定浓度后经冷却仍无结晶析出，可采用下列办法。

（1）用玻璃棒摩擦容器内壁。

（2）投入一小粒晶体（即“晶种”）。

（3）用冰水浴冷却溶液，当晶体开始析出后，仍使溶液保持静止状态。

析出晶体颗粒的大小与结晶的条件有关。如果溶液的浓度较高，溶质的溶解度较小，冷却的速度较快，如用快速结晶法（即蒸发浓缩至表面有晶膜，然后用冷水或冰水浴强制冷却)，且边冷却边不停地搅拌，这样析出的晶体颗粒较细小，不易在晶体中裹入其他杂质。相反，若将溶液慢慢冷却或静置，得到的晶体颗粒较大，但易裹入其他杂质。如果不是需要在纯溶液中制备大晶体，一般的制备实验中为提高纯度通常要求制得的晶体不要过于粗大。

如果第一次结晶所得物质的纯度不符合要求，可重新加入少量的溶剂，加热溶解，然后进行蒸发、结晶、分离，这种操作过程称为重结晶。重结晶是提纯固体物质常用的重要方法。它只适用于物质的溶解度随温度变化较大的物质。

（六）固、液分离方法

固、液分离的方法有：倾析法、过滤法和离心分离法。

1. 倾析法

当沉淀的结晶颗粒较大，静置后容易沉降时，为了进行快速过滤，常采用倾析法进行固、液分离。其方法如下：分离前，先让沉淀尽量沉降在容器的底部。分离时，不要搅动沉淀，将沉淀上面的清液小心地倾入另一容器内，即可将沉淀与溶液分离。如图 0-16 所示。

有时为了充分地洗涤沉淀，可采用倾析法洗涤，即往盛有沉淀的容器中加入少量洗涤剂经充分搅拌后静置，沉降，再小心地倾析出洗涤液。如此重复操作 2～3 遍，即可洗净沉淀。

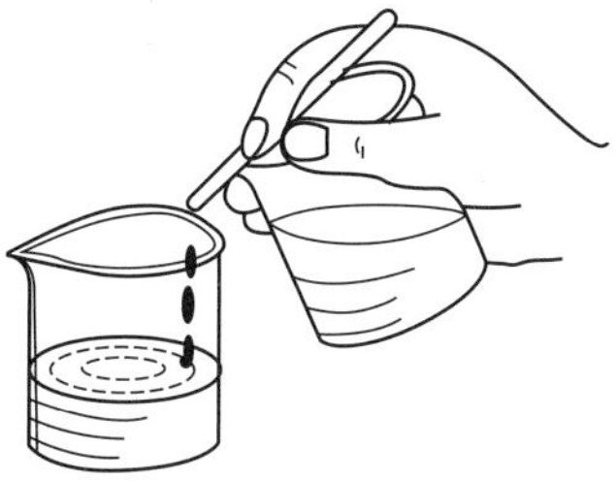

图 0-16　倾析法分离沉淀

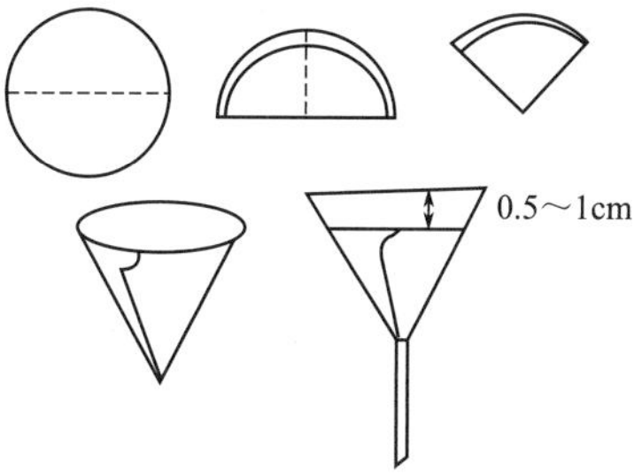

图 0-17　滤纸的折叠

2. 过滤法

（1）常压过滤　过滤前，先把滤纸按如图 0-17 所示的虚线的方向折两次成扇形（如不是圆形滤纸则需剪成扇形），展开滤纸成圆锥体（一边为三层，另一边为一层），放入漏斗中。滤纸放入漏斗后，其边缘应略低于漏斗的边缘。漏斗的角度应为 60°。这样滤纸可完全贴在漏斗壁上。如果漏斗的规格不标准，不是 60°，则应适当改变滤纸折叠的角度，使之与漏斗相密合。然后撕去一角，用食指按着滤纸，用少量水润湿，轻压滤纸四周，赶去滤纸和漏斗内壁之间的气泡，使滤纸紧贴在漏斗内壁上，再向漏斗内注入蒸馏水至接近滤纸的边缘处，如图 0-18 所示。此时在漏斗颈可形成水柱，使过滤加速。倒滤液时，烧杯嘴靠着玻璃棒，玻璃棒下端靠着漏斗中滤纸的三层部分，倒入漏斗中的液体的液面应低于滤纸边缘约 1cm，切勿超过。溶液过滤完毕，用洗瓶冲洗原烧杯内壁和玻璃棒，洗涤液全部倒入漏斗中，待洗涤液滤完后，再用洗瓶冲洗滤纸和沉淀。

（2）减压过滤（抽滤或吸滤）　为了加快过滤的速度，常用减压过滤，如图 0-19 所示。水泵一般装在实验室中的自来水龙头上，也有采用循环水真空泵或其它真空泵进行减压过滤。减压过滤的原理是利用水泵把吸滤瓶中的空气抽出，使吸滤瓶内呈负压，由于瓶内和布氏漏斗液面上的压力差，而使过滤速度加快。

图 0-18　常压过滤

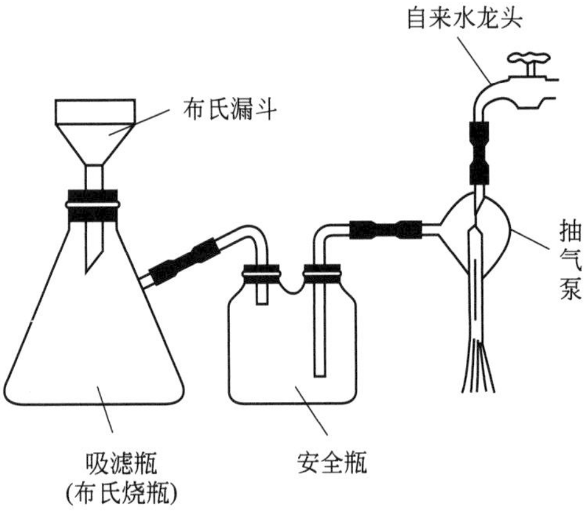

图 0-19　减压过滤

视频扫一扫
布氏漏斗的使用方法

布氏漏斗为瓷质的，中间是具有许多小孔的瓷板，以便让溶液通过滤纸从小孔流出。布氏漏斗必须安装在与吸滤瓶口径相匹配的橡胶塞上。橡胶塞塞进吸滤瓶的部分不超过整个橡胶塞高度的 1/2，吸滤瓶用来承接滤液。安全瓶的作用是防止水泵中的水发生外溢而倒灌入吸滤瓶中。这是由于水泵中的水压在发生变动时，常会有水溢流出来。如发生这种情况时，可将吸滤瓶与安全瓶拆开，倒出安全瓶中的水，再重新把它们连接起来。如果不要滤液，也可不装安全瓶。

减压过滤操作的步骤如下：

① 安装仪器　安全瓶的长管接水泵，短管接吸滤瓶。布氏漏斗的下斜口应与吸滤瓶的支管相齐，便于吸滤。

② 贴好滤纸　滤纸的直径应略小于布氏漏斗的内径，但要能盖住瓷板上的小孔。把滤纸放在漏斗内，先用少量蒸馏水润湿滤纸，再开启水泵，使滤纸紧贴在瓷板上。如有缝隙，一定要去除，否则不能进一步操作。

③ 过滤时，采用倾析法，先将澄清的溶液沿玻璃棒倒入漏斗中，然后再将沉淀移入滤纸的中间部分。在过滤过程中，留心观察，当滤液快上升到吸滤瓶的支管处时，应停止倾倒溶液和沉淀的混合物，拔去吸滤瓶上的橡胶管，取下漏斗，将吸滤瓶的支管朝上，从瓶口倒出滤液。重新安装好装置，可继续吸滤。应注意，在过滤的过程中切勿突然关小或关闭水泵，以防自来水倒流。如果需中途停止抽滤，可先拔去吸滤瓶支管上的橡胶管，再关水泵。

④ 若要在布氏漏斗内洗涤沉淀时，应停止吸滤，让少量洗涤液慢慢浸过沉淀，然后再抽滤。

⑤ 抽滤结束时，应先拔去吸滤瓶上的橡胶管，再关闭水泵。取下漏斗，将漏斗颈口朝上，轻轻敲打漏斗的边缘，使沉淀脱离漏斗，落入准备好的滤纸或容器中。

3. 离心分离法

少量沉淀与溶液分离时，可用离心机（如图 0-20）。离心机是利用离心机转子高速旋转产生的强大的离心力，加快液体中颗粒的沉降速度，把样品中不同沉降系数和浮力密度的物质分离开。离心机主要用于将悬浮液中的固体颗粒与液体分开，或将乳浊液中两种密度不同又互不相溶的液体分开（例如从牛奶中分离出奶油）；特殊的超速管式分离机还可分离不同密度的气体混合物；利用不同密度或粒度的固体颗粒在液体中沉降速度不同的特点，有的沉降离心机还可对固体颗粒按密度或粒度进行分级。

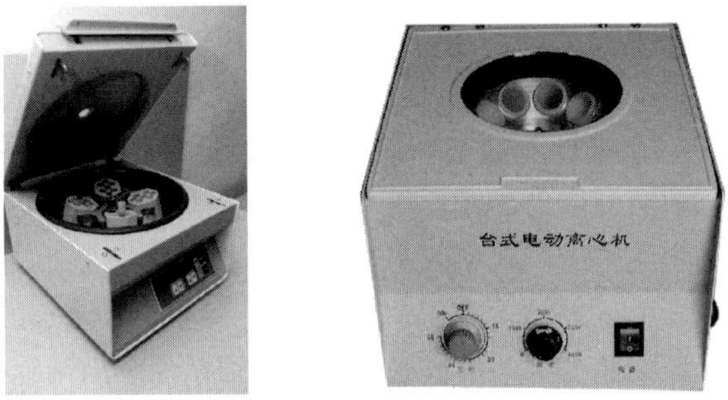

图 0-20 离心机

离心机使用注意事项：

（1）离心管所盛固液混合物不能超过总容量的 2/3。装有内容物的离心试管对称放入离心机的试管套内，且各离心管及内容物要等重，以免由于重量不平衡而导致离心机“走动”或轴弯曲磨损。若只有一支离心管待操作，则应在对称位置放入一支装有等量水的离心管。

（2）盖好离心机盖，打开调速开关，使转速由小到大，转速不宜太大，一般调至 2000r/min 左右。运转 2～3min 后可完成离心操作。一旦发现离心机有异常（如不平衡导致机器明显震动或噪声过大），应立即按停止键，而不是拔出电源线。

（3）使用完毕，逐渐把调速开关降至零，待其自停，切不可施加外力强行停止，以免发生事故或降低机件的平稳性。停转后方能开盖，取出离心试管。

（4）离心分离后的试管内进行固液分离时，用一胶头吸管，捏紧胶头，插入离心管中，插入深度以不接触沉淀为限，放松胶头，可反复吸出上层清液，留下沉淀。如需洗涤沉淀，则加少量蒸馏水或指定试剂于离心管内，搅拌，离心分离，采用胶头吸管吸出上层清液，如此反复 2～3 次。

（七）容量仪器的使用

1. 移液管

移液管用来准确地移取一定体积的液体。根据不同的需要，可选择容量不同的移液管。移液管在使用前先用自来水洗净，然后用少量蒸馏水洗 2～3 次，洗净的移液管内壁应不挂水珠。如有水珠，说明有沾污，需用洗涤剂洗涤，或用铬酸洗液浸洗（不可用毛刷刷洗），再用自来水、蒸馏水洗涤。最后用待吸溶液润洗。润洗移液管时，右手拇指和中指拿住移液管的上端，将移液管的尖端插入待取液体的液面以下 1cm 处。左手拿洗耳球，捏扁挤出空气，插入移液管上口，此时液体被缓缓吸入管中，待液面升到管肚 1/4 处，移开洗耳球，迅速用右手食指压紧上管口，然后持平并转动移液管，以润洗全管。洗涤液从下口放出，弃去。如此润洗 2～3 次后，可进行移液。移液时，先将液体吸至刻度线以上，如图 0-21 所示。此时迅速用右手食指紧按管口，将管提起，在所取溶液的液面之上稍微放松食指，同时拇指和中指轻轻转动移液管，使管内液面平稳下降，直至溶液的弯月面与刻度线水平相切，食指再次紧按上管口将移液管垂直移到要承接液体容器的上方，使管口尖端与容器内壁接触，让承接容器倾斜，而移液管垂直，放松食指让液体顺容器内壁自然流下，如图 0-22 所示。液体流完后，稍待片刻（约 15s），再拿开移液管，残留在移液管尖端的少量液体不要吹出（除非移液管上注有“吹”字的），因为在校正移液管体积时，未将这些液体计算在内。

2. 容量瓶

容量瓶是一个细颈梨形的平底瓶，带有磨口玻璃塞或塑料塞，颈上有环形标线，表示在所指温度（一般为20℃）下，当液体充满至标线时，其体积与瓶上所注明的容量相等。容量瓶是用来准确配制一定体积溶液的容器，在使用前应先检查容量瓶的瓶塞是否漏水。检查方法如下；瓶中放入自来水至刻度线附近，盖紧瓶塞，左手食指按住瓶塞，右手五指托住容量瓶底，倒立容量瓶 1～2min，如图 0-23 所示，观察瓶塞有无漏水现象（漏水的容量瓶不能使用）。为了避免在使用过程中容量瓶的瓶塞被沾污或张冠李戴，通常用一根细绳把瓶塞系在瓶颈上。

视频扫一扫

移液管的使用方法

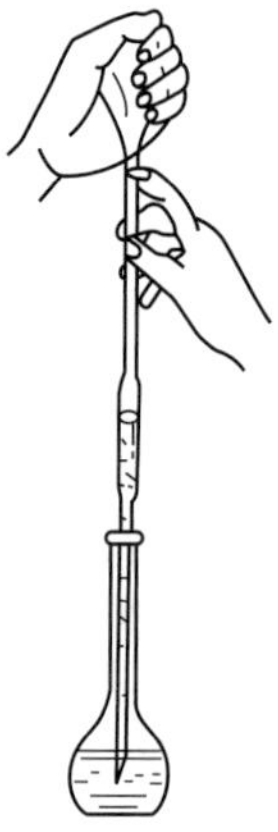

图 0-21　移液管吸液

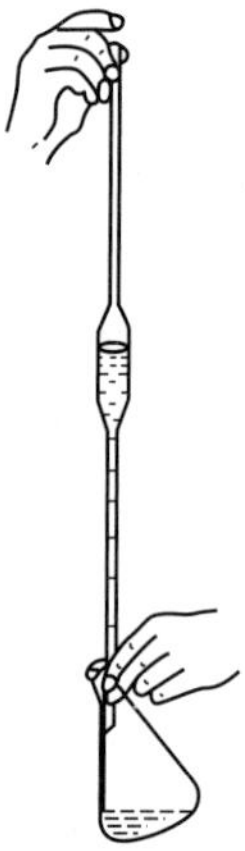

图 0-22　移液管放液

容量瓶在使用前应先按常规操作用自来水洗净（注意不能用毛刷刷洗容量瓶内壁），再用少量蒸馏水洗 2～3 次，备用。配制水溶液时，容量瓶无需干燥可直接使用。

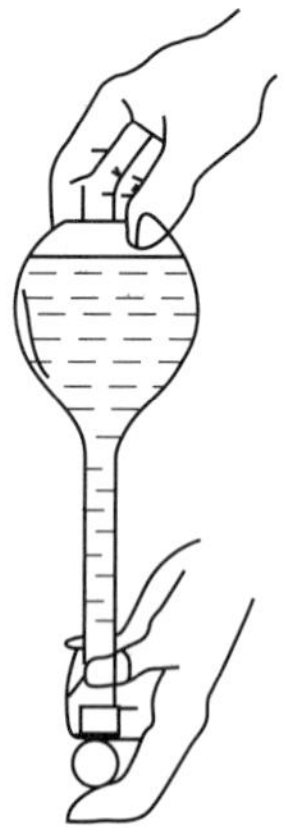

图 0-23　容量瓶检漏

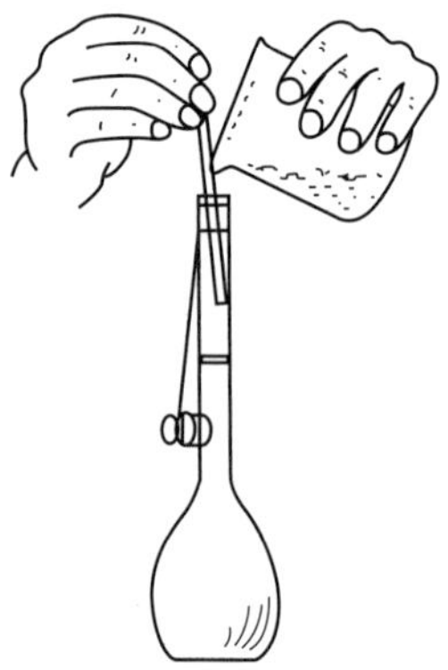

图 0-24　溶液从烧杯中转移至容量瓶

若用固体试剂配制溶液，应先把称好的固体试样溶解在烧杯中，然后再把溶液从烧杯转移到容量瓶中。转移时应注意，烧杯嘴应紧靠玻璃棒，玻璃棒下端靠容量瓶的瓶颈内壁，使溶液沿玻璃棒和内壁注入，如图 0-24 所示。溶液全部流完后，将烧杯沿玻璃棒轻轻向上提，同时直立，使附在玻璃棒和烧杯嘴之间的一滴溶液流回烧杯中。将玻璃棒放回烧杯，用少量蒸馏水洗涤烧杯和玻璃棒，并将洗涤液也转移到容量瓶中，如此重复洗涤 2～3 次，以保证溶质全部转移至容量瓶中。缓慢地加入蒸馏水，至接近标线处，等 1～2min，使黏附在瓶颈上的水流下，然后用洁净的滴管滴加蒸馏水至溶液的凹面与标线相切。加入时，用左手拇指与食指拿住容量瓶标线以上的瓶颈，使视线平视标线，小心操作，勿过标线（注意，由于人体的体温一般高于容量瓶内溶液的温度，拿容量瓶时不能用手握住容量瓶的瓶底或瓶肚）。塞紧瓶塞，并用食指按住瓶塞，将容量瓶倒置，使气泡上升到顶端，振荡容量瓶。再倒过来，仍使气泡上升到顶端，重复操作多次，使瓶中溶液混合均匀。

若固体是经过加热溶解的，溶液就必须冷却到室温后才能转入容量瓶中。

若要稀释浓溶液，则先用移液管吸取一定体积的浓溶液于容量瓶中，然后按上述方法稀释至标线，并振荡容量瓶，使瓶内溶液混合均匀。

3. 滴定管

滴定管是一种能滴放液体，准确快速连续取液的量器，其容量有 10mL、25mL、50mL 等。刻度自上而下，每一大格为 1mL，一小格为 0.1mL。分酸式滴定管和碱式滴定管两种。管身可为棕色或无色。有的管身涂有白背蓝线，以方便读数。酸式滴定管下端有玻璃旋塞，用来控制溶液的流出。酸式滴定管只能用来盛装酸性溶液或氧化性溶液，不能盛碱性溶液（如氨水、碳酸钠溶液）。因为碱与玻璃作用会使磨口旋塞粘连而不能转动。碱式滴定管的下端用乳胶管与玻璃尖嘴相连，乳胶管内装有玻璃圆珠控制溶液流速，挤压玻璃珠旁的乳胶管，使溶液从玻璃珠与乳胶管间的缝隙流出。凡是能与橡胶起作用的溶液（如高锰酸钾溶液、溴水、氯化铁溶液），均不能使用碱式滴定管。

（1）检漏　滴定管使用前，先检查是否漏液。酸式滴定管如发现漏水或旋塞转动不灵活，可将旋塞取下，洗净并用滤纸将水吸干，同时用滤纸擦干塞槽。用玻璃棒挑起少量凡士林，分别在旋塞的粗端和塞槽的细端涂上薄薄一层，注意涂时要避开中间的小孔周圈，如图 0-25 所示。然后小心地将旋塞插入塞槽，沿同一方向转动旋塞，直到旋塞与塞槽接触处呈透明状为止。应注意，凡士林不能涂得太厚，否则易堵塞旋塞上的小孔。若旋塞转动不灵活或旋塞上出现纹路，表示凡士林涂得不够。在遇到凡士林涂得太多或涂得不够两种情况时，都必须用滤纸把旋塞和塞槽擦干净，然后重新涂凡士林。涂好凡士林后，在旋塞末端套上橡皮圈，以防旋塞滑落。最后再检查滴定管是否漏水。

视频扫一扫

滴定管的使用方法

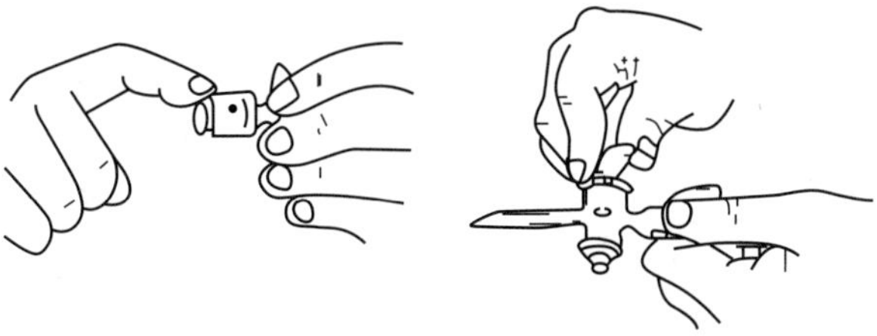

图 0-25　酸式滴定管涂凡士林的操作

碱式滴定管如漏水或挤压吃力，应更换合适的玻璃珠或乳胶管。

（2）洗涤　滴定管在使用前先用自来水洗净，洗净的滴定管内壁应不挂水珠。如有水珠，说明有沾污，需用洗涤剂洗涤，或用铬酸洗液或王水浸洗（不可用毛刷刷洗），再用自来水冲洗干净，然后用少量蒸馏水洗 2～3 次。最后装入少量待装溶液约 5～10mL，双手掌心向上平持滴定管转动，以使待装溶液润湿全管，然后从下端放出溶液，重复润洗 2～3 次。

（3）装液与读数　将待装溶液装入滴定管中，至刻度“0.00”以上。排除下端的气泡。碱式滴定管排气泡时，把乳胶管向上弯曲。出口上斜，用两指挤压玻璃珠旁的乳胶管，使溶液从尖嘴喷出的同时带出气体，如图0-26所示。酸式滴定管排气时，将其倾斜约30°，迅速旋转旋塞使流速达到最大，气泡随溶液排出，如气泡不能一次排除，需重复操作。排除气泡后，调节液面于0.00～1.00mL刻度处，静置1～2min，若液面位置不变则可读数并开始滴定。滴定结束后，稍等1min左右，再读数。两次读数之差即为滴定所用溶液的体积。

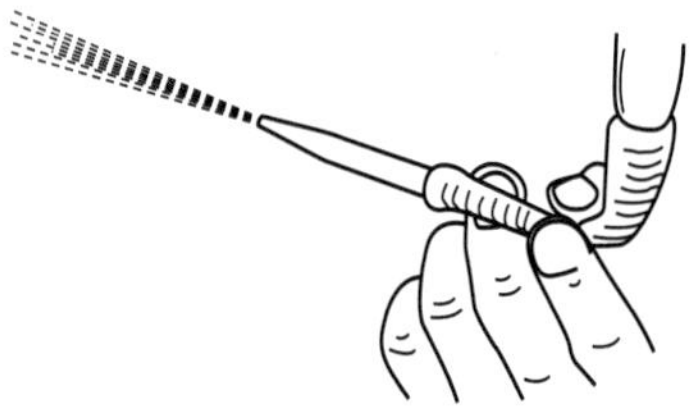

图0-26　碱式滴定管逐去气泡

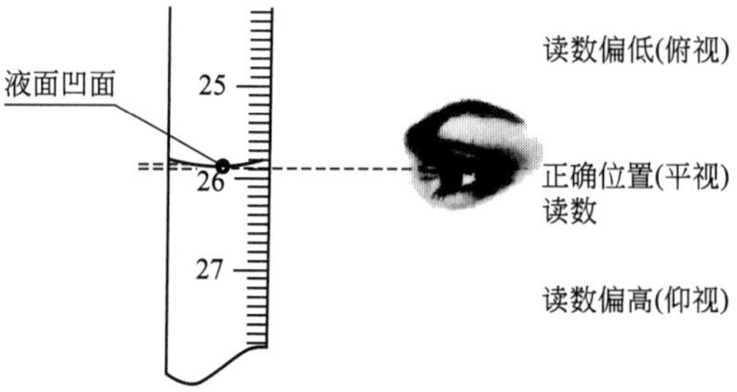

图0-27　滴定管正确读数

由于溶液的表面张力，在滴定管内的液面会形成下凹的弯月面。读数时应取下滴定管，用右手大拇指和食指捏住滴定管上部无刻度处，使滴定管保持垂直，并使自己的视线与所读的液面保持在同一水平上。若所盛溶液为浅色或无色，可在滴定管的背后衬托一张白硬纸卡，然后读取与弯月面最低点相切的刻度，估计到小数点后第二位，如图0-27所示。对深色溶液，则一律按液面两侧最高点相切处读取。

（4）滴定　滴定前先用滤纸将悬挂在管尖端处的液滴抹去，记下初读数，将管尖端伸入锥形瓶口内1～2cm。操作酸式滴定管时，左手拇指在前，食指和中指在后控制旋塞，如图0-28所示。手心空握，以防掌心顶出旋塞，造成漏液，慢慢开启旋塞，同时右手前三指拿住锥形瓶的瓶颈，边滴边摇（沿同一方向做圆周运动）。

操作碱式滴定管时，左手握管，无名指和小拇指夹住玻璃尖嘴，拇指和食指捏住乳胶管中玻璃珠的正中部处（谨防玻璃珠上、下滑动。更不要挤压玻璃珠下部的乳胶管，以免空气进入，形成气泡），轻轻地向外或向里捏压乳胶管，使玻璃珠与乳胶管间形成一条缝隙，溶液从缝隙处流出，如图0-29所示。

图0-28　酸式滴定管操作

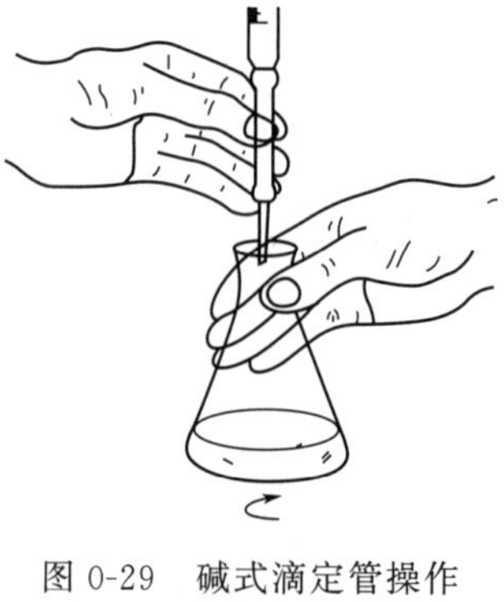

图0-29　碱式滴定管操作

开始滴定时，液滴流速可稍快，每秒3～4滴，但不可成“线”状放出。接近终点时，则要逐滴加入，滴落处局部颜色变化消失较慢，摇匀溶液，最后半滴半滴地加入，即控制液滴悬而不落，用锥形瓶的内壁把液滴沾下来，再用洗瓶内的蒸馏水冲洗锥形瓶的内壁，摇匀。

如此反复操作，直到颜色变化刚好不再消失即为终点，记取读数。滴定结束后，将管内溶液倒出，洗净，管口向下夹在滴定管夹上，如管口向上，则要用滴定管罩或滤纸罩住管口。

（八）试纸的使用

实验中常用试纸来定性地检验某些溶液的性质或某种物质的存在，试纸的种类很多，常用的有以下几种。

1. pH 试纸及其使用

pH 试纸常用于测定溶液的酸碱性，并能测出溶液的 pH。pH 试纸分为广泛试纸和精密试纸两种。广泛试纸的 pH 范围为 1～14，只能粗略地测定溶液的 pH。精密 pH 试纸在酸碱度变化较小的情况下就有颜色变化，所以能较精确地测定溶液的 pH。根据试纸的变色范围，精密 pH 试纸可分为多种，如 pH 为 1.4～3.0、3.8～5.4、5.3～7.0、6.4～8.0、8.2～10.0、9.5～13.0 等。使用时，将一小块试纸放在洁净且干燥的表面皿上，用玻璃棒蘸取要试验的溶液，点在试纸中部，观察颜色变化，并与标准色板对比，确定 pH 或 pH 范围。切勿把试纸直接浸泡在待测溶液中。

2. KI 淀粉试纸及其使用

KI 淀粉试纸是将滤纸浸泡在 KI 淀粉溶液中，晾干后制得的。使用时要用蒸馏水将试纸润湿。有时为了方便，将 KI 和淀粉溶液直接滴到滤纸上，即可使用。KI 淀粉试纸用以定性地检验氧化性气体（如 Cl_2、Br_2 等）。氧化性气体将试纸上的 I^- 氧化成 I_2，I_2 立即与淀粉作用，使试纸变为蓝紫色。使用 KI-淀粉试纸时，可将一小块试纸润湿后粘在一根洁净的玻璃棒一端，然后用此玻璃棒将试纸放到管口，如有待测气体逸出，则试纸变色。

3. 醋酸铅试纸及其使用

醋酸铅试纸是将滤纸在醋酸铅溶液中浸泡晾干后制成的。使用时要用蒸馏水润湿试纸。也可以将醋酸铅溶液直接滴加到一小块滤纸上使用。醋酸铅试纸可用于定性地检验反应中是否有 H_2S 气体产生（即溶液中是否有 S^{2-} 存在）。H_2S 气体遇到试纸，即溶于试纸上的水中，然后与试纸上的醋酸铅反应，生成黑色的 PbS 沉淀。反应式如下：

$$Pb(Ac)_2 + H_2S \longrightarrow PbS\downarrow + 2HAc$$

PbS 使试纸呈黑褐色并有金属光泽，若溶液中 S^{2-} 的浓度较小，用此试纸就不易检出。

醋酸铅试纸的使用方法与 KI-淀粉试纸的使用方法相同。

（九）实验误差与数据处理

1. 有效数字

在化学实验中，经常用仪器来测量某些物理量，对测量数据所选取的位数，以及在计算时，该选几位数字，都要受到所用仪器精确度的限制。有效数字是指实际能够测量到的数字，包括从仪器上能直接读出的准确数字和最后的一位估计读数（可疑数字）。有效数字是由实验时的实际情况决定的，而不是由计算结果决定的。

例如，100mL 量筒的最小刻度为 1mL，两刻度之间可估计出 0.1mL。用量筒测量溶液体积时，最多只能取到小数点后第 1 位。如 16.4mL，是三位有效数字。又如 50mL 滴定管的最小刻度是 0.1mL，两刻度之间可估计到 0.01mL。用滴定管测量溶液体积时，可取到小数点后第二位，如 16.42mL，是四位有效数字。以上这些测量值中，最后一位（即估计读出的）数字为可疑数字，其余为准确数字。所有的准确数字和最后一位可疑数字都称为有效数字。任何一次直接测量，其数值都应记录到仪器刻度的最小估计数，即记录到第一位可疑数字。有效数字的位数可从下面几个数字来说明。

有效数字	0.103	0.0103	0.1030	1.030	1000	1800
有效数字的位数	3	3	4	4	不确定	不确定

从以上几个数字可看出，“0”只有在数字的中间或在小数点后的数字时，才是有效数字。此时“0”表示的是一定的数值，如 1.030 是四位有效数字，最后的“0”并非多余，丢掉它就相当于降低了测量的精确度。所以，有效数字最后的“0”是不能随意增减的。

当“0”在数字前面时，只起定位作用，表示小数点的位置并不是有效数字。小数点的位置与测量的精确度无关，而与测量所用的单位有关。如 16.42mL 如果用“升”作单位则为 0.01642L，两者的有效数字都是四位。0.0000164 的有效数字为三位，可表示为 1.64×10^{-5}。而像 1000、1800 中以“0”结尾的正整数，“0”的意义不够确切，其有效数字的位数只能按照实际测量的精确度来确定。若它们有两位有效数字，分别表示为 1.0×10^{3} 和 1.8×10^{3}；若它们有三位有效数字，分别表示为 1.00×10^{3} 和 1.80×10^{3}。

2. 有效数字的运算规则

几个数据进行运算应先统一有效数字的位数。在确定了有效数字保留的位数后，按“四舍五入”的法则弃去多余的数字，即当尾数$\leqslant$4 时，弃去；尾数$\geqslant$5 时，进位。也有使用“四舍六入五留双”的法则，即当尾数$\leqslant$4 时，弃去；尾数$\geqslant$6 时，进位；尾数=5 时，若进位后得偶数，进位，若弃去后得偶数，弃去。

例如，将 1.644、1.648、1.615 和 1.625 分别整理成三位有效数字，按“四舍六入五留双”的法则，分别得 1.64、1.65、1.62 和 1.62。

(1) 加减运算　几个数据进行加减时，所得结果的有效数字的位数，应与各加减数中小数点后面位数最少者相同。

例如，18.2154、2.561、4.52、1.002 相加，其中 4.52 的小数点后的位数最少，只有两位，所以应以它为标准，其余几个数也应根据“四舍五入”法则保留到小数后两位。即

$$18.22+2.56+4.52+1.00=26.30$$

(2) 乘除运算　几个数据进行乘除运算时，它们的积或商的有效数字，应与各乘除数中有效数字最少的数相同，与小数点的位数无关。

例如，$34.64\times0.0123\times1.07892$，其中 0.0123 的有效数字为三位，在几个相乘的数中最少，所以应以它为标准进行计算。其余几个数先根据“四舍五入”法则简化为三位有效数字后进行计算，即

$$34.6\times0.0123\times1.08=0.460$$

在计算的中间过程，可多保留一位有效数字，以避免多次的四舍五入造成误差的积累，最后的结果再舍去多余的数字。

（3）对数运算　在对数运算中，真数的有效数字的位数与对数的尾数（小数部分）的位数相同，与首数（整数部分）无关。因为首数只起定位作用，不是有效数字。如，pH＝4.80，有两位有效数字，所以，

$$c(H^+)=10^{-4.80}=1.6\times10^{-5}\,mol\cdot L^{-1}$$（取二位有效数字）

需要注意的是，由于电子计算器的普遍应用，在计算过程，虽然不需要对每一计算过程的有效数字进行整理，但应注意在确定最后计算结果时，必须保留正确的有效数字的位数。因为测量结果的数值、计算的精确度均不能超过测量的精确度。

3. 误差

（1）准确度与误差　准确度是指测定值与真实值之间相差的程度，用“误差”表示。误差愈小，表示测量值与真实值越接近，测量结果的准确度愈高。反之，准确度就愈低。

误差又分为绝对误差和相对误差，其表示方法如下：

$$绝对误差(E)=测量值(x)-真实值(T)$$

$$相对误差(E\%)=([测量值(x)-真实值(T)]/真实值(T))\times100\%$$

误差有正值和负值。正值表示测量结果偏高，负值表示测量结果偏低。例如，用分析天平称量A、B两份样品的质量分别是1.6120g和0.1612g，而样品A、B的真实质量分别为1.6121g和0.1613g。误差分析结果如下表：

样品	A	B
测量值/g	1.6120	0.1612
真实值/g	1.6121	0.1613
绝对误差/g	−0.0001	−0.0001
相对误差/%	−0.006	−0.06

两次称量的结果都偏低，且绝对误差相同，但是它们的相对误差却不同。绝对误差与被测量值的大小无关，而相对误差由于表示误差在测量结果中所占的百分率，则与被测量值的大小有关，被测量值越大，相对误差越小。因此，相对误差更具有实际意义，测定结果的准确度常用相对误差来表示。

（2）精密度与偏差　精密度是指在相同条件下多次测定的结果互相吻合的程度，表现了测定结果的再现性。精密度用“偏差”表示。偏差愈小说明测定结果的精密度愈高。

偏差分为绝对偏差和相对偏差。其表示方法如下

$$绝对偏差(d)=单次测量值(x)-测量平均值(\bar{x})$$

$$相对偏差(d\%)=(绝对偏差/测量平均值)\times100\%$$

即

$$d\%=\frac{d}{\bar{x}}\times100\%=\frac{x-\bar{x}}{\bar{x}}\times100\%$$

绝对偏差是单次测定值与平均值的差值，相对偏差是绝对偏差在平均值中所占的百分率。绝对偏差和相对偏差都只是表示了单次测量结果对平均值的偏离程度。为了更好地说明精密度，在实际工作中常用平均偏差和相对平均偏差来衡量总测量结果的精密度。分别表示为

$$平均偏差(\bar{d})=\frac{|d_1|+|d_2|+|d_3|+\cdots+|d_n|}{n}$$

$$相对平均偏差(\bar{d}\%)=\frac{\bar{d}}{\bar{x}}\times100\%$$

式中，n 为测定次数；$|d_n|$ 表示第 n 次测定结果的绝对偏差的绝对值。平均偏差和相对平均偏差不计正负。

（3）误差的种类及其产生的原因

① 系统误差　系统误差是由某种固定的原因造成的。例如，由于测定方法本身引起的方法误差；由于仪器本身不够精密引起的仪器误差；由于试剂不够纯所引起的试剂误差；正常操作情况下，由于操作者本身的原因引起的操作误差等。这些情况产生的误差，在同一条件下重复测定时会重复出现。增加平行测定的次数，采用数理统计的方法不能消除系统误差。系统误差可通过采用标准方法或标准样品进行对照实验、空白实验、校正仪器等进行修正。

② 偶然误差　偶然误差是由于某些难以控制的偶然因素引起的误差，如测定时温度、气压的微小波动，仪器性能的微小变化，操作人员对各份试样处理时的微小差别等。由于引起的原因有偶然性，所以造成的误差是可变的，有时大有时小，有时是正值有时是负值。

除上述两类误差外，还有因工作疏忽、操作马虎引起的过失误差，如试剂用错、刻度读错或计算错误等，均可引起很大的误差，这些都应力求避免。

（4）准确度与精密度的关系　系统误差是测量中误差的主要来源，它影响测定结果的准确度。偶然误差影响结果的精密度。测定结果准确度高，一定要精密度也好，才表明每次测定结果的重现性好。若精密度很差，则说明测定结果不可靠，已失去衡量准确度的前提。有时，测定结果精密度很好，说明它的偶然误差小，并不一定准确度就很高。例如甲、乙、丙三人同时分析同一瓶 HCl 溶液的浓度（真实值为 $0.1022mol\cdot L^{-1}$），测定结果如下：

项目		甲	乙	丙
实验结果	$c_1/mol\cdot L^{-1}$	0.1008	0.1030	0.1023
	$c_2/mol\cdot L^{-1}$	0.1009	0.1042	0.1021
	$c_3/mol\cdot L^{-1}$	0.1007	0.1054	0.1024
平均值/$mol\cdot L^{-1}$		0.1008	0.1042	0.1023
真实值/$mol\cdot L^{-1}$		0.1022	0.1022	0.1022
绝对误差/$mol\cdot L^{-1}$		+0.0014	−0.0020	−0.0001

甲的分析结果的精密度高，但准确度低，平均值与真实值相差较大；乙的分析结果精密度低，准确度也低；丙的分析结果精密度和准确度都比较高。可见精密度高不一定准确度高。只有在消除了系统误差之后，才能做到精密度既好，准确度又高。因此，在评价测量结果的时候，必须将系统误差和偶然误差的影响结合起来考虑，以提高测定结果的准确性。

4. 实验数据的处理

处理实验数据主要有列表法、作图法和数学方程式法。其中列表法和作图法较为常用。

（1）列表法　将实验数据进行整理、归纳，按照一定的规律和形式一一对应列成表格。列表时应注意如下事项。

① 列出表格的序号、名称、实验条件、数据来源。若有进一步说明可以附注的形式列于表的下方。

② 表中的第一行（表格顶端横排）或第一列（最左边纵排）都应标明变量名称和单位，并尽可能用符号简单明了地表示出来。如 $c(NaOH)/mol \cdot L^{-1}$、T/K、$V(HCl)/mL$ 等。

③ 在表中列出与变量一一对应的数据，通常为纯数，并注意有效数字。为表示数据的变化规律，数据的排列应以递增或递减的方式列出。每一行中的数字应整齐排列，位数和小数点要对齐。

④ 处理后的数据可与原始数据列于同一表格中，必要时将数据处理方法或处理用的计算公式列在表的下方。

列表法简单明了，数据一目了然，便于数据的处理和比较。

（2）作图法　作图法可形象直观地显示实验数据的特点、连续变化的规律性，如极大值、极小值、转折点、周期性等，还可以利用图形求内插值、外推值、直线的斜率和截距等。另外，由于作图法是由多个数据作出的图形，具有“平均”的意义，因而可发现或消除一些偶然误差，因此它是一种重要的数据处理方法。作图时应注意以下事项：

① 作图纸的选择　常用直角坐标纸，根据需要也可选择半对数坐标纸和对数坐标纸，切不可选用白纸。坐标纸的大小可依据实验数据和坐标分度值来确定，坐标纸的大小应略大于坐标范围、数据范围。譬如，自变量为温度，变化范围 0～100℃，坐标分度值为 1mm 对应 1℃，坐标纸可选一边约为 120mm。

② 坐标轴的确定　习惯上以自变量为横坐标，因变量为纵坐标。用粗实线画坐标轴，用箭头表明坐标轴方向，坐标轴的旁边应注明变量的名称和单位，再按顺序标出坐标轴整分格的量值，坐标轴的起点不一定从“0”开始，可视情况而定。

坐标分度值的选择要恰当，应能表示出全部的有效数字，使从作图法求出的物理量的精确度与测量的精确度相适应。每一小格所对应的数值应易于读取，如 1，2，4，5，10 等，而不宜使用 3，7，9 或小数。

③ 代表点的标绘　将实验数据以○、●、△、★等符号绘于坐标纸上。同一坐标系下不同曲线用不同符号，并在图上加以注明。

④ 线的绘制　依据数据点的分布趋势，用直尺或曲线板等把点连成直线或曲线。画出的线条应光滑、均匀、清晰。一般不强求直线或曲线通过所有点，应使线两边的实验点与线距离最小且分布均匀，且在数量上近似相等（即各实验点与线的距离的平方和最小）。

⑤ 标识图名和条件　空白位置写上图的名称，主要测量条件和实验日期等某些必要的说明。

计算机软件在数据处理和作图方面可以迅速、准确地确定数据点，利用精确的计算方法处理数据，避免了手工绘图的随意性，提高了数据处理的准确性和精确性，在化学实验数据的处理上已广泛使用。常用的计算机作图软件有 Microsoft Excel、Origin 和 SigmaPlot 等。

第1章

基本原理和验证性实验

实验 1

简单玻璃加工操作

预习

（1）酒精喷灯的构造、原理和使用方法。

（2）掌握安全操作和事故处理。

（3）玻璃的组成与性能。

一、实验目的

（1）学习并掌握酒精喷灯的正确使用方法。

（2）观察玻璃的热变化现象。

（3）掌握玻璃管（棒）的截断、弯曲、拉细等基本操作技术。

二、实验提要

1. 玻璃管（棒）的截断

视频扫一扫

玻璃加工操作

将玻璃管平放在桌子的边缘上，用左手按住要切割处，右手用三角锉的棱边或小砂轮在要切割的部位用力向前或向后锉（向一个方向锉，不要来回锉），如图 1-1(a) 所示。划出一道深而短的凹槽，然后双手持玻璃管（棒），使凹痕朝外，两手的拇指放在划痕背面，如图 1-1(b) 所示。用瞬间力向前推压，同时两手向左右两侧拉开，玻璃管（棒）即被折断，如图 1-1(c) 所示。

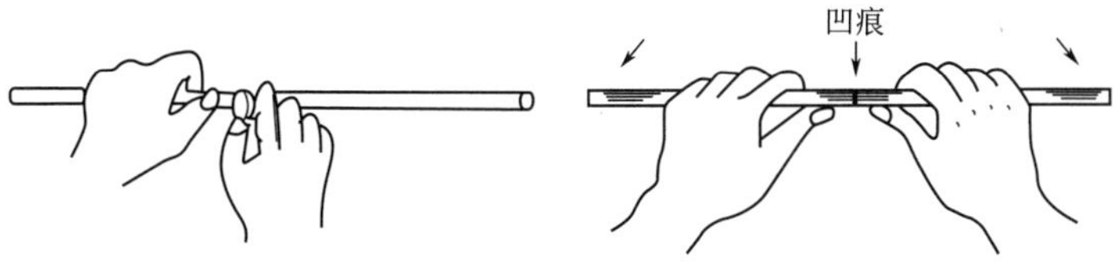

(a)　　(b)　　(c)

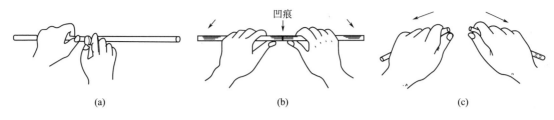

图 1-1　玻璃管（棒）的截断

2．玻璃管(棒)的圆口

玻璃管（棒）的切割断面的边缘很锋利，容易割破皮肤、橡胶管或塞子，必须放在火焰中烧熔，使之平滑，这一操作称为圆口。圆口时，将切割断面斜置于酒精喷灯氧化焰的边沿处，如图 1-2 所示。并不断来回转动玻璃管（棒），直至管口红热并熔化成平滑的管口，但加热时间不宜太长，以免管口口径缩小。取出烧热的玻璃管（棒），放在石棉网上冷却，切不可直接放在实验台面上，以免烧坏台面，更不可用手去摸，以防烫伤。

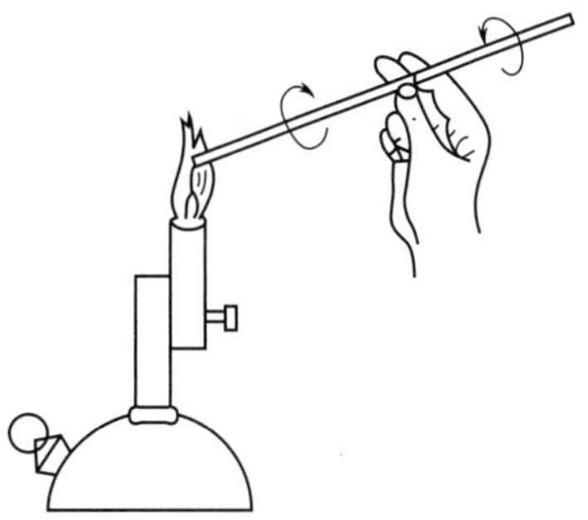

图 1-2　玻璃管（棒）的圆口

3．玻璃管(棒)的弯曲

弯曲玻璃管（棒）时，双手持玻璃管（棒）的两端，将要弯曲的部位先用小火预热一下，然后置于酒精喷灯的氧化焰内，缓慢而均匀地转动玻璃管（棒），使四周受热均匀，如图 1-3(a) 所示。注意转动玻璃管（棒）时，两手用力要均等，转速要一致，以免玻璃管（棒）在火焰中受热不均匀及软化后发生扭曲。加热到玻璃软化，将它稍离火焰，等两秒左右，使各部位温度均匀后，两手慢慢将玻璃管（棒）弯曲，如图 1-3(b) 所示。注意在弯曲时，角度要慢慢从大到小，并在火焰上晃动玻璃管（棒），使火焰不时加热到玻璃管弯曲部

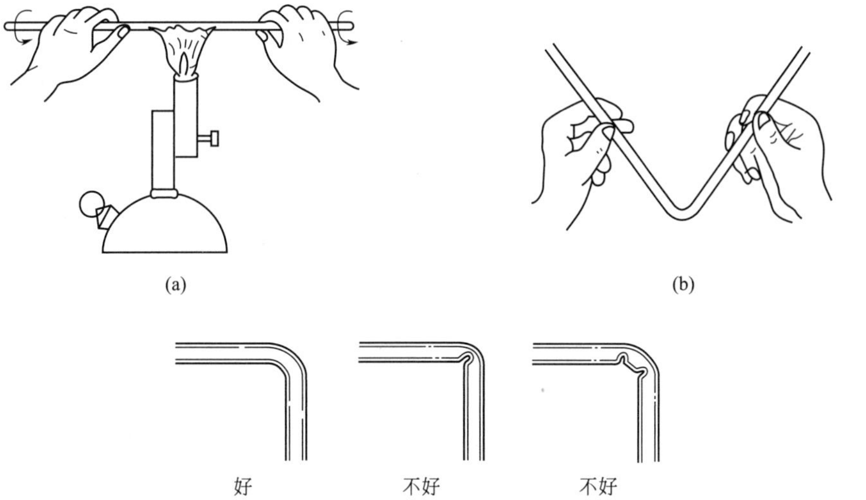

(a)　　(b)

(c)

图 1-3　玻璃管（棒）的弯曲

位的前后左右，要保持弯曲部位圆滑且不折曲，直至角度达到要求后，离开火焰，待其冷却变硬，然后放在石棉网上继续冷却。120°以上的角度，可以一次弯成；较小的角度，可以分几次弯成，先弯成较大角度，然后在前一次受热部位的稍左或稍右处进行第二次加热和弯曲，直到弯成所需的角度为止。玻璃管弯成后，应检查弯成的角度是否准确，弯曲处是否平整，整个玻璃管是否在同一平面上，如图 1-3(c) 所示。

4. 玻璃管(棒)的拉细

拉细玻璃管（棒）时，加热方法与弯曲玻璃管（棒）时的方法基本一致，但加热时，要比弯曲玻璃管时烧得更软一些，待玻璃管（棒）烧到变软并呈红黄色时，才移出火焰，在同一水平面向左右边拉边微微来回转动玻璃管（棒），如图 1-4 所示。拉至所需细度时，一手持玻璃管（棒），使之垂直下垂片刻，冷却后，按所需长度将其截断。

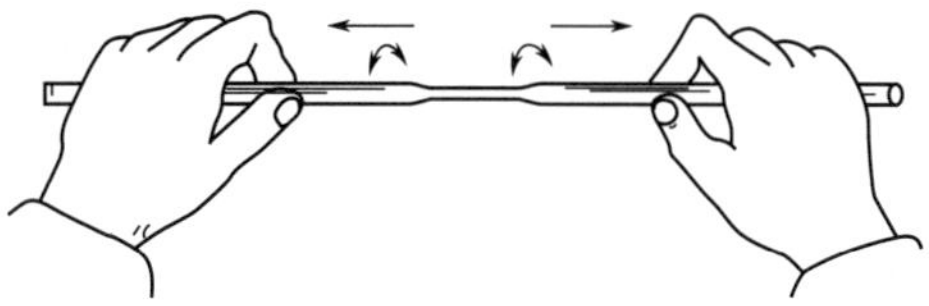

图 1-4　玻璃管（棒）的拉细

5. 滴管的制作

将拉细的玻璃管冷却后，在拉细的中间处用三角锉或小砂轮截断，并将细的一端断口稍微烧一下进行圆口（稍微碰一下火焰，然后迅速离开，反复多次，切勿一直在火焰中加热，否则小管口可能被封住），粗的一端在火焰上加热至红热，烧熔后立即垂直在石棉网上轻轻地按压一下，冷却后再套上橡皮头，即制成滴管。

6. 带珠玻璃棒或玻璃匙的制作

将拉细的玻璃棒在中间处截断，把细的一端斜向上插入火焰，细小的玻璃柱受热熔化而向上收缩为球珠。不时转动玻璃棒，使小球珠不歪斜，视玻璃球珠大小合适时，离开火焰，让球珠下垂，冷却。把粗端圆口，即成带珠玻璃棒。如制作玻璃匙，则当球珠大小合适时（比带珠玻璃棒的珠要大得多），右手拿钳子在火焰上预热（此时玻璃球不能离开火焰，并熔化红透），然后张开钳口快速把熔化的整个玻璃球珠钳扁，并使之与玻璃棒成 90°，离开火焰，放开钳口，冷却。将另一端圆口，即制成玻璃匙。

三、仪器、试剂和材料

（1）仪器　酒精喷灯、钳子、石棉网。

（2）试剂　工业酒精。

（3）材料　玻璃管、小砂轮片、玻璃棒、橡胶吸头、打火机。

四、实验内容

1. 酒精喷灯的使用

（1）按照绪论中酒精喷灯所述的使用方法，旋开加注酒精的螺旋盖，通过漏斗把酒精倒入酒精贮罐。为了安全，酒精的量不可超过罐内容积的 2/3。不得注满，也不能过少。过满易发生危险，过少则灯芯会被烧焦，影响燃烧效果。拧紧旋塞，防止漏气。新灯或长时间未使用的喷灯，点燃前把灯身倾斜 70°，使灯管内的灯芯沾湿，以免灯芯烧焦。

（2）将酒精喷灯放在石棉板或大的石棉网上（防止预热时喷出的酒精着火），往预热盘中注入酒精并将其点燃。等汽化管内的酒精受热汽化并从喷口喷出时，预热盘内燃着的火焰就会将喷出的酒精蒸气点燃。

（3）移动空气调节器，使火焰按需求稳定。

（4）停止使用时，可用石棉网覆盖燃烧口，同时移动空气调节器，加大空气量，灯焰即熄灭。然后稍微拧松旋塞（铜帽）使灯壶内的酒精蒸气放出。

（5）酒精喷灯使用完毕，应将剩余酒精倒出。

2．玻璃加工操作

（1）领取玻璃管（棒）反复练习截断、圆口、弯曲、拉细的基本操作。

（2）截取长度为 20cm 的玻璃管三根，并分别弯成 120°、90°、60°。

（3）截取长 25cm 玻璃管一根，在中央部位拉细，制作两支滴管。滴管的规格是从滴管滴出 20～25 滴水的体积约为 1mL。

（4）截取玻璃棒两根，一根长度为 16cm，制作普通搅拌用玻璃棒一支；另一根长度为 30cm，在中央部位拉细后截断，制作带珠玻璃棒和玻璃匙各一支。

五、思考题

（1）使用喷灯时要注意哪些事项？

（2）喷灯喷火一开始火焰正常，等预热碗里的酒精燃烧后，火焰逐渐变小，最后熄灭，这是为什么？

（3）切割玻璃管时应注意些什么？为什么截断后的玻璃管要圆口？

（4）玻璃操作中应如何防止割伤、烫伤？

（5）制作滴管、带珠玻璃、玻璃匙的要领是什么？

（6）玻璃是不是晶体？它有固定的熔点吗？

实验 2

溶液的配制

一、实验目的

（1）掌握几种常用的溶液配制方法。

（2）熟悉有关溶液浓度的计算方法。

（3）学习使用量筒、容量瓶和移液管的方法。

二、溶液配制的基本方法

化学实验中，通常需要配制的溶液有一般溶液和标准溶液。一般溶液配制选用台秤称量，量筒（杯）量取液体。标准溶液配制选用分析天平称量，用移液管（吸量管）量取液体，容量瓶定容。普通溶液浓度常用一位有效数字表示，标准溶液浓度常用四位有效数字表示。

1. 一般溶液的配制

（1）直接水溶法　对易溶于水而又不发生水解的固体，如 NaOH、NaCl、$H_2C_2O_4$ 等，配制其溶液时，可用台秤称取一定量的固体于烧杯中，加入少量蒸馏水，搅拌溶解后，再用蒸馏水稀释到所需体积，最后倒入试剂瓶中保存（若溶解、稀释时有放热现象，则应待其冷却至室温后再转入试剂瓶中），贴上标签。标签上一般需要写明五项内容：名称、浓度、配制人、配制日期、有效日期。

（2）介质水溶法　对易水解的固体试剂，如 $SnCl_2$、$SbCl_3$、$Bi(NO_3)_3$、Na_2S 等，配制其溶液时，称取一定量的固体，先用适量的一定浓度的酸（或碱）使之溶解，再用蒸馏水稀释至所需体积，摇匀后转入试剂瓶，贴上标签。

配制易被氧化的盐溶液，如 $FeSO_4$、$SnCl_2$ 等，除了需要加酸抑制其水解外，还需加入少量的金属（铁钉或锡粒）。

在水中溶解度较小的固体试剂，先选用适当的溶剂溶解后，再稀释，摇匀，转入试剂瓶中。如 I_2（固体），可先用 KI 水溶液溶解，再用水稀释。

（3）稀释法　对于液态试剂，如盐酸、硫酸、氨水等。在配制其稀溶液时，先用量筒量取所需量的浓溶液，然后用蒸馏水稀释至所需浓度，贴上标签。但配制 H_2SO_4 溶液时，要注意：应在不断搅拌的情况下缓慢地将浓硫酸倒入水中，切不可将水倒入浓硫酸中。

2. 标准溶液的配制

（1）直接法　用分析天平准确称取一定量的基准试剂于烧杯中，加入适量蒸馏水使之溶解，然后转入容量瓶，再用蒸馏水稀释至刻度，摇匀。根据物质的质量和溶液的体积，即可计算出标准溶液的准确浓度。

（2）标定法　不符合基准试剂条件的物质，不能用直接法配制标准溶液，但可先配成近似于所需浓度的溶液。然后用基准试剂或已知准确浓度的标准溶液来标定它的浓度。

（3）稀释法　当需要通过稀释去配制标准溶液的稀溶液时，可用移液管或吸量管准确吸取其浓溶液至适当的容量瓶中，用蒸馏水稀释至刻度，摇匀。

三、仪器、试剂和材料

（1）仪器　分析天平、台秤、量筒（10mL、100mL）、容量瓶（100mL、250mL）、移液管（25mL）、试剂瓶（100mL、500mL）、烧杯（150mL、250mL、500mL）、玻璃棒、滴瓶、洗瓶。

（2）试剂　HCl（浓）、乙酸（HAc，$1.000mol \cdot L^{-1}$）、$K_2Cr_2O_7$(s，AR)、NaOH(s，AR)。

（3）材料　称量纸、标签纸。

四、实验内容

1. 配制 400mL $0.1mol \cdot L^{-1}$ HCl 溶液

用洁净的量筒量取浓 HCl（$6mol \cdot L^{-1}$）xmL（请实验前自行计算好所需的浓 HCl 体积），倾入洁净的 500mL 烧杯中，加蒸馏水稀释至约 400mL，用玻璃棒充分搅拌均匀，转入洁净的 500mL 试剂瓶中，盖上玻璃塞，摇匀，贴上标签。

2. 配制 400mL $0.1mol \cdot L^{-1}$ NaOH 溶液

用 NaOH 固体配制 $0.1mol \cdot L^{-1}$ NaOH 溶液 400mL。计算所需固体 NaOH 的质量。

用台秤称取固体 NaOH，倒入洁净的 500mL 烧杯中，用量筒量取约 100mL 蒸馏水（已除去 CO_2，即刚煮沸过冷却的），倒入烧杯中，搅拌，待溶液完全溶解后，再加蒸馏水至 400mL，将配好的溶液倒入试剂瓶中（若是玻璃试剂瓶，则应配胶塞）。贴上标签。

3. 准确稀释醋酸溶液

用移液管吸取已知浓度的醋酸溶液 10.00mL，移入 100mL 容量瓶中，用蒸馏水稀释至刻度，摇匀。计算其准确浓度。贴上标签。

4. 配制 $K_2Cr_2O_7$ 标准溶液

用分析天平准确称取 1.0000～1.1000g 干燥且恒重的 $K_2Cr_2O_7$ 固体，在 100mL 烧杯中加少量蒸馏水溶解，转移至 250mL 容量瓶中，再用少量蒸馏水洗涤烧杯及玻璃棒 2～3 次，并将每次洗涤的蒸馏水转入容量瓶中，洗涤用水量不能过多，以免溶液体积超过标线，最后用蒸馏水稀释至刻度，摇匀。计算其准确浓度。贴上标签。

五、注意事项

（1）能用于直接配制标准溶液或标定溶液浓度的物质，称为基准试剂。它应具备以下条件：组成与化学式完全相符；纯度足够高；贮存稳定；参与反应时按反应式定量进行。常用的基准试剂有：重铬酸钾、邻苯二甲酸氢钾、碘酸钾、草酸钠、硝酸银等。

（2）基准物质 $K_2Cr_2O_7$，分子量为 294.18。需在 140～150℃干燥至恒重。

六、思考题

（1）为什么不直接在量筒中配制 NaOH 溶液？

（2）用容量瓶配制溶液时，是否需要先干燥容量瓶？

（3）用容量瓶配制标准溶液时，是否可以用量筒量取浓溶液？

实验 3

酸碱滴定

一、实验目的

（1）了解用滴定法测定溶液浓度的原理。

（2）学习和掌握以酚酞、甲基橙为指示剂确定终点的方法。

（3）掌握酸碱滴定管、容量瓶和移液管的规范操作方法。

（4）掌握滴定的规范操作。

二、实验原理

滴定法是用于测定溶液的准确浓度的一种分析方法。酸碱滴定法是以酸碱中和反应为基础的滴定法。将已知准确浓度的标准溶液，滴加到被测溶液中（或者将被测溶液滴加到标准溶液中），当滴定剂中的反应物和试样中的反应物刚好完全中和时，反应达到化学计量点。根据标准溶液的浓度和所消耗的体积，可算出待测物质的含量。为了目视终点的出现，需加入指示剂。当酸或碱稍过量时，指示剂就会改变颜色，由此可以确定滴定终点。

对于酸碱中和反应，如

$$KHC_8H_4O_4 + NaOH \rightleftharpoons KNaC_8H_4O_4 + H_2O$$

若已知邻苯二甲酸氢钾（$KHC_8H_4O_4$）的浓度 $c(KHC_8H_4O_4)$、体积 $V(KHC_8H_4O_4)$ 和 NaOH 的体积 $V(NaOH)$，通过酸碱中和滴定，可求得 NaOH 的浓度 $c(NaOH)$。

$$c(NaOH)V(NaOH) = c(KHC_8H_4O_4)V(KHC_8H_4O_4)$$

$$c(NaOH) = \frac{c(KHC_8H_4O_4)V(KHC_8H_4O_4)}{V(NaOH)}$$

三、仪器、试剂和材料

（1）仪器　酸式滴定管（50mL）、碱式滴定管（50mL）、移液管（25mL）、锥形瓶（250mL）、滴定管架、洗瓶。

（2）试剂　标准邻苯二甲酸氢钾溶液（$0.1000mol \cdot L^{-1}$）、盐酸（$0.1mol \cdot L^{-1}$）、酚酞（0.2%的乙醇溶液）、甲基橙（0.1%）。

（3）材料　滤纸片、凡士林。

四、实验内容

1. 滴定管及移液管的操作练习

请参考绪论中“化学实验中的基本操作”内容。

2. NaOH溶液浓度的测定

（1）用少量（约5～10mL）待装NaOH溶液润洗洁净的碱式滴定管2～3遍，再将NaOH溶液装入滴定管中，排走乳胶管和玻璃尖嘴部分的气泡，调节管内液面至“0.00～1.00mL”刻度处，静置1～2min，准确记下滴定管中液面的读数，记为初始体积。

视频扫一扫

酸碱滴定操作

（2）用移液管吸取25.00mL已知准确浓度的邻苯二甲酸氢钾（$KHC_8H_4O_4$）标准溶液放入洁净的锥形瓶中，加入酚酞指示剂2滴，摇匀。

（3）右手持锥形瓶，左手的大拇指和食指挤压玻璃珠外侧的乳胶管，使碱液滴入瓶内。碱液滴入酸中，局部出现粉红色，摇动锥形瓶，红色很快消失，当接近终点时，粉红色消失较慢，此时需要逐滴加入碱液，每加入一滴碱液，都应将溶液摇匀，观察红色是否消失，再决定是否还需滴加碱液。最后应控制液滴悬而不落，用锥形瓶内壁将其碰下来（此时加入的是半滴碱液），用洗瓶冲洗锥形瓶内壁，摇匀，30s内粉红色不消失即为终点，记下滴定管液面的位置，即为滴定终点的体积，它与初始体积的差即为滴定消耗的碱液体积。

（4）平行测定2～3次。将数据记录在表1-1中。

3. HCl溶液浓度的测定

（1）用移液管准确吸取25.00mL已测定浓度的NaOH溶液于洁净的锥形瓶中，加入0.1%甲基橙指示剂2滴，摇匀。

（2）在准备好的酸式滴定管中装入待测定的盐酸溶液，按上法滴定至最后半滴酸液滴入瓶中，溶液颜色由黄色变为橙色时，即为终点，记下滴定管中液面的读数。

（3）平行测定2～3次。将数据记录在表1-2中。

五、数据记录和结果处理

表1-1　NaOH溶液浓度的测定

实验序号		1	2	3
邻苯二甲酸氢钾（$KHC_8H_4O_4$）的用量/mL				
邻苯二甲酸氢钾（$KHC_8H_4O_4$）的浓度/mol·L^{-1}				
NaOH溶液的用量/mL	终点读数			
	初始读数			
	滴定体积			
NaOH溶液的浓度/mol·L^{-1}				
NaOH溶液的浓度/mol·L^{-1}（平均值）				
相对平均偏差/%				

表1-2　HCl溶液浓度的测定

实验序号	1	2	3
氢氧化钠（NaOH）溶液的用量/mL			
氢氧化钠（NaOH）溶液的浓度/mol·L^{-1}			

续表

实验序号		1	2	3
HCl 溶液的用量/mL	终点读数			
	初始读数			
	滴定体积			
HCl 溶液的浓度/mol·L^{-1}				
HCl 溶液的浓度/mol·L^{-1}(平均值)				
相对平均偏差/%				

六、注意事项

（1）碱滴定酸，使用酚酞作指示剂，至终点时酚酞变红，由于酚酞的变色范围是 pH 8.2～10.0，溶液略显碱性。到终点的溶液放置时间长，会吸收空气中的 CO_2，又使溶液呈微酸性，所以酚酞又变为无色。

（2）酸滴定碱，使用甲基橙作指示剂，到滴定终点时，甲基橙由黄色变为橙色。颜色转变不易判断，可用已达橙色的溶液进行对照。

七、思考题

（1）滴定管需用被装溶液润洗 2～3 次，锥形瓶是否也需要用待装溶液润洗？

（2）用碱液滴定酸时，已达终点的溶液放久后为什么会褪色？用酸液滴定碱时，已达终点的溶液放置一段时间后会不会褪色？

（3）讨论实验的精密度和准确度，如何对二者进行改进？

（4）市售盐酸能否替代邻苯二甲酸氢钾作为标准试剂？

（5）市售氢氧化钠能否作为标准试剂？为什么？

实验 4

电解质溶液和离子平衡

一、实验目的

（1）加深对解离平衡、同离子效应、盐类水解等理论的理解。

（2）学习配制缓冲溶液并验证其性质。

（3）了解沉淀溶解平衡及溶度积规则。

（4）学习离心分离操作和离心机的使用。

二、实验原理

电解质溶液中的离子反应和离子平衡是化学反应和化学平衡的一个重要部分。无机化学反应大多数是在水溶液中进行的，参与这些反应的物质主要是酸、碱、盐，它们都是电解质，在水溶液中能够完全或部分解离成带电离子，因此酸、碱、盐之间的反应实际上是离子反应。

1. 电解质的分类和弱电解质的解离

电解质一般分为强电解质和弱电解质，在水溶液中能完全解离成为离子的电解质称为强电解质，在水溶液中仅能部分解离的电解质称为弱电解质。弱电解质在水溶液中存在下列解离平衡，例如，一元弱酸 HA：

$$HA \rightleftharpoons H^+ + A^-$$

2. 同离子效应

在弱电解质溶液中，由于加入与该弱电解质有共同离子（阳离子或阴离子）的强电解质，从而使弱电解质的解离度降低的现象称为同离子效应。例如，在醋酸（HAc）溶液中加入醋酸钠（NaAc），

$$HAc \rightleftharpoons H^+ + Ac^-$$

由于增加了 Ac^- 的浓度，所以平衡向左移动，HAc 解离度降低，酸性降低，pH 值增大。

同理，在氨水溶液中加入 NH_4Cl，由于增加了 NH_4^+ 的浓度，可使氨水的解离度降低，pH 值降低。

3. 缓冲溶液

一般水溶液常易受外界加酸、加碱或稀释而改变其原有的 pH 值。但也有一类溶液的 pH 值在一定范围内并不因此而发生明显的变化，这类溶液称为缓冲溶液。常见的缓冲溶液为弱酸及其共轭碱所组成的混合溶液或弱碱及其共轭酸所组成的混合溶液。

缓冲溶液的 pH 值取决于 $pK_a^{\ominus}$（或 $pK_b^{\ominus}$）及 c(酸)/c(碱)。当 c(酸)=c(碱) 时，pH=$pK_a^{\ominus}$，或 pOH=$pK_b^{\ominus}$。因此，配制一定 pH 值的缓冲溶液时，可根据需要，选 $pK_a^{\ominus}$（或 $pK_b^{\ominus}$）与 pH 值（或 pOH）相近的弱酸（或碱）及其盐。

4. 盐类的水解

盐类的水解反应是由于组成盐的离子和水解离出来的 H^+ 或 OH^- 离子作用，生成弱酸或弱碱的反应过程。水解反应往往使溶液显酸性或碱性。通常水解后生成的酸或碱越弱，盐的水解度越大。

水解是中和反应的逆反应，是吸热反应，加热能促进水解作用。同时，水解产物的浓度也是影响水解平衡移动的因素。

5. 沉淀溶解平衡

在难溶电解质的饱和溶液中，未溶解的固体和溶解后形成的离子间存在多相离子平衡：

$$A_mB_n(s) \rightleftharpoons mA^{n+} + nB^{m-}$$

$$K_{sp}^{\ominus}=\left[\frac{c(A^{n+})}{c^{\ominus}}\right]^m\cdot\left[\frac{c(B^{m-})}{c^{\ominus}}\right]^n$$

式中，$K_{sp}^{\ominus}$称为溶度积，表示难溶电解质固体和它的饱和溶液达到平衡时的平衡常数。溶度积的大小与难溶电解质的溶解有关，反映了物质的溶解能力。

溶度积可作为沉淀与溶解的判断基础。对难溶电解质 A_mB_n，在一定的温度下，当溶液中：

$\{c(A^{n+})/c^{\ominus}\}^m\cdot\{c(B^{m-})/c^{\ominus}\}^n>K_{sp}^{\ominus}$时，溶液过饱和，有沉淀析出

$\{c(A^{n+})/c^{\ominus}\}^m\cdot\{c(B^{m-})/c^{\ominus}\}^n=K_{sp}^{\ominus}$时，沉淀-溶解达到动态平衡

$\{c(A^{n+})/c^{\ominus}\}^m\cdot\{c(B^{m-})/c^{\ominus}\}^n<K_{sp}^{\ominus}$时，溶液未饱和，无沉淀析出

如果溶液中有两种或两种以上的离子都能被同一沉淀剂所沉淀，则根据各种沉淀的溶度积的差异，它们在沉淀时次序有所不同，这种先后沉淀的现象叫分步沉淀。

使一种难溶电解质转化为另一种难溶电解质，即把沉淀转化为另一种沉淀的过程称为沉淀的转化。一般来说，溶度积大的难溶电解质易转化为溶度积小的同类型难溶电解质。

三、仪器、试剂和材料

（1）仪器　离心机、离心管、试管、烧杯、酒精灯。

（2）试剂　NaAc(s，AR)、NH_4Cl(s，AR)、$Fe(NO_3)_3\cdot 6H_2O$(s，AR)、Zn 粒、HCl（$0.1mol\cdot L^{-1}$、$2mol\cdot L^{-1}$）、HAc（$0.1mol\cdot L^{-1}$）、HNO_3（$6mol\cdot L^{-1}$）、NaOH（$0.1mol\cdot L^{-1}$、$2mol\cdot L^{-1}$）、$NH_3\cdot H_2O$（$0.1mol\cdot L^{-1}$、$6mol\cdot L^{-1}$）、NaAc（$0.1mol\cdot L^{-1}$）、NH_4Cl（$0.1mol\cdot L^{-1}$）、$FeCl_3$（$0.1mol\cdot L^{-1}$）、$Pb(NO_3)_2$（$0.1mol\cdot L^{-1}$）、Na_2SO_4（$0.1mol\cdot L^{-1}$）、$K_2Cr_2O_7$（$0.1mol\cdot L^{-1}$）、K_2CrO_4（$0.1mol\cdot L^{-1}$）、NaCl（$0.1mol\cdot L^{-1}$）、Na_2CO_3（$0.1mol\cdot L^{-1}$）、NH_4Ac（$0.1mol\cdot L^{-1}$）、$AgNO_3$（$0.1mol\cdot L^{-1}$）、$CaCl_2$（$0.1mol\cdot L^{-1}$）、$MgCl_2$（$0.1mol\cdot L^{-1}$）、$NaHCO_3$（$0.1mol\cdot L^{-1}$）、$Al_2(SO_4)_3$（$0.1mol\cdot L^{-1}$）、Na_2S（$0.1mol\cdot L^{-1}$）、NH_4Cl（饱和溶液）、$(NH_4)_2CO_3$（饱和溶液）、甲基橙指示剂、酚酞指示剂。

（3）材料　pH 试纸（广泛，精密）。

四、实验内容

1. 比较盐酸和醋酸的酸性

（1）取两支试管，一支滴入 5 滴 $0.1mol\cdot L^{-1}$ HCl，另一支滴入 5 滴 $0.1mol\cdot L^{-1}$ HAc，分别滴加 1 滴甲基橙指示剂，并稀释至 5mL，观察溶液的颜色。

（2）用 pH 试纸分别测定 $0.1mol\cdot L^{-1}$ HCl 和 $0.1mol\cdot L^{-1}$ HAc 溶液的 pH 值，观察 pH 试纸的颜色变化并判断 pH 值。

（3）取两支试管，一支滴入 10 滴 $0.1mol\cdot L^{-1}$ HCl，另一支滴入 10 滴 $0.1mol\cdot L^{-1}$ HAc，再各加 1 颗锌粒，加热试管，比较两支试管中反应的快慢。

通过以上实验，比较盐酸和醋酸有何不同，为什么？

2. 用 pH 试纸测定下列溶液的 pH 值，并与计算结果比较

0.1mol·L^{-1} NaOH、0.1mol·L^{-1} $NH_3·H_2O$、0.1mol·L^{-1} Na_2S、0.1mol·L^{-1} HAc

3. 同离子效应和缓冲溶液

（1）取 1mL 0.1mol·L^{-1} HAc 溶液，加入 1 滴甲基橙指示剂，摇匀，观察溶液的颜色。再加入少量 NaAc 固体，使它溶解后，溶液的颜色有何变化？为什么？

（2）取 1mL 0.1mol·L^{-1} $NH_3·H_2O$ 溶液，加入 1 滴酚酞指示剂，摇匀，观察溶液颜色。再加入少量 NH_4Cl 固体，使它溶解后，溶液的颜色有何变化？为什么？

（3）在试管中加入 1mL 0.1mol·L^{-1} HAc 和 1mL 0.1mol·L^{-1} NaAc，搅拌均匀后，用精密 pH 试纸测定其 pH 值。然后将溶液均分成两份，第一份加入 2 滴 0.1mol·L^{-1} HCl，摇匀，测定其 pH 值，另一份加入 2 滴 0.1mol·L^{-1} NaOH，摇匀，测定其 pH 值，解释观察到的现象。

（4）在试管中加 2mL 蒸馏水，测其 pH 值。将其均分成两份，第一份加入 2 滴 1mol·L^{-1} HCl，摇匀，测定其 pH 值，另一份加入 2 滴 0.1mol·L^{-1} NaOH，摇匀，测定其 pH 值，解释观察到的现象。与实验内容 3 中的（3）相比较，得出什么结论？

4. 盐类水解和影响水解平衡的因素

（1）用精密 pH 试纸分别测定浓度为 0.1mol·L^{-1}的下列各溶液的 pH：NaCl、NH_4Cl、Na_2S、NH_4Ac、Na_2CO_3，解释观察到的现象。

（2）取少量固体 $Fe(NO_3)_3·6H_2O$，用少量蒸馏水溶解后观察溶液的颜色，然后均分为三份。第一份留作比较，第二份加 3 滴 6mol·L^{-1} HNO_3，第三份小火加热煮沸。观察现象，并解释现象。加入 HNO_3 或加热对水解平衡有何影响？试加以说明。

（3）取两支试管，一支加 1mL 0.1mol·L^{-1} $Al_2(SO_4)_3$ 溶液，另一支加 1mL 0.1mol·L^{-1} $NaHCO_3$ 溶液，用 pH 试纸分别测试它们的 pH 值，写出它们的水解方程式，然后将 $NaHCO_3$ 溶液倒入 $Al_2(SO_4)_3$ 溶液中，观察有何现象？试加以说明。

5. 沉淀的生成和溶解

（1）在两支试管中分别加入约 1mL 饱和 $(NH_4)_2C_2O_4$ 溶液和 1mL 0.1mol·L^{-1} $CaCl_2$溶液，混合均匀，观察白色沉淀 CaC_2O_4 生成。然后在一支试管内缓慢滴加 2mol·L^{-1} HCl，并不断振荡，观察沉淀是否溶解。在另一支试管内逐滴加入饱和 NH_4Cl 溶液，并不断振荡，观察沉淀是否溶解。通过实验现象，比较在 CaC_2O_4 沉淀中加入 2mol·L^{-1} HCl 或饱和 NH_4Cl 后，对平衡的影响。

（2）在两支试管中分别加入 1mL 0.1mol·L^{-1} $MgCl_2$ 溶液，并逐滴加入 6mol·L^{-1} $NH_3·H_2O$ 至有白色 $Mg(OH)_2$ 沉淀生成，然后在第一支试管中加入 2mol·L^{-1} HCl，并不断振荡，观察沉淀是否溶解。在另一支试管内逐滴加入饱和 NH_4Cl 溶液，并不断振荡，观察沉淀是否溶解。通过实验现象，比较在 $Mg(OH)_2$ 沉淀中加入 HCl 或饱和 NH_4Cl 后对平衡的影响。

（3）$Ca(OH)_2$、$Mg(OH)_2$ 和 $Fe(OH)_3$ 沉淀溶解度的比较。

① 取三支试管，第一支试管加 1mL 0.1mol·L^{-1} $MgCl_2$ 溶液，第二支试管加入 1mL 0.1mol·L^{-1} $CaCl_2$ 溶液，第三支试管加入 1mL 0.1mol·L^{-1} $FeCl_3$ 溶液，然后各加入

$2mol\cdot L^{-1}$ NaOH 溶液数滴，观察记录三支试管中有无沉淀生成。

② 另取三支试管，第一支试管加入 1mL $0.1mol\cdot L^{-1}$ $MgCl_2$ 溶液，第二支试管加 1mL $0.1mol\cdot L^{-1}$ $CaCl_2$ 溶液，第三支试管加入 1mL $0.1mol\cdot L^{-1}$ $FeCl_3$ 溶液，然后在每只试管内各加入 $6mol\cdot L^{-1}$ $NH_3\cdot H_2O$ 溶液数滴，观察记录三支试管中有无沉淀生成。

③ 分别于三支试管中各取 4 滴饱和 NH_4Cl 和 $6mol\cdot L^{-1}$ $NH_3\cdot H_2O$ 相混合的溶液（体积比为 1∶1），然后在第一支试管中加入约 1mL $0.1mol\cdot L^{-1}$ $MgCl_2$ 溶液，第二支试管中加入 1mL $0.1mol\cdot L^{-1}$ $CaCl_2$ 溶液，第三支试管中加入 1mL$0.1mol\cdot L^{-1}$ $FeCl_3$，观察并记录三支试管中有无沉淀产生。

通过实验内容 5 之（3）中的①、②、③，比较 $Ca(OH)_2$、$Mg(OH)_2$ 和 $Fe(OH)_3$ 沉淀的溶解度的相对大小，并加以解释。

6. 沉淀转化

（1）在一支试管中加入 $0.1mol\cdot L^{-1}$ $Pb(NO_3)_2$ 溶液约 1mL，然后再加入约 1mL $0.1mol\cdot L^{-1}$ Na_2SO_4溶液，观察沉淀的产生并记录沉淀的颜色。再加入约 1mL $0.1mol\cdot L^{-1}$ $K_2Cr_2O_7$ 溶液，观察沉淀颜色的改变，写出反应式并根据溶度积的原理进行解释。

（2）取数滴 $0.1mol\cdot L^{-1}$ $AgNO_3$ 溶液，加入 2 滴 $0.1mol\cdot L^{-1}$ $K_2Cr_2O_4$ 溶液，观察沉淀的颜色。将沉淀离心分离，洗涤沉淀 2～3 次。然后往沉淀中加入 $0.1mol\cdot L^{-1}$ NaCl 溶液，观察沉淀颜色的变化，写出反应方程式并用溶度积原理进行解释。

五、思考题

（1）试阐述弱电解质的解离平衡、同离子效应及盐类水解等理论。

（2）计算实验内容 2 中各溶液的 pH 值。

（3）加热对水解有何影响？

（4）将 10mL$0.2mol\cdot L^{-1}$ HAc 与 10mL $0.1mol\cdot L^{-1}$的 NaOH 混合，问所得的溶液是否具有缓冲作用？这个溶液的 pH 值在什么范围之内？

（5）沉淀的溶解和转化条件有哪些？

实验 5

缓冲溶液的配制及酸度计的使用

一、实验目的

（1）学习缓冲溶液的配制方法。

（2）加深对缓冲溶液性质的理解。

（3）学习酸度计的使用。

（4）强化吸量管的使用。

二、实验原理

1. 基本概念

在一定程度上能够抵抗外加的少量酸、碱或稀释而保持溶液 pH 值基本不变的作用称为缓冲作用。具有缓冲作用的溶液称为缓冲溶液。

2. 缓冲溶液的组成与缓冲公式

缓冲溶液通常必须同时含有两种成分：一种成分能够抵制外加 H^+，叫抗酸成分；另一种成分能够抵制外加 OH^-，叫抗碱成分。两种成分合称为缓冲系或缓冲对。常见的缓冲系有：①弱酸及其盐，如 HAc-NaAc；②弱碱及其盐，如 NH_3-NH_4Cl；③两性物质及其对应的共轭酸（碱），如 $NaHCO_3$-Na_2CO_3。

由常见缓冲系可见，缓冲溶液通常是由一对共轭酸碱组成。根据溶液中共轭酸碱对所存在的质子转移平衡：

$$HB \rightleftharpoons B^- + H_3O^+$$

缓冲溶液 pH 值的计算公式为：$pH = pK_a + \lg \frac{[B^-]}{[HB]}$

3. 缓冲溶液性质

（1）缓冲作用　由公式可见，往缓冲溶液中加入少量强酸或强碱时，共轭碱与共轭酸的浓度比值改变不大，故其 pH 值基本上是不变的。同样，稀释缓冲溶液时，共轭碱与共轭酸的浓度比值改变也很小，所以，适当稀释也不影响其 pH 值。本实验通过将普通溶液和配制成的缓冲溶液对加入酸、碱或适当稀释前后 pH 数值的变化来探讨缓冲溶液的这种性质。

（2）缓冲容量　缓冲容量是衡量缓冲溶液缓冲能力大小的尺度。缓冲容量的大小与缓冲组分浓度和缓冲组分的比值有关。缓冲组分浓度越大，缓冲容量越大，缓冲组分比值为 1∶1 时，缓冲容量最大。通过本实验可观察到缓冲溶液的这种性质。另外，在实验室中，测定缓冲容量最简单的方法是利用酸碱指示剂变色来进行判断。本实验将使用甲基红指示剂（表 1-3）。

表 1-3　甲基红指示剂变色范围

pH	<4.2	4.2～6.3	>6.3
颜色	红色	橙色	黄色

4. 酸度计的工作原理与使用方法

（1）酸度计（pH 计）的工作原理　酸度计是采用电动势法精确测量液体 pH 的一种仪器。将一个连有内参比电极的可逆氢离子选择性电极（指示电极）和一个外参比电极同时浸入到待测溶液中而形成原电池，在一定温度下产生一个内外参比电极间的电动势，此电动势与溶液中氢离子活度有关，而与其它离子的存在基本没有关系。仪器通过测量电动势的大小，最终转化为待测液的 pH 显示出来。实验中为了操作方便，常把连有内参比电极的氢离子指示电极和外参比电极复合在一起构成复合电极。

（2）操作步骤（以雷磁 pHS-3C 型为例）

① 打开电源开关，按“pH/mV 键”使仪器进入 pH 测量状态；

② 按“温度”键，使显示为溶液温度，然后按确认键；

③ 将清洗好的电极插入标准缓冲液 1 中，待读数稳定后按“定位”键，使读数为该溶液当时温度下的 pH 值，然后按确认键；

④ 将清洗好的电极插入标准缓冲液 2 中，待读数稳定后按“斜率”键，使读数为该溶液当时温度下的 pH 值，然后按“确认”键，标定完成。经标定后，不能再按“定位”键和“斜率”键（标定的缓冲溶液一般第一次用 pH＝6.86 的溶液，如待测溶液为酸性，第二次缓冲液应选 pH＝4.00；如待测溶液为碱性则选 pH＝9.18 的缓冲液）；

⑤ 将清洗好的电极插入待测溶液即可进行测量。

三、仪器、试剂和材料

（1）仪器　酸度计、试管、量筒（100mL、10mL）、烧杯（100mL、50mL）、吸量管（5mL、10mL）等。

（2）试剂　HAc（0.1mol·L^{-1}，1mol·L^{-1}）、NaAc（0.1mol·L^{-1}，1mol·L^{-1}）、NaH_2PO_4（0.1mol·L^{-1}）、Na_2HPO_4（0.1mol·L^{-1}）、$NH_3 \cdot H_2O$（0.1mol·L^{-1}）、NH_4Cl（0.1mol·L^{-1}）、HCl（0.1mol·L^{-1}）、NaOH（0.1mol·L^{-1}，1mol·L^{-1}）、pH 4 的 HCl、pH 10 的 NaOH、甲基红溶液。

（3）材料　广泛 pH 试纸、精密 pH 试纸、吸水纸等。

四、实验内容

1. 缓冲溶液的配制及 pH 值的测定

按照表 1-4 给出的试剂种类和体积，配制三种不同 pH 值的缓冲溶液 A、B、C，并计算出每种缓冲溶液的理论 pH 值。然后再用精密 pH 试纸和 pH 计分别测定它们的 pH 值。比较理论计算值与两种不同方法测定出的实验值是否相符（溶液留作后面实验用）。将结果记录在表 1-4 中。

2. 缓冲溶液与普通溶液的抗酸、抗碱、抗稀释能力的比较

取 3 支试管，分别加入蒸馏水、pH 4 的 HCl 溶液、pH 10 的 NaOH 溶液各 3mL，用 pH 试纸测其 pH 值，接着再向每支试管中加入 5 滴 0.1mol·L^{-1} HCl，再测其 pH 值。同样方法，另取 3 支试管，分别加入蒸馏水、pH 4 的 HCl 溶液、pH 10 的 NaOH 溶液各 3mL，用 pH 试纸测其 pH 值，然后再向各试管中加入 5 滴 0.1mol·L^{-1} NaOH，再测其 pH 值。将实验结果记录在表 1-5 中。

取 3 支试管，分别加入自己配制的缓冲溶液 A、B、C 各 3mL，接着向各试管中加入 5 滴 0.1mol·L^{-1} HCl，用精密 pH 试纸测其 pH 值。同样方法，另取 3 支试管，分别加入自己配制的缓冲溶液 A、B、C 各 3mL，然后向各试管中加入 5 滴 0.1mol·L^{-1} NaOH，用精密 pH 试纸测出其 pH 值。将实验结果记录在表 1-5 中。

取 3 支试管，分别加入缓冲溶液 A、pH 4 的 HCl 溶液、pH 10 的 NaOH 溶液各 1mL，用精密 pH 试纸测定各试管中溶液的 pH 值，然后向各管中加入 10mL 蒸馏水，混合均匀后再用精密 pH 试纸测出其 pH 值。将实验结果记录在表 1-5 中。

3. 缓冲溶液的缓冲容量与缓冲组分浓度的关系

取 2 支试管，往一支试管中依次加入 0.1mol・L^{-1} HAc 和 0.1mol・L^{-1} NaAc 各 3mL，往另支一试管中依次加入 1mol・L^{-1} HAc 和 1mol・L^{-1} NaAc 各 3mL，然后将两试管中的溶液各自混合均匀，再用精密 pH 试纸测定出它们各自的 pH 值（是否相同?）。接着，再往两试管中分别滴入甲基红指示剂 2 滴，观察溶液呈何色?（甲基红在 pH<4.2 时呈红色，pH>6.3 时呈黄色）。接着再往两试管中分别逐滴加入 1mol・L^{-1} NaOH 溶液（每加入 1 滴 NaOH 均需摇匀），直至溶液的颜色变成黄色。记录各试管中所滴入 NaOH 的滴数，说明哪一试管中缓冲溶液的缓冲容量大。

4. 缓冲溶液的缓冲容量与缓冲组分比值的关系

取两支大试管，用吸量管在一试管中依次加入 0.1mol・L^{-1} NaH_2PO_4 和 0.1mol・L^{-1} Na_2HPO_4 各 10mL，在另一试管中依次加入 2mL 0.1mol・L^{-1} NaH_2PO_4 和 18mL 0.1mol・L^{-1} Na_2HPO_4，然后将两试管中的溶液各自混合均匀，用精密 pH 试纸测定出它们各自的 pH 值。接着再往每支试管中各加入 1.8mL 0.1mol・L^{-1} NaOH，混合均匀后再用精密 pH 试纸分别测量出两试管中溶液的 pH 值。说明哪一试管中缓冲溶液的缓冲容量大。

五、数据记录与结果处理

（1）根据实验内容 1，将相关实验数据填入表 1-4 中。

表 1-4　缓冲溶液的配制与 pH 值的测定

溶液编号	试剂种类	体积/mL	理论 pH 值	精密试纸测量 pH 值	pH 计测定 pH 值
A	0.1mol・L^{-1} HAc	10			
	0.1mol・L^{-1} NaAc	10			
B	0.1mol・L^{-1} NaH_2PO_4	10			
	0.1mol・L^{-1} Na_2HPO_4	10			
C	0.1mol・L^{-1} $NH_3\cdot H_2O$	10			
	0.1mol・L^{-1} NH_4Cl	10			

根据表 1-4 中数据，得出结论：________________________________。

（2）根据实验内容 2，将相关实验数据填入表 1-5 中。

表 1-5　缓冲溶液与普通溶液的性质对比

实验编号	溶液类别	pH 值	加 5 滴 HCl 溶液后的 pH 值	加 5 滴 NaOH 溶液后的 pH 值	加 10mL 蒸馏水后的 pH 值
1	蒸馏水				
2	pH 4 的 HCl 溶液				
3	pH 10 的 NaOH 溶液				
4	缓冲溶液 A				
5	缓冲溶液 B				
6	缓冲溶液 C				

根据表 1-5 中数据，得出结论：________________。

（3）根据实验内容 3，记录各试管中缓冲溶液的 pH 值：________，加入甲基红指示剂后各自的颜色：________________；当溶液变至黄色时，各试管中所滴入 NaOH 的滴数：________；由此，得出结论：________________。

（4）根据实验内容 4，记录两试管中缓冲溶液的 pH 值：________，加入 1.8mL 0.1mol·L^{-1} NaOH 后溶液的 pH 值：________。由此，得出结论：________________。

六、注意事项

使用 pH 计测量 pH 值时，注意每测定完一种溶液，复合电极需用蒸馏水洗净并吸干后才能测定另一种溶液。

七、思考题

（1）为什么缓冲溶液具有缓冲能力？

（2）缓冲溶液的 pH 值由哪些因素决定？

实验 6

摩尔气体常数的测定

一、实验目的

1. 学习测定摩尔气体常数的原理和方法。
2. 理解分压定律与气体状态方程的实际应用。
3. 学习气压计的操作。

二、实验原理

理想气体的状态方程式：

$$pV=nRT=\frac{m}{M_r}RT \tag{1-1}$$

式中 p——气体的压力或分压，Pa；

V——气体体积，L；

n——气体的物质的量，mol；

m——气体的质量，g；

M_r——气体的摩尔质量，g·mol^{-1}；

T——气体的温度，K；

R——摩尔气体常数（文献值：8.31Pa·m^3·K^{-1}·mol^{-1}或 J·K^{-1}·mol^{-1}）。

从式(1-1)可以看出，只要测定一定温度下给定气体的体积 V、压力 p 与气体的物质的量 n 或质量 m，即可求得 R 的数值。

本实验是利用金属镁（Mg）与稀硫酸发生置换反应生成的氢气来测定摩尔气体常数 R 值的。其置换反应如下：

$$Mg(s) + H_2SO_4(aq) \longrightarrow MgSO_4(aq) + H_2(g) \qquad (1\text{-}2)$$

实验中，参与反应的金属镁的质量要用分析天平准确测量，稀硫酸要过量，反应放出的氢气用排水集气法收集。

根据反应式(1-2)，收集的氢气的物质的量可由金属镁的质量求得：

$$n_{H_2} = \frac{m_{H_2}}{M_{H_2}} = \frac{m_{Mg}}{M_{Mg}}$$

收集的氢气体积可由量气管测出。

温度 T 可由温度计测定。

由于量气管内所收集的氢气是被水蒸气所饱和的，所以，氢气压力需用气压计测定出总压 p 后，再根据分压定律进行计算得到。根据分压定律，氢气的分压 p_{H_2}，应是混合气体的总压 p（以 100kPa 计）与水蒸气分压 p_{H_2O} 之差：

$$p_{H_2} = p - p_{H_2O} \qquad (1\text{-}3)$$

将所测得的各项数据代入式(1-1)可得：

$$R = \frac{p_{H_2}V}{n_{H_2}T} = \frac{(p - p_{H_2O})V}{n_{H_2}T}$$

三、仪器、试剂和材料

(1) 仪器　分析天平、摩尔气体常数测定装置［见图 1-5，由量气管、平衡漏斗（水准瓶）、反应试管、铁架台、铁夹、铁圈、橡胶管、橡胶塞、导气管等组成］、气压计（公用）、温度计（公用）、量筒、漏斗。

(2) 试剂　硫酸 H_2SO_4（$2mol \cdot L^{-1}$）、镁条（纯）。

(3) 材料　砂纸、称量纸（蜡光纸或硫酸纸）。

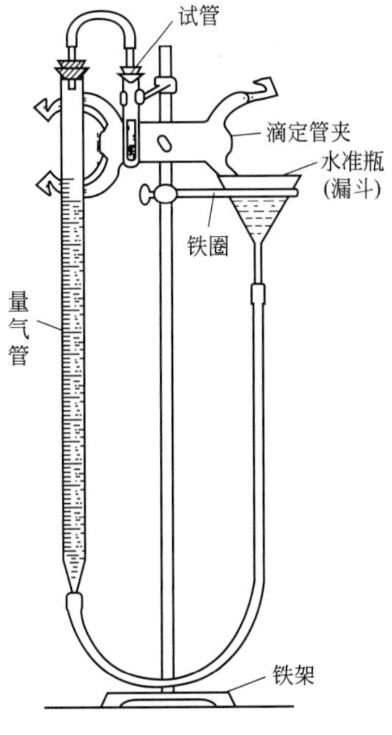

图 1-5　摩尔气体常数的测定装置

四、实验内容

1. 称量镁条

用分析天平准确称取已用砂纸磨去表面氧化膜的镁条 0.0300～0.0400g。

2. 摩尔气体常数的测定

(1) 实验装置的准备　先按图 1-5 安装好实验装置。然后从平衡漏斗往量气管注入自来水，使量气管内液面略低于刻度“0”。再上下移动平衡漏斗，以赶尽附着于橡胶管和量气管内壁的气泡。赶尽气泡后，再将反应试管和量气管连接起来。

（2）反应的准备　取下反应用试管，将 5mL 2.0mol·L^{-1} H_2SO_4 溶液通过漏斗注入试管中（将漏斗移出试管时，不能让酸液沾在试管壁上!）。稍稍倾斜试管，将已称好质量的镁条按压平整后蘸少许蒸馏水，小心地贴在试管内壁上端，确保镁条不与硫酸接触。然后小心固定试管，塞紧橡胶塞（动作要轻缓，谨防镁条落入稀酸溶液中!）。

（3）实验装置的检查　接下来要检查装置是否漏气。将平衡漏斗向上或向下移动一段距离后，保持在一定位置。若平衡漏斗位置固定后，量气管内液面仍不断下降或上升，表示装置漏气，此时应检查原因，不断调整至不漏气。若量气管中水面只是开始稍有变化，而后保持恒定，则说明装置不漏气，可进行后续实验。若不漏气，可调整平衡漏斗位置，使其液面与量气管内液面保持在同一水平面，然后准确读出量气管内液面读数 V_1。要求读准至±0.01mL。

（4）反应的发生、氢气的收集和体积的测量　倾斜试管，使稀硫酸与镁条接触（切勿使酸碰到橡胶塞），反应开始。待镁条落入稀酸溶液中后，再将试管恢复原位。此时反应产生的氢气会使量气管内液面开始下降，同时平衡漏斗内的液面不断上升。为了避免量气管内气压过大而造成装置漏气，在液面下降的同时应慢慢向下移动平衡漏斗，使平衡漏斗内液面随量气管内液面一齐下降，直至反应结束。

待反应结束，同时试管也冷却至室温（约需 10 多分钟）后，再次移动平衡漏斗，使其与量气管的液面处于同一水平面，准确读取并记录量气管内液面的读数 V_2。

五、数据记录和结果处理

镁条质量 m_{Mg}：__________ g

氢气的物质的量 $n_{H_2}=\dfrac{m_{Mg}}{M_{Mg}}$：__________ mol

反应前量气管内液面的读数 V_1：__________ mL

反应后量气管内液面的读数 V_2：__________ mL

反应置换出 H_2 的体积 $V=(V_2-V_1)\times10^{-3}$：__________ L

室温 T：__________ K

大气压力 p：__________ Pa

氢气的分压 $p_{H_2}=p-p_{H_2O}$：__________ Pa

室温时水的饱和蒸气压 p_{H_2O}：__________ Pa

摩尔气体常数 $R=\dfrac{p_{H_2}V}{n_{H_2}T}$：__________ J·$K^{-1}$·$mol^{-1}$

六、注意事项

（1）镁条质量以 0.0300～0.0400g 为宜，称量要求准确至±0.0001g。镁条质量若太小，会增大称量及测定的相对误差。质量若太大，则产生的氢气体积可能超过量气管的容积而无法测量。

（2）橡胶管内气泡排净标志：胶管内透明度均匀，无浅色块状部分。

（3）试管和量气管间的橡胶管勿打折，保证通畅后再检查漏气或进行反应。

（4）装 H_2SO_4 时，要用长颈漏斗将 H_2SO_4 注入试管中，不能让酸液沾在试管壁上。

（5）贴镁条时，要确保镁条不与硫酸接触。固定试管时，要谨防镁条落入稀酸溶液中。

七、思考题

（1）本实验中，在装 H_2SO_4 时，为什么不能让酸液沾在试管壁上？

（2）反应前后读取量气管内液面刻度时，为什么必须使平衡漏斗内液面与量气管内液面保持在同一水平面？

（3）为什么不在反应结束后立即读取量气管内液面刻度，而是待试管温度降至室温后再读数？

（4）本实验中，量气管内气体的压力是否等于氢气的压力？为什么？

（5）若发生下列情况，实验测得的气体常数 R 的数值与理论值比较是偏高还是偏低？

① 量气管（包括量气管与平衡漏斗相连接的橡胶管）内气泡未赶尽。

② 镁条表面的氧化膜未擦净。

③ 反应过程中，实验装置漏气。

实验 7

化学反应焓变的测定

一、实验目的

（1）了解化学反应焓变的含义与测定方法。

（2）培养学生综合应用所学知识的能力。

二、实验原理

本实验通过测定锌粉和硫酸铜反应前后温度的变化，求得该反应的焓变。

$$Zn + CuSO_4 \longrightarrow ZnSO_4 + Cu$$

根据测定的温度变化，可以通过式(1-4）计算焓变 $\Delta_r H_m$：

$$\Delta_r H_m = -\Delta t \times \frac{1}{1000n}(cVd + C_{量热器}) \qquad (1\text{-}4)$$

式中，$\Delta_r H_m$ 为反应的焓变，$kJ \cdot mol^{-1}$；Δt 为反应前后溶液温度变化值，℃；c 为 $CuSO_4$ 溶液的比热容，为 $4.18 J \cdot g^{-1} \cdot ℃^{-1}$；$V$ 为 $CuSO_4$ 溶液的体积，mL；d 为 $CuSO_4$ 溶液的密度，$1.03 g \cdot mL^{-1}$；n 为溶液中 $CuSO_4$ 的物质的量，mol；$C_{量热器}$ 为量热器的热容，$J \cdot ℃^{-1}$。式(1-4）中有两个未知量，分别是 $C_{量热器}$ 和 Δt。

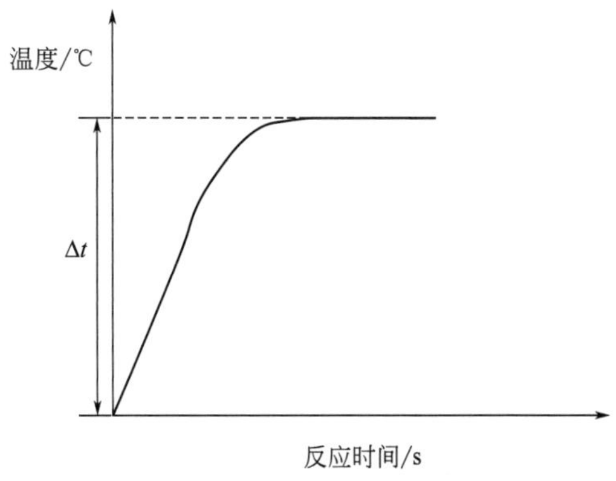

图 1-6　反应过程的曲线图

其中，量热器的热容 $C_{量热器}$ 可以通过式(1-5）计算得到。其中 V_{H_2O} 为所加冷水（或热水）的体积，mL；d_{H_2O} 为水的密度，$1.00 g \cdot mL^{-1}$；

t_1 为冷水的温度；t_2 为热水的温度；t_f 为等体积的冷水与热水混合后的温度。

$$C_{\text{量热器}}=\frac{V_{H_2O}d_{H_2O}\times 4.18\times(t_2+t_1-2t_f)}{t_f-t_1} \tag{1-5}$$

式(1-4) 中的 Δt 可通过图 1-6 获得，而该图是由反应过程中的结果制作而成。

三、仪器、试剂

（1）仪器　台秤、烧杯（100mL、250mL）、量筒（100mL）、洗耳球、移液管（50mL）、反应器（自制）、温度计、洗瓶、NDZH-2S 型微机测定反应热实验系统。

（2）试剂　$CuSO_4$（浓度已标定），锌粉（分析纯，A. R.）。

四、实验内容

1. 反应焓变测定系统组装

如图 1-7 所示，反应焓变测定系统主要由反应器、温度传感器和数据处理器组成。在保证反应产生的热不丧失的条件下，反应器可根据实验室的条件自行设计。本实验反应过程的监控由南京大学制造的 NDZH-2S 型微机测定反应热实验系统来实施。数据收集与处理由相应的软件来完成。这样便建立了数据与分析的专用模块，利用计算机绘制相关图形，最终完成数据分析与处理。

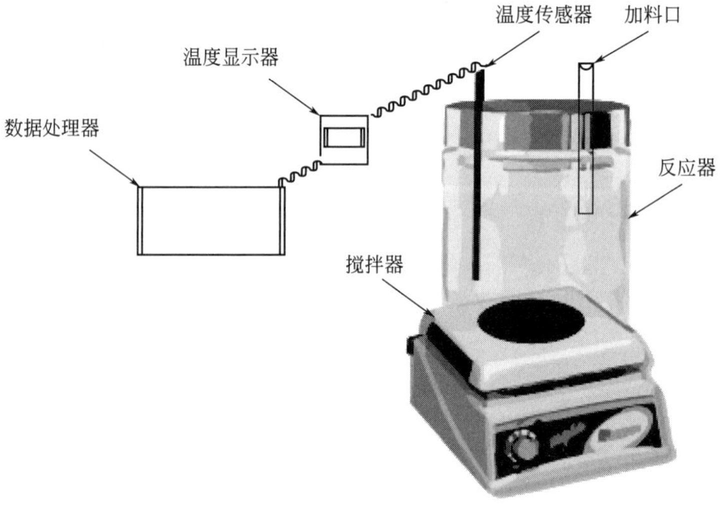

图 1-7　反应焓变测定系统的组成

2. 反应器热容的测定

量取 50mL 冷水置入装有热电偶的反应器中，待温度稳定后，记录冷水温度 t_1。再用量筒量取 50mL 热水，并记录准确温度 t_2。然后迅速将热水倒入装有冷水的反应器中，并搅拌均匀，同时观察温度的变化。待混合温度到达最高值后，记录此时最高值 t_f。将实验数据代入式(1-5) 中，计算出反应器的热容。

3. 化学反应摩尔焓变的测量

用 50mL 移液管移取 $CuSO_4$ 溶液 50mL 于反应器中，将热电偶插入溶液中，待温度恒定后按下仪器面板上的“温度/温差”按钮，调整至“温差”，再按“置零”键，使仪器数据显示“0.000”。上述工作完成后，双击打开电脑软件“反应热测定”，点击“继续”进入软件测试界面（图 1-8）。选择“参数设定”栏，将软件界面的坐标进行必要修改。保存后点击“开始实验”，设置参与反应的 $CuSO_4$ 的体积与浓度。然后点击“继续”至对话框中出现“数据保存文件名”，输入文件名后再点击“确定”，软件开始运行。

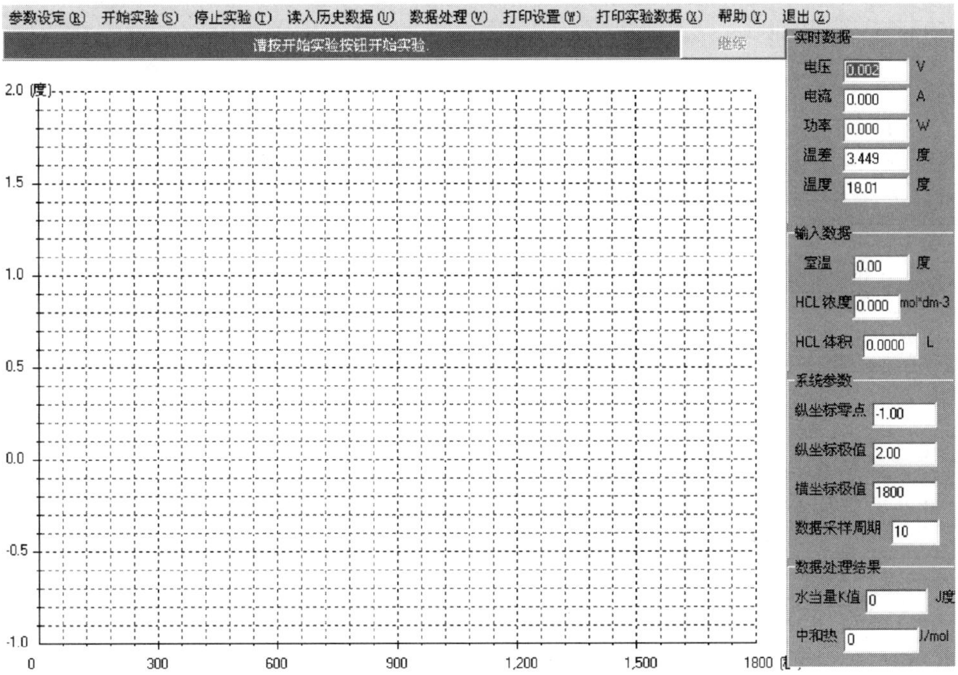

图 1-8 实验操作界面

将称量好的锌粉注入反应器中，开动磁力搅拌器，反应温度升高直至温度升高到最高点。继续记录数据 30s 后实验停止，同时绘制温度-时间曲线图。点击“图形打印”，计算机打印当前界面，若需保存，点击“保存”，输入文件后确认，完成保存。温度-时间曲线和实验结果见图 1-9。

4. 数据处理、反应焓变的计算及误差分析

从图 1-9 中测定反应的温度变化值（Δt），并代入式(1-4）计算出反应焓变。与理论值比较，进行误差分析。

五、思考题

（1）还有哪些测定反应焓变的方法？

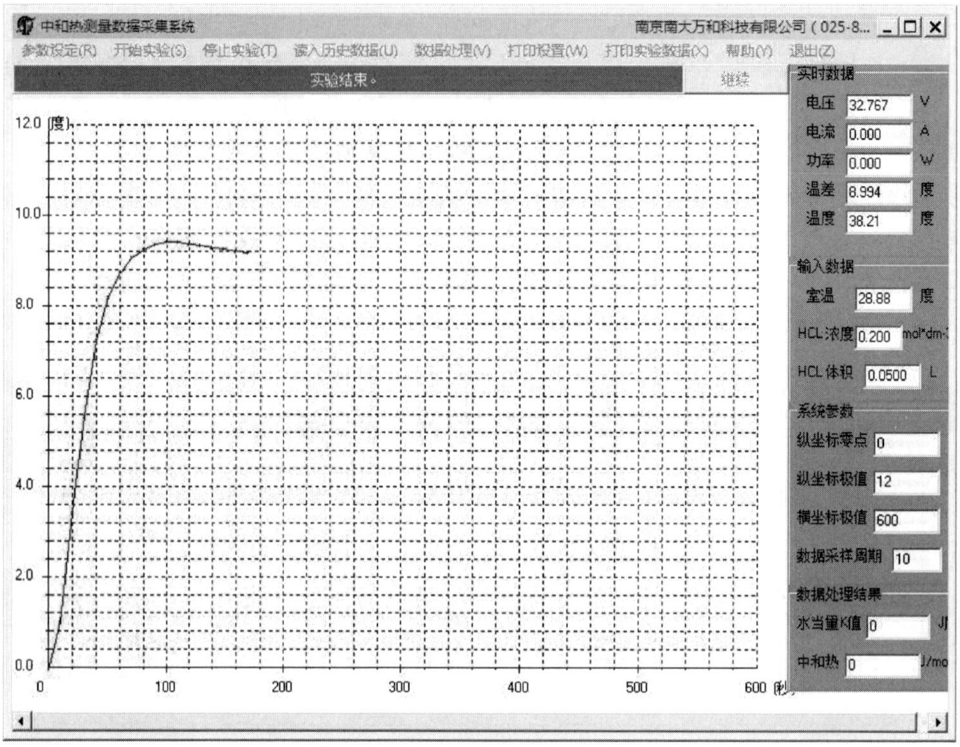

图 1-9　锌粉和硫酸铜反应的温度-时间曲线

（2）实验结果和理论值（218.66kJ·mol^{-1}）一致吗？为了使实验结果与理论值更为接近，哪些装置或步骤还需要进一步改进？

实验 8

化学反应速率

一、实验目的

（1）理解浓度、温度和催化剂对化学反应速率的影响。

（2）掌握化学反应速率、反应级数、反应速率常数及活化能的测定。

（3）学习用作图法处理实验数据。

二、实验原理

在水溶液中，$(NH_4)_2S_2O_8$ 和 KI 会发生如下反应：

$$S_2O_8^{2-}(aq)+3I^-(aq) \rightleftharpoons 2SO_4^{2-}(aq)+I_3^-(aq) \qquad (1\text{-}6)$$

这个反应的平均反应速率与反应物浓度的关系式如下：

$$\bar{v}=-\frac{\Delta c(S_2O_8^{2-})}{\Delta t}=kc^m(S_2O_8^{2-})c^n(I^-) \tag{1-7}$$

式中，$\bar{v}$ 为平均反应速率；$\Delta c(S_2O_8^{2-})$ 为 t 时间内 $S_2O_8^{2-}$ 的浓度变化；$c(S_2O_8^{2-})$ 和 $c(I^-)$ 分别为 $S_2O_8^{2-}$ 和 I^- 的起始浓度；k 为该反应的反应速率常数；m，n 分别为反应物 $S_2O_8^{2-}$ 和 I^- 的反应级数，$(m+n)$ 为该反应的总级数。

为了测出在一定时间 t 内 $S_2O_8^{2-}$ 的浓度变化，可在混合 $(NH_4)_2S_2O_8$ 和 KI 溶液的同时，加入一定体积的已知浓度的 $Na_2S_2O_3$ 溶液和淀粉溶液。其中，$S_2O_3^{2-}$ 会与反应式(1-6)中生成的 I_3^- 发生以下反应：

$$2S_2O_3^{2-}(aq)+I_3^-(aq)\rightleftharpoons S_4O_6^{2-}(aq)+3I^-(aq) \tag{1-8}$$

反应式(1-8) 进行得很快，其反应速率远大于反应式(1-6)，因此，反应式(1-6) 生成的 I_3^- 会立即与 $S_2O_3^{2-}$ 反应生成无色的 $S_4O_6^{2-}$ 和 I^-。这样，在反应开始的一段时间内，溶液会呈无色。而一旦 $Na_2S_2O_3$ 耗尽，由反应式(1-6) 生成的微量 I_3^- 就会立即与淀粉作用，使溶液呈蓝色。

由反应式(1-6) 和式(1-7) 的关系可以看出，每消耗 1mol $S_2O_8^{2-}$ 就要消耗 2mol 的 $S_2O_3^{2-}$，即

$$\Delta c(S_2O_8^{2-})=\frac{1}{2}\Delta c(S_2O_3^{2-})$$

由于反应开始出现蓝色的 t 时刻，$S_2O_3^{2-}$ 正好全部耗尽，故此时刻 $c_t(S_2O_3^{2-})=0$，所以从反应开始到反应出现蓝色的 t 时间内 $S_2O_3^{2-}$ 的浓度变化 $\Delta c(S_2O_3^{2-})$ 为：

$$\Delta c(S_2O_3^{2-})=c_t(S_2O_3^{2-})-c(S_2O_3^{2-})=-c(S_2O_3^{2-})$$

这里的 $c(S_2O_3^{2-})$ 为 $Na_2S_2O_3$ 的起始浓度。在本实验中，由于每份混合液中 $Na_2S_2O_3$ 的起始浓度都相同，因而 $\Delta c(S_2O_3^{2-})$ 也是相同的，这样，只需记下从反应开始到反应出现蓝色所需要的时间 t，就可以算出一定温度下该反应的平均反应速率：

$$\bar{v}=-\frac{\Delta c(S_2O_8^{2-})}{\Delta t}=-\frac{\Delta c(S_2O_3^{2-})}{2\Delta t}=\frac{c(S_2O_3^{2-})}{2\Delta t}$$

又因

$$\bar{v}=kc^m(S_2O_8^{2-})c^n(I^-)$$

两边取对数

$$\lg\bar{v}=\lg k+m\lg c(S_2O_8^{2-})+n\lg c(I^-)$$

实验中，如保持 $Na_2S_2O_3$ 的起始浓度都相同，当 $c(I^-)$ 浓度一定时，不同的 $c(S_2O_8^{2-})$ 就会有不同的 t，即有不同的反应速率。以 $\lg\bar{v}$ 对 $\lg c(S_2O_8^{2-})$ 作图，可得到一条直线，斜率为即为反应级数 m。同理，当 $c(S_2O_8^{2-})$ 浓度一定时，不同的 $c(I^-)$ 有不同的反应速率。以 $\lg\bar{v}$ 对 $\lg c(I^-)$ 作图，可得一条直线，斜率为即为反应级数 n。

求出该反应的反应级数 m 和 n，进而可求得反应的总级数 $(m+n)$。

再由 $k=\dfrac{\bar{v}}{c^m(S_2O_8^{2-})c^n(I^-)}$ 又可求出反应的速率系数 k。

由 Arrhenius 方程：

$$\lg k=\lg A-\frac{E_a}{2.303RT} \tag{1-9}$$

式中，A 为指前因子；E_a 为反应的活化能；R 为摩尔气体常数，$R=8.314J\cdot mol^{-1}\cdot K^{-1}$；

T 为热力学温度。

求出不同温度时的 k 值后，以 $\lg k$ 对 $\frac{1}{T}$ 作图，可得一直线。由直线的斜率等于 $\left(-\frac{E_a}{2.303R}\right)$ 可求得应的活化能 E_a。

Cu^{2+} 可以加快 $(NH_4)_2S_2O_8$ 与 KI 反应的速率，Cu^{2+} 的加入量不同，加快的反应速率也不同。

三、仪器、试剂及材料

（1）仪器　恒温水浴一台、烧杯（150mL）、量筒（10mL，20mL，25mL）、温度计、秒表、大试管（40mL）、玻璃棒或电磁搅拌器、秒表。

（2）试剂　$(NH_4)_2S_2O_8$（$0.20mol \cdot L^{-1}$）、KI（$0.20mol \cdot L^{-1}$）、$Na_2S_2O_3$（$0.010mol \cdot L^{-1}$）、KNO_3（$0.20mol \cdot L^{-1}$）、$(NH_4)_2SO_4$（$0.20mol \cdot L^{-1}$）、淀粉溶液（0.2%）、$Cu(NO_3)_2$（$0.20mol \cdot L^{-1}$）。

（3）材料　冰块。

四、实验内容

1. 浓度对反应速率的影响

取 5 个 150mL 烧杯，按表 1-6 标上不同编号。在室温下，按表 1-6 所列各反应物用量，先用量筒准确量取除 $0.20mol \cdot L^{-1}$ $(NH_4)_2S_2O_8$ 溶液外的其他各试剂（每种试剂都用专用量筒量取），陆续倒入到不同编号的烧杯中，然后混合均匀。再用量筒量取相应量的 $0.20mol \cdot L^{-1}$ $(NH_4)_2S_2O_8$ 溶液，将其迅速加到前面相应编号的烧杯中。加入的同时开启秒表计时，并搅拌（用玻璃棒搅拌或把烧杯放在电磁搅拌器上搅拌）。当溶液刚出现蓝色时，停止秒表，记下反应时间 Δt 和室温，填入表 1-6 中。

2. 温度对反应速率的影响

按表 1-6 中实验Ⅳ的试剂用量，先把 KI、$Na_2S_2O_3$、KNO_3 溶液和淀粉溶液等陆续加入 150mL 烧杯中混合均匀，再把 $(NH_4)_2S_2O_8$ 溶液加到另一烧杯（或 40mL 大试管）中，然后将二者同时放在冰水浴中冷却。待容器中试液温度冷却至低于室温 10℃ 时，将 $(NH_4)_2S_2O_8$ 溶液迅速倒入 KI 等混合溶液中。加入的同时开启秒表进行计时，并搅拌（用玻璃棒搅拌或把烧杯放在电磁搅拌器上搅拌）。当溶液刚出现蓝色时，停止秒表，记下反应时间 Δt 和温度，填入表 1-7 中。

再用热水浴，在高于室温 10℃ 和 20℃ 的条件下重复上述实验，记下反应时间 Δt 和温度，填入表 1-7 中。

3. 催化剂对反应速率的影响

取 3 个 150mL 烧杯，按表 1-8 标上不同编号。室温下，按表 1-6 中实验Ⅳ的试剂用量，先将 KI、$Na_2S_2O_3$、KNO_3 溶液和淀粉溶液等陆续加入不同编号的烧杯中，混合均匀，得到三份相同的混合溶液。再按表 1-8 所列催化剂用量把 0.20mol·L^{-1} $Cu(NO_3)_2$ 加入到相应编号的混合溶液中，摇匀。接着，把 $(NH_4)_2S_2O_8$ 溶液迅速倒入前面的混合溶液中，同时开启秒表计时，并搅拌（用玻璃棒搅拌或把烧杯放在电磁搅拌器上搅拌）。当溶液刚出现蓝色时，停止秒表，记下反应时间 Δt 和温度，填入表 1-8 中。

五、数据记录与结果处理

（1）根据实验内容 1，将相关数据填入表 1-6 中。利用表 1-6 数据，采用实验原理中介绍的作图方法求出反应级数和速率常数，同时总结浓度对反应速率的影响。

表 1-6　浓度对反应速率的影响　　　　室温：　　℃

实验编号		I	II	III	IV	V
试剂用量/mL	0.20mol·L^{-1} $(NH_4)_2S_2O_8$	20.0	10.0	5.0	20.0	20.0
	0.20mol·L^{-1} KI	20.0	20.0	20.0	10.0	5.0
	0.010mol·L^{-1} $Na_2S_2O_3$	8.0	8.0	8.0	8.0	8.0
	0.2%淀粉溶液	4.0	4.0	4.0	4.0	4.0
	0.20mol·L^{-1} KNO_3	0	0	0	10.0	15.0
	0.20mol·L^{-1} $(NH_4)_2SO_4$	0	10.0	15.0	0	0
反应物起始浓度 /mol·L^{-1}	$c(S_2O_8^{2-})$					
	$c(I^-)$					
	$c(S_2O_3^{2-})$					
反应时间/s	Δt					
反应速率 /mol·L^{-1}·s^{-1}	$\bar{v}=\dfrac{c(S_2O_3^{2-})}{2\Delta t}$					
数据处理	$\lg\bar{v}$					
	$\lg c(S_2O_8^{2-})$					
	$\lg c(I^-)$					
	m					
	n					
	$k=\dfrac{\bar{v}}{c^m(S_2O_8^{2-})c^n(I^-)}$					

总结：

（2）根据实验内容 2，将相关数据填入表 1-7 中。利用表 1-7 数据，采用实验原理中介绍的作图法，求出反应活化能，同时总结温度对反应速率的影响。

表 1-7　温度对反应速率的影响　　　$\Delta c(S_2O_3^{2-})$ ＝　　mol·L^{-1}

实验编号		1	2	3	4
反应温度	℃				
	K				

续表

实验编号		1	2	3	4
反应时间 Δt/s					
反应速率 $\overline{v}$/mol·L^{-1}·s^{-1}					
反应速率常数 k/(mol·L^{-1})$^{1-m-n}$·s^{-1}					
lg$k$					
$\frac{1}{T}$/K^{-1}					
E_a/kJ·mol^{-1}					

总结：

(3) 根据实验内容 3，将相关数据填入表 1-8 中。利用表 1-8 数据，总结催化剂对反应速率的影响。

表 1-8　催化剂对反应速率的影响　　　　室温：　　℃

实验编号	1	2	3
加入 $Cu(NO_3)_2$ 溶液(0.20mol·L^{-1})的滴数	0	1	2
反应时间 Δt/s			
反应速率 $\overline{v}$/mol·L^{-1}·s^{-1}			

总结：

六、注意事项

(1) 量取六种试剂的量筒需分开专用。

(2) 在按照表 1-6 中用量进行实验时，为使每次实验溶液中的离子强度和溶液的总体积保持不变，不足的量分别用 0.20mol·L^{-1} KNO_3 溶液和 0.20mol·L^{-1} $(NH_4)_2SO_4$ 溶液补足。

七、思考题

(1) 是否可用 I^- 的浓度变化来表示该反应的速率？若用 I^- 的浓度变化来表示该反应的速率，则 $\overline{v}$ 和 k 是否和用 $S_2O_8^{2-}$ 的浓度变化表示的一样？

(2) 是否可以根据化学反应方程式确定反应级数？

(3) 本实验中，如果先加 $(NH_4)_2S_2O_8$，最后加 KI，会出现什么结果？

(4) 为什么可以根据反应出现蓝色的时间长短来计算反应速率？反应出现蓝色是否表示反应停止？

实验 9

电离平衡和沉淀反应

一、实验目的

（1）巩固 pH 的概念，掌握 pH 试纸的使用方法。

（2）加深理解同离子效应和缓冲溶液的性质。

（3）了解盐类的水解作用及水解平衡的移动。

（4）掌握溶度积规则的运用，了解沉淀的生成与转化、沉淀的溶解的各种方法。

（5）学习离心机操作。

二、实验原理

电解质在水中都能电离出离子，但电解质有强弱之分，电离度的大小也不同，所以相同浓度的电解质溶液中，离子的浓度是不同的，而溶液中的反应是离子反应，反应的速率与离子的浓度相关。

弱电解质在水溶液中存在着分子电离为离子（离子化）和离子相互结合成分子（分子化）的可逆平衡。在这平衡体系中加入含有相同离子的强电解质，则促使电离平衡向分子化的方向移动，结果使弱电解质的电离度降低，这种效应称为同离子效应。

由弱酸（或弱碱）及其盐组成的混合溶液，弱酸（或弱碱）的电离受到弱酸盐（或弱碱盐）的同离子效应的抑制，溶液中酸和酸根的浓度较大，这种溶液对外加的酸、碱或水都有一定的缓冲作用，即外加少量的酸、碱或水后，溶液的酸度基本不变。这种溶液称为缓冲溶液。

水是弱电解质，水的电离平衡会因电解质的加入而发生改变，酸、碱使水的电离平衡向分子化的方向移动，盐则可能使水的电离平衡向电离的方向移动，盐的离子与水的氢氧根结合成弱碱时，会使溶液呈酸性；而盐的离子与水的氢离子结合成弱酸时，会使溶液呈碱性。盐对水的电离平衡的这种影响称为盐的水解。盐的水解反应是中和反应的逆反应，温度升高促进水解的进行，加入酸或碱则使水解受到抑制或促进。

在电解质溶液中，若离子的浓度幂的乘积大于难溶电解质的溶度积时，该难溶电解质会析出沉淀。反之，难溶电解质的沉淀溶解。这种沉淀的生成和溶解的规律称为溶度积规则。若溶液中有多种离子而又可能生成不同的难溶电解质时，由于它们的溶度积各不相同，则随着溶液中离子浓度的变化，凡是首先满足溶度积规则的，沉淀就会析出或溶解，故能生成多种沉淀的溶液，沉淀的生成是分步的，这种现象称为分步沉淀。新沉淀的生成也可使原来的沉淀发生溶解，这种现象称为沉淀的转化。

三、仪器、试剂和材料

（1）仪器　离心机、烧杯、量筒（10mL）、酒精灯、试管、离心试管、滴管。

（2）试剂　HCl（0.1mol・L^{-1}、2mol・L^{-1}、6mol・L^{-1}）、HAc（0.1mol・L^{-1}、2mol・L^{-1}）、NaOH（0.1mol・L^{-1}、2mol・L^{-1}）、NH_3・H_2O（0.1mol・L^{-1}、2mol・L^{-1}）、NaCl（0.1mol・L^{-1}）、Na_2SO_4（0.1mol・L^{-1}）、NaAc（0.1mol・L^{-1}、2mol・L^{-1}）、Na_2S（0.1mol・L^{-1}、1mol・L^{-1}）、Na_2CO_3（0.1mol・L^{-1}）、NaH_2PO_4（0.1mol・L^{-1}）、Na_2HPO_4（0.1mol・L^{-1}）、KI（0.1mol・L^{-1}）、K_2CrO_4（0.1mol・L^{-1}）、NH_4Cl（0.1mol・L^{-1}）、NH_4Ac（0.1mol・L^{-1}）、$Pb(NO_3)_2$（0.1mol・L^{-1}）、$AgNO_3$（0.1mol・L^{-1}）、$ZnSO_4$（0.1mol・L^{-1}）、$MgCl_2$（0.1mol・L^{-1}）、$FeCl_3$（0.1mol・L^{-1}）、甲基橙（1%）、酚酞（1%）、锌片、NaAc(s，AR)、$NaNO_3$(s，AR)、NH_4Cl(s，AR)、$BiCl_3$(s，AR)。

（3）材料　pH 试纸、精密 pH 试纸。

四、实验内容

1．强电解质与弱电解质

（1）比较 HCl 和 HAc 的酸性

① 在两支试管中，各盛蒸馏水 2mL，在其中一支试管中加入 2mol・L^{-1} HCl 溶液 1 滴，而另一支试管加入 2mol・L^{-1} HAc 溶液 1 滴，然后各加甲基橙指示剂 1 滴，摇匀，比较溶液的颜色，试解释之。

② 在上述两支试管中各放入一小块锌片，比较反应的快慢。加热两支试管，进一步观察反应速率的差别。试解释之。

（2）用 pH 试纸测定下列溶液的 pH，并与计算结果相比较。0.1mol・L^{-1} NaOH 溶液、0.1mol・L^{-1} NH_3・H_2O 溶液、蒸馏水、0.1mol・L^{-1} HAc 溶液、0.1mol・L^{-1} HCl 溶液。按 pH 从小至大的顺序，排列上述溶液。

2．同离子效应和缓冲溶液

（1）取 0.1mol・L^{-1} HAc 溶液 1mL，加 1 滴甲基橙溶液，再加入 0.1mol・L^{-1} NaAc 溶液 1mL，观察指示剂颜色的变化，试解释之。

（2）取 0.1mol・L^{-1} NH_3・H_2O 溶液 1mL，加 1 滴酚酞溶液，再加入 0.1mol・L^{-1} NH_4Cl 溶液 1mL，观察指示剂的颜色，计算溶液的 pH，查出酚酞指示剂的变色范围，对比之。再加入少量固体 NH_4Cl，观察指示剂颜色的变化。解释上述现象。

（3）在两支各盛有 5mL 蒸馏水的试管中，分别加入 0.1mol・L^{-1} HCl 溶液 1 滴和 0.1mol・L^{-1} NaOH 溶液 1 滴，测定它们的 pH，与蒸馏水的 pH 作比较。

（4）在试管中加入 2mol・L^{-1} HAc 溶液 1mL 和 2mol・L^{-1} NaAc 溶液 1mL，再加入蒸馏水 7mL，摇匀后，用精密 pH 试纸测出其 pH。再加入蒸馏水 1mL 稀释，摇匀，再用精密 pH 试纸测出其 pH，有无变化？将溶液分成两份，一份加入 0.1mol・L^{-1} HCl 溶液 1 滴，另一份加入 0.1mol・L^{-1} NaOH 溶液 1 滴，分别再以精密 pH 试纸测出其 pH，与上述 2.（3）作比较，可得出什么结论？

3．盐类的水解

（1）用 pH 试纸测定浓度为 0.1mol・L^{-1}的下列盐溶液的 pH。

$NaCl$、NH_4Cl、Na_2S、NaAc、NH_4Ac、NaH_2PO_4、Na_2HPO_4

（2）取少量 NaAc 固体溶于少量水中，加 1 滴酚酞溶液，观察溶液的颜色，加热此溶液，观察溶液颜色有何变化，为什么？

（3）取一颗米粒大小的 $BiCl_3$ 固体放入试管中，用 2mL 蒸馏水溶解，有什么现象？pH 是多少？滴加 $6mol \cdot L^{-1}$ HCl 至溶液澄清为止，再加入水稀释，又有什么现象？用平衡移动原理解释这一系列现象。

4．沉淀的生成与转化

（1）在盛有 2mL 蒸馏水的试管中，加入 $0.1mol \cdot L^{-1}$ $Pb(NO_3)_2$ 溶液 1 滴，再加入 $0.1mol \cdot L^{-1}$ KI 溶液 1 滴，观察有无沉淀生成？试用溶度积规则解释。

（2）在盛有 5mL 蒸馏水的试管中，加入 $0.1mol \cdot L^{-1}$ $Pb(NO_3)_2$ 溶液 1 滴，再加入 $0.1mol \cdot L^{-1}$ KI 溶液 1 滴，观察现象，试用溶度积规则解释。

（3）在盛有 1mL 蒸馏水的试管中，加入 $0.1mol \cdot L^{-1}$ NaCl 溶液 2 滴和 $0.1mol \cdot L^{-1}$ K_2CrO_4 溶液 2 滴，混匀后，滴加 $0.1mol \cdot L^{-1}$ $AgNO_3$ 溶液，观察现象并加以解释。

（4）在盛有 1mL 蒸馏水的试管中，加入 $0.1mol \cdot L^{-1}$ $AgNO_3$ 溶液 2 滴和 $0.1mol \cdot L^{-1}$ K_2CrO_4 溶液 2 滴，观察现象。再逐滴加入 $0.1mol \cdot L^{-1}$ NaCl 溶液，观察现象并加以解释。

（5）在离心试管中加入 $0.1mol \cdot L^{-1}$ NaCl 溶液 5 滴，滴加 $0.1mol \cdot L^{-1}$ $AgNO_3$ 溶液 5 滴，有何现象？离心分离，弃去清液。然后在沉淀中逐滴加入 $1mol \cdot L^{-1}$ Na_2S 溶液，观察沉淀的颜色有何变化，解释实验现象，写出反应式。

（6）在两支试管中分别加入 $0.1mol \cdot L^{-1}$ $FeCl_3$ 溶液 1mL 和 $0.1mol \cdot L^{-1}$ $MgCl_2$ 溶液 1mL，用 pH 试纸测出其 pH。然后各加 $0.1mol \cdot L^{-1}$ NaOH 溶液至刚出现氢氧化物沉淀为止，再用 pH 试纸测定溶液的 pH，比较 $Fe(OH)_3$ 与 $Mg(OH)_2$ 开始沉淀时溶液的 pH 有何不同，用它们各自的溶度积计算出理论值加以对照比较，并说明沉淀氢氧化物是否一定要在碱性条件下进行？

（7）在试管中加入 $0.1mol \cdot L^{-1}$ $ZnSO_4$ 溶液 5 滴，再滴加 $0.1mol \cdot L^{-1}$ NaOH 溶液至有沉淀出现，继续加入 $0.1mol \cdot L^{-1}$ NaOH 溶液，又有什么现象？是不是溶液的碱性越强（即加的碱越多），氢氧化物就沉淀得越完全？

5．沉淀的溶解

（1）在试管中加入 $0.1mol \cdot L^{-1}$ $MgCl_2$ 溶液 1mL，滴加 $2mol \cdot L^{-1}$ $NH_3 \cdot H_2O$ 溶液，观察沉淀的生成，再逐滴加入 $0.1mol \cdot L^{-1}$ NH_4Cl 溶液，振荡试管，观察沉淀的变化，试解释之。

（2）在试管中加入 $0.1mol \cdot L^{-1}$ $ZnSO_4$ 溶液 10 滴，滴加 $0.1mol \cdot L^{-1}$ Na_2S 溶液，观察沉淀的生成，再逐滴加入 $2mol \cdot L^{-1}$ HCl 溶液，振荡试管，观察沉淀的变化，试解释之。

（3）在盛有 2mL 蒸馏水的试管中，加入 $0.1mol \cdot L^{-1}$ $Pb(NO_3)_2$ 溶液 1 滴和 $0.1mol \cdot L^{-1}$ KI 溶液 1 滴，观察沉淀的生成，再加入 $NaNO_3$ 固体一小匙，振荡试管，观察沉淀的变化，试解释之。

（4）在试管中加入 $0.1mol \cdot L^{-1}$ $AgNO_3$ 溶液 5 滴，滴加 $2mol \cdot L^{-1}$ $NH_3 \cdot H_2O$ 溶

液，观察沉淀的生成，再继续滴加 2mol·L^{-1} $NH_3 \cdot H_2O$ 溶液，观察沉淀的变化，试解释之。

五、思考题

（1）为什么 H_3PO_4 溶液呈酸性，NaH_2PO_4 溶液呈微酸性，Na_2HPO_4 溶液呈微碱性，Na_3PO_4 溶液呈碱性？

（2）缓冲溶液为什么有缓冲作用？

（3）要使难溶电解质溶解，可以从哪几方面考虑？

实验 10

氧化还原反应与电化学

一、实验目的

（1）掌握电极电势与氧化还原反应的关系。

（2）明白介质对电极电势和氧化还原反应的影响。

（3）了解中间价态物质的氧化还原性。

（4）了解沉淀的生成对氧化还原反应的影响。

二、实验原理

在化学反应过程中，元素的原子或离子在反应前后有电子得失（或氧化态变化）的一类反应，称为氧化还原反应。

物质在水溶液中的氧化和还原能力的强弱，可用电极电势的相对大小来衡量，一个电对的电极电势的代数值越大，表示其氧化型物质的氧化能力越强，还原型物质的还原能力越弱；反之，电极电势的代数值越小，表示其还原型物质的还原能力越强，氧化型物质氧化能力越弱。

1. 氧化还原电对的电极电势和氧化还原反应的关系

氧化还原反应总是由较强的氧化剂和较强的还原剂相互作用，向着生成较弱的还原剂和较弱的氧化剂的方向进行。所以氧化还原反应自发进行方向的判据：

$$E_{氧化剂} > E_{还原剂}$$

通常情况下，可直接使用标准电极电势（$E^{\ominus}$）来比较氧化剂和还原剂的相对强弱。例如：$E^{\ominus}(Fe^{3+}/Fe^{2+}) = +0.771V$，$E^{\ominus}(I_2/I^-) = +0.535V$，$E^{\ominus}(Fe^{3+}/Fe^{2+}) > E^{\ominus}(I_2/I^-)$。所以，$Fe^{3+}$ 可作为氧化剂，氧化 I^-，在酸性溶液中反应的方向：

$$2Fe^{3+} + 2I^- \longrightarrow 2Fe^{2+} + I_2$$

2. 介质的酸碱性对电极电势和氧化还原反应的影响

介质的酸碱性对含氧酸盐的电极电势影响较大。例如，高锰酸钾（紫色）在酸性介质中被还原为 Mn^{2+}（无色或浅红色），其半电池反应为：

$$MnO_4^- + 8H^+ + 5e^- \longrightarrow Mn^{2+} + 4H_2O$$

$$E^{\ominus}(MnO_4^-/Mn^{2+}) = 1.51V$$

$$E(MnO_4^-/Mn^{2+}) = E^{\ominus}(MnO_4^-/Mn^{2+}) + \frac{0.0592}{5}\lg\frac{[MnO_4^-][H^+]^8}{[Mn^{2+}]}$$

但在中性或弱碱性介质中，MnO_4^- 能被还原成褐色的 MnO_2 沉淀，其半电池反应为：

$$MnO_4^- + 2H_2O + 3e^- \longrightarrow MnO_2 + 4OH^- \quad E^{\ominus}(MnO_4^-/MnO_2) = 0.588V$$

$$E(MnO_4^-/MnO_2) = E^{\ominus}(MnO_4^-/MnO_2) + \frac{0.0592}{3}\lg\frac{[MnO_4^-]}{[OH^-]^4}$$

而在强碱性介质中，MnO_4^- 则被还原成绿色的 MnO_4^{2-}，其半电池反应为：

$$MnO_4^- + e^- \longrightarrow MnO_4^{2-} \quad E^{\ominus}(MnO_4^-/MnO_4^{2-}) = 0.564V$$

$$E(MnO_4^-/MnO_4^{2-}) = E^{\ominus}(MnO_4^-/MnO_4^{2-}) + 0.0592\lg\frac{[MnO_4^-]}{[MnO_4^{2-}]}$$

由此可见，高锰酸钾的氧化性随介质酸性减弱而减弱，在不同介质中其还原产物也有所不同。

3. 中间价态物质的氧化还原性

中间价态物质（如 H_2O_2，氧的氧化态为-1，介于 $0\sim-2$ 之间）既可以与其低价态物质组成氧化还原电对（H_2O_2/H_2O）而用作氧化剂，又可以与其高价态物质组成氧化还原电对（O_2/H_2O）而用作还原剂。在酸性介质中与还原剂如 KI 反应时，H_2O_2 用作氧化剂而被还原成 H_2O。

$$H_2O_2 + 2H^+ + 2e^- \longrightarrow 2H_2O \quad E^{\ominus}(H_2O_2/H_2O) = 1.77V$$

但 H_2O_2 遇到强氧化剂如 $KMnO_4$ 或 $KClO_3$（在酸性介质中）时，则作为还原剂被氧化，放出氧气。

$$O_2 + 2H^+ + 2e^- \longrightarrow H_2O_2 \quad E^{\ominus}(O_2/H_2O_2) = 0.682V$$

4. 沉淀对氧化还原反应的影响

在氧化还原反应的平衡中，若同时存在沉淀平衡，沉淀的生成使溶液中的离子浓度发生较大的变化，其电极电势也将发生变化，甚至可影响某些氧化还原反应进行的方向。例如，$E^{\ominus}(Cu^{2+}/Cu^+) = 0.167V$，$E^{\ominus}(I_2/I^-) = 0.5345V$，$E^{\ominus}(Cu^{2+}/Cu^+) < E^{\ominus}(I_2/I^-)$。$Cu^{2+}$ 不能氧化 I^-。但是，Cu^+ 可与 I^- 形成 CuI 沉淀，即

$$Cu^+ + I^- \longrightarrow CuI\downarrow$$

由于 CuI 沉淀的生成，使 $E^{\ominus}(Cu^{2+}/CuI) > E^{\ominus}(I_2/I^-)$ [$E^{\ominus}(Cu^{2+}/CuI) = 0.87V$]

可使下列氧化还原反应能够顺利进行，即

$$2Cu^{2+} + 4I^- \longrightarrow 2CuI\downarrow + I_2$$

5. 原电池

原电池是一种利用自发的氧化还原反应，将化学能转化为电能的装置。其中负极（由电极电势小的电对构成）发生氧化反应，给出电子，电子通过导线流入正极，在正极（由电极电势大的电对构成）上发生得电子的还原反应。原电池的电动势为正负的电极电势之差：$E=E_{正}-E_{负}$。

原电池的电动势可通过酸度计来测量。

利用电能使非自发的氧化还原反应能够进行的过程，叫做电解。将电能转化为化学能的装置叫做电解池。电解池与电源的正极相连的为阳极，发生氧化反应；与电源的负极相连的为阴极，发生还原反应。电解时，离子的性质、离子的浓度的大小及材料等因素都可以影响两极的产物。

三、仪器、试剂和材料

（1）仪器　电压表或酸计度、甘汞电极、盐桥、烧杯（50mL）、试管、量筒（10mL、100mL）、表面皿、玻璃棒、洗瓶。

（2）试剂　H_2SO_4（2mol・L^{-1}、6mol・L^{-1}）、HCl（0.1mol・L^{-1}、2mol・L^{-1}、浓）、HAc（6mol・L^{-1}）、HNO_3（0.2mol・L^{-1}、浓）、$NH_3\cdot H_2O$（6mol・L^{-1}、浓）、NaOH（2mol・L^{-1}、6mol・L^{-1}）、NaCl（1mol・L^{-1}）、KI（0.1mol・L^{-1}）、KBr（0.1mol・L^{-1}）、$FeCl_3$（0.1mol・L^{-1}）、$FeSO_4$（0.1mol・L^{-1}）、Na_2SO_3（0.1mol・L^{-1}）、$KMnO_4$（0.01mol・L^{-1}）、$KClO_3$（0.1mol・L^{-1}）、$CuSO_4$（0.1mol・L^{-1}）、$ZnSO_4$（0.1mol・L^{-1}）、$K_3[Fe(CN)_6]$（0.1mol・L^{-1}）、淀粉溶液（0.5%）、H_2O_2（3%）、MnO_2(s)、酚酞（1%）、奈斯勒试剂、四氯化碳、锌片。

（3）材料　铁钉、锌板、铜板、滤纸、导线（带夹）。

四、实验内容

1. 电极电势与氧化还原反应的关系

（1）在试管中加入 0.1mol・L^{-1} KI 溶液 5～6 滴和 0.1mol・L^{-1} $FeCl_3$ 溶液 1～2 滴，观察现象。再加 10 滴 CCl_4 充分摇荡后，观察 CCl_4 层的颜色，加 10 滴蒸馏水，然后再滴加 0.1mol・L^{-1} $K_3[Fe(CN)_6]$ 溶液 1 滴，观察溶液颜色有何变化？写出有关反应方程式。

（2）用 0.1mol・L^{-1} KBr 溶液代替 KI 溶液进行与（1）同样的实验，观察现象。查阅并比较 Br_2/Br^-、I_2/I^- 和 Fe^{3+}/Fe^{2+} 三个电对的电极电势，解释上述（1）、（2）实验观察到的现象。并指出其中哪一种物质是最强的还原剂，说明电极电势与氧化还原反应的关系。

2. 浓度对氧化还原反应的影响

（1）在两支试管中分别加入浓 HCl 和 2mol・L^{-1} HCl 溶液各 1mL，再各加入少量固体

MnO_2，观察现象，并用湿润的KI淀粉试纸检验有无Cl_2产生。试从电极电势的变化并加以解释，并写出反应方程式。

（2）在两支试管中分别加入浓HNO_3溶液和0.2mol·L^{-1} HNO_3溶液各2mL，然后各加入一小块锌片，观察现象。它们的反应速率有何不同？0.2mol·L^{-1} HNO_3与锌片的反应可微热，以加速反应，最后检验有无NH_4^+生成。

3. 介质对电极电势和氧化还原反应的影响

（1）酸度对含氧酸盐氧化性的影响　试管中加入0.1mol·L^{-1} $FeSO_4$溶液2滴，0.1mol·L^{-1} $KClO_3$溶液4～5滴，均匀混合后有无变化？再滴加少量6mol·L^{-1} H_2SO_4溶液，有何变化？检验溶液中有无Fe^{3+}存在。写出反应方程式并加以解释。

（2）酸度对氧化还原反应速率的影响　取两支试管各加入0.1mol·L^{-1} KBr溶液0.5mL，再分别加入6mol·L^{-1} H_2SO_4溶液0.5mL和6mol·L^{-1} HAc溶液0.5mL，然后各加入0.01mol·L^{-1} $KMnO_4$溶液2滴，观察并比较两支试管中紫红色褪去的快慢，写出反应方程式并加以解释。

（3）介质的酸碱性对反应产物的影响　在三支试管中各加入0.01mol·L^{-1} $KMnO_4$溶液2滴，然后分别加入2mol·L^{-1} H_2SO_4溶液3～4滴、蒸馏水10滴和2mol·L^{-1} NaOH溶液8滴，再各加入0.1mol·L^{-1} Na_2SO_3溶液2～3滴，振荡，并观察试管中的现象，写出反应方程式。

4. 中间价态物质的氧化还原性

（1）取一支试管，加入0.1mol·L^{-1} KI溶液5滴、2mol·L^{-1} H_2SO_4溶液5滴，再逐滴加入3% H_2O_2，振荡试管，观察溶液颜色的变化。加0.5%淀粉溶液1滴，检验有无I_2生成。写出H_2O_2与I^-的反应方程式，说明H_2O_2在该反应中所起的作用。

（2）取一支试管，加入0.01mol·L^{-1} $KMnO_4$溶液2滴、2mol·L^{-1} H_2SO_4溶液5滴，逐滴加入3% H_2O_2，振荡试管，直至红色褪去。写出反应方程式，说明H_2O_2在该反应中的作用。

5. 沉淀对氧化还原反应的影响

往试管中加入0.1mol·L^{-1} $CuSO_4$溶液5滴，再加入0.1mol·L^{-1} KI溶液5滴。观察沉淀的生成，再加入10滴CCl_4，CCl_4层颜色有何变化，写出反应方程式。

6. 铜-锌原电池电动势的测定

在两只50mL烧杯中分别加入0.1mol·L^{-1} $ZnSO_4$溶液20mL和0.1mol·L^{-1} $CuSO_4$溶液20mL。在$ZnSO_4$溶液中插入锌板，在$CuSO_4$溶液中插入铜板，两烧杯以盐桥相连，再用导线将电极与酸度计连接，测量该原电池的电动势。记录数据，并与理论值进行比较。

7. 电解NaCl溶液

用以上实验的铜-锌原电池作电源，电解NaCl溶液。取一滤纸放表面皿上，以1.0mol·L^{-1}

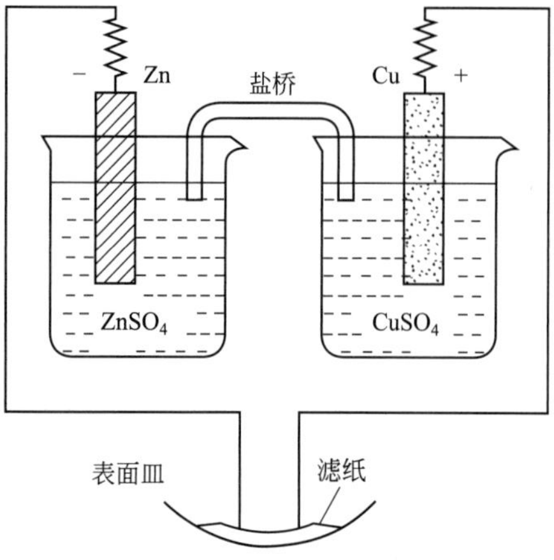

图 1-10 用原电池电解 NaCl 的装置

NaCl 溶液润湿，再加入 1 滴酚酞，将原电池两极上的铜丝隔开一段距离并都与滤纸接触（图 1-10）。几分钟后，观察滤纸上的导线接触点附近颜色的变化。指出原电池的正、负极，电解池的阴、阳极，并写出原电池和电解池两极的反应。

五、注意事项

（1）Br_2 和 I_2 在水中通常溶解度很小，而颜色不易显出。不过它们易溶于 CCl_4 中，所以可以加入少量的 CCl_4，使卤素单质溶解并浓缩于有机溶剂中（这一方法称为萃取）以显色。I_2 在 CCl_4 中呈紫红色，Br_2 在 CCl_4 中呈黄色（Br_2 的浓度增大时颜色加深至红棕色）。

（2）可以通过下列反应鉴别 Fe^{3+} 和 Fe^{2+}：

$$K^+ + Fe^{2+} + [Fe(CN)_6]^{3-} \longrightarrow \underset{\text{(蓝色)}}{KFe[Fe(CN)_6]}\downarrow$$

$$Fe^{3+} + [Fe(CN)_6]^{3-} \longrightarrow \underset{\text{(暗棕色)}}{Fe[Fe(CN)_6]}$$

（3）Cl_2 可以将 KI 氧化为 I_2，从而使淀粉变蓝。但是过量的 Cl_2 还会将 I_2 进一步氧化为 IO_3^-，使淀粉的蓝色褪去。

（4）可用奈斯勒试剂（$K_2[HgI_4]$ 的碱性溶液）检验 NH_4^+：

$$NH_4^+ + 2[HgI_4]^{2-} + 4OH^- \longrightarrow \underset{\text{(红棕色)}}{HgO \cdot HgNH_2I}\downarrow + 7I^- + 3H_2O$$

六、思考题

（1）溶液的浓度、酸度对电极电势及氧化还原反应有何影响？

（2）为什么稀盐酸不能与 MnO_2 反应，而浓盐酸则可以反应？

（3）在 KI 与 $FeCl_3$ 反应的溶液中，为什么要加入 CCl_4？

（4）原电池的正极同电解池的阳极相连，原电池的负极与电解池的阴极相连，电极上的反应本质是否相同？

实验 11

化学电池与防腐

一、实验目的

（1）掌握测定原电池电动势和电极电势的方法。

（2）学习酸度计测定原电池电动势的原理。

（3）了解金属防腐的方法。

二、实验原理

1. 原电池电动势的测量

原电池电动势（E）的大小等于两极的电极电势差值：

$$E=E_{正}-E_{负}$$

精确测定原电池电动势通常采用补偿法，用电位差计测定。一般不能直接用伏特计测定。因为伏特计与电池接通后就会发生氧化还原反应而产生电流，由于不断消耗电能，原电池电动势不断降低。另外，原电池本身有内阻，产生电压降，伏特计所测得的电压仅是外电路的电压降，不是原电池电动势。

酸度计是一种具有高阻抗（一般为数百兆欧）的毫伏计，可用来粗略测定原电池电动势。由于酸度计的内阻极大，测量时回路中电流强度极小，原电池的内压降近似为零，测得的外电压降就可近似作为原电池的电动势。

2. 电极电势的测量

某电极的电极电势可通过测定它与标准氢电极组成的原电池的电动势而计算出来。由于标准氢电极在实验中使用极不方便，因此常用较稳定的甘汞电极代替。

甘汞电极是由 Hg 和糊状 Hg_2Cl_2 及 KCl 溶液组成的（图 1-11），可表示为：

$$Hg(l)|Hg_2Cl_2(s)|KCl(一定浓度)$$

甘汞电极的电极电势不随待测溶液的 pH 变化。当 KCl 浓度确定时，一定温度下，甘汞电极的电极电势为定值。25℃时，饱和甘汞电极的电极电势为 0.2415V。

若锌电极与饱和甘汞电极组成原电池，其表示式为：

$$(-)Zn|Zn^{2+}(0.1mol\cdot L^{-1})\parallel Cl^{-}(饱和溶液)|Hg_2Cl_2(s),Hg(+)$$

原电池电动势（E）可通过酸度计测得，因此锌电极的电极电势为：

$$E(Zn^{2+}/Zn)=0.2415-E$$

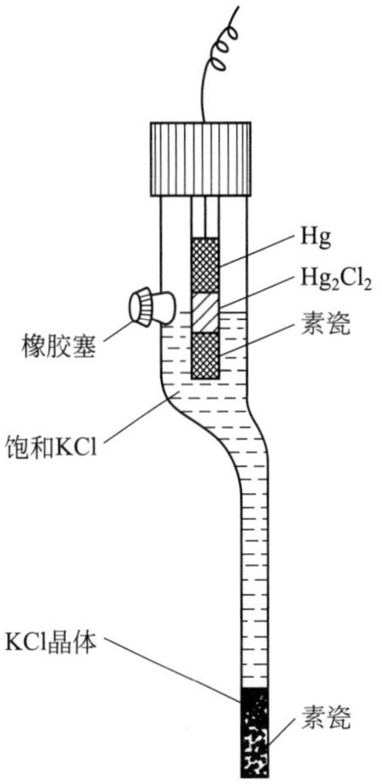

图 1-11　甘汞电极组成示意图

3. 影响电极电势的因素

由能斯特方程可知，在温度一定的条件下，溶液中离子浓度的变化（如生成沉淀或形成配离子），将影响电极电势的数值。

$$E(氧化型/还原型)=E^{\ominus}(氧化型/还原型)+\frac{0.0592}{n}\lg\frac{[氧化型]^a}{[还原型]^b} \qquad (1-10)$$

4. 金属的腐蚀

电化学腐蚀是由于金属在电解质溶液中发生与原电池相似的电化学过程而引起的一种腐

蚀。腐蚀电池中较活泼的金属作为阳极（即负极）而被氧化，而阴极（即正极）仅起传递电子的作用，本身不被腐蚀，通常钢铁在大气中的腐蚀是吸氧腐蚀。

阳极：$Fe \rightleftharpoons Fe^{2+} + 2e^-$

阴极：$O_2 + 2H_2O + 4e^- \rightleftharpoons 4OH^-$

由于氧气浓度不同而引起的腐蚀称为差异充气腐蚀，实际上也是一种吸氧腐蚀。

5. 金属腐蚀的防止

能抑制或延缓金属在腐蚀性介质中被腐蚀的试剂称为缓蚀剂。例如，乌洛托品（六亚甲基四胺，商品名称为 H 促进剂）可用作钢铁在酸性介质中的缓蚀剂。

阴极保护法有牺牲阳极法和外加电源法。后者是将金属与外加电源的负极相连，使其成为阴极而避免被腐蚀。

三、仪器、试剂和材料

（1）仪器　电压表或酸度计、饱和甘汞电极、盐桥、温度计、烧杯（50mL)、试管、洗瓶。

（2）试剂　HCl（$0.1mol \cdot L^{-1}$、$1mol \cdot L^{-1}$）、$NH_3 \cdot H_2O$（$6mol \cdot L^{-1}$）、$CuSO_4$（$1.0mol \cdot L^{-1}$，$0.1mol \cdot L^{-1}$）、$ZnSO_4$（$1.0mol \cdot L^{-1}$，$0.1mol \cdot L^{-1}$）、NaCl（$1mol \cdot L^{-1}$）、KNO_3（饱和）、$K_3[Fe(CN)_6]$（$0.1mol \cdot L^{-1}$）、乌洛托品（20%）、酚酞（1%）、粗锌粒、纯锌片、铜丝、铜板、锌板、铁片、铁钉。

（3）材料　连有鳄鱼夹的导线、滤纸碎片、滤纸条（1cm×8cm）、打磨砂纸。

四、实验内容

1. Zn^{2+}/Zn、Cu^{2+}/Cu 电极电势的测定

装置好下列原电池：

$$(-)Zn|Zn^{2+}(0.1mol \cdot L^{-1}) \| Cl^-(\text{饱和溶液})|Hg_2Cl_2(s),Hg(+)$$

$$(+)Cu|Cu^{2+}(0.1mol \cdot L^{-1}) \| Cl^-(\text{饱和溶液})|Hg_2Cl_2(s),Hg(-)$$

用酸度计分别测定上述原电池的电动势 E_1 和 E_2。记录数据及室温，计算 Zn^{2+}/Zn、Cu^{2+}/Cu 的电极电势。

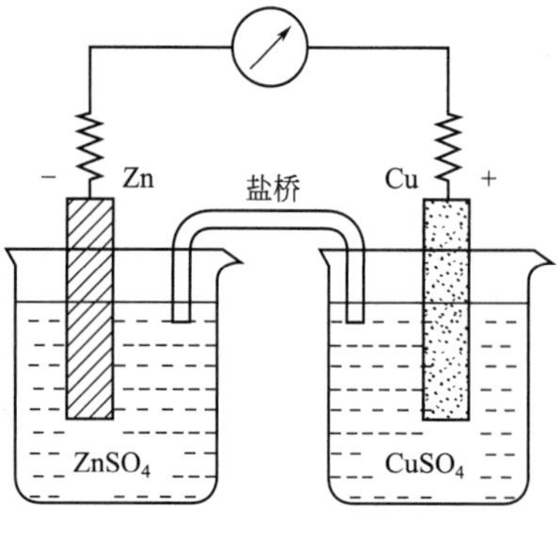

图 1-12　Cu-Zn 原电池示意图

2. 铜锌原电池电动势的测定

装置好下列原电池（图 1-12)。

$(-)Zn|Zn^{2+}(0.1mol \cdot L^{-1}) \| Cu^{2+}(0.1mol \cdot L^{-1})|Cu(+)$

测定原电池的电动势 E_3。

3. 浓度对电极电动势的影响

在上述 2 的基础上：

（1）往盛 $CuSO_4$ 的烧杯中缓慢加入 $6mol \cdot L^{-1}$

$NH_3 \cdot H_2O$（加氨水前要取出盐桥），边加氨水边搅拌，直至生成的沉淀完全溶解，形成深蓝色的 $[Cu(NH_3)_4]SO_4$ 溶液，插上盐桥，装置好下列原电池：

$(-)Zn|Zn^{2+}(0.1mol \cdot L^{-1}) \| [Cu(NH_3)_4]^{2+}(0.1mol \cdot L^{-1}), NH_3 \cdot H_2O(6mol \cdot L^{-1})|Cu(+)$

测定其电动势 E_4。

（2）往盛 $ZnSO_4$ 的烧杯中缓慢加入 $6mol \cdot L^{-1}$ $NH_3 \cdot H_2O$，搅拌，直至生成的沉淀完全溶解，形成无色的 $[Zn(NH_3)_4]SO_4$ 溶液。

装置好下列原电池：

$(-)Zn|[Zn(NH_3)_4]^{2+}(0.1mol \cdot L^{-1}), NH_3 \cdot H_2O(6mol \cdot L^{-1}) \| Cu^{2+}(0.1mol \cdot L^{-1})|Cu(+)$

测定其电动势 E_5。

从电动势 E_4、E_5 的变化（与 E_3 比较），说明生成配合物对 Zn^{2+}/Zn、Cu^{2+}/Cu 电极电势的影响。

4．金属的腐蚀及其防止

（1）取两支试管，各加入 $0.1mol \cdot L^{-1}$ HCl 溶液 2～3mL，然后分别加入一粒大小相仿的纯锌片和粗锌粒，观察气泡产生的情况。比较它们腐蚀速率的快慢。

再取一根粗铜丝插入上述盛有纯锌片的试管中，观察铜丝与纯锌片接触前、后反应的情况有什么不同并加以解释。

（2）差异充气腐蚀　往已用砂纸磨光的铁片上，滴上 1～2 滴自己配制的腐蚀液Ⅰ［配制方法参见注意事项（1）］，观察现象。静置 20～30min 后再仔细观察液滴不同部位所产生的颜色有何变化？并加以解释。

（3）印刷电路板的腐蚀　取一片已绘制有图纹线路保护胶的电路板浸入过氧化氢-硫酸腐蚀液［腐蚀液Ⅱ，见注意事项（2）］中。不断搅拌，促使铜箔加速溶解。待裸露的铜箔全部溶解后取出电路板，用自来水冲洗干净，清除保护胶，再用水冲洗。解释过氧化氢-硫酸腐蚀液腐蚀金属铜的原理。并写出有关反应方程式。

（4）金属腐蚀的防止

① 缓蚀剂法　在两支试管中各加入 $0.1mol \cdot L^{-1}$ HCl 溶液 1mL 和 $0.1mol \cdot L^{-1}$ $K_3[Fe(CN)_6]$ 溶液 2～3 滴（两支试管中溶液用量应相同），然后在其中一支试管中加入 20%乌洛托品 3～4 滴，摇匀。最后往两支试管中各加入 1 枚无锈或已去锈的铁钉。隔几分钟后，观察比较两支试管中的现象有什么不同并加以解释。

② 阴极保护法　将一块滤纸片放置于表面皿上，并用自己配制的腐蚀液Ⅰ润湿之。将两枚铁钉隔开一段距离放置于已润湿的滤纸片上，并分别与铜锌原电池的正、负极相连。静置一段时间后，观察有什么现象出现并加以解释（装置见图 1-13）。

五、注意事项

（1）腐蚀液Ⅰ的配制：在试管中加入 $1mol \cdot L^{-1}$ NaCl 溶液 1mL，1 滴 $0.1mol \cdot L^{-1}$ $K_3[Fe(CN)_6]$ 溶液及 1 滴酚酞溶液。

（2）腐蚀液Ⅱ（过氧化氢-硫酸腐蚀液，由实验室提供）的配方：每升含 220mL 30%

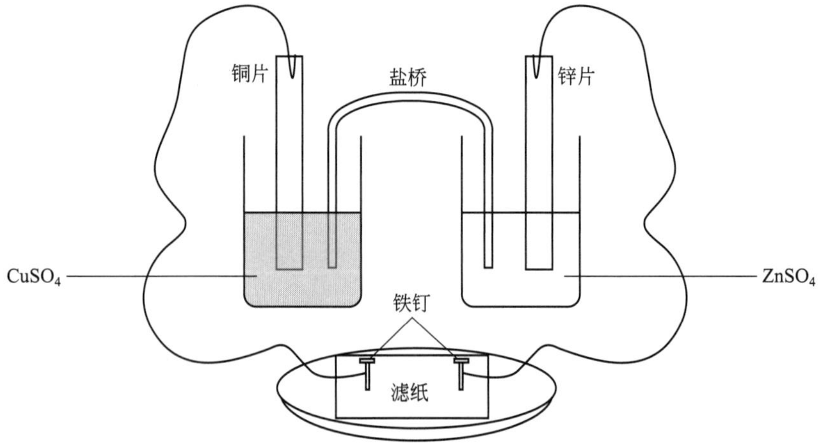

图 1-13 阴极保护法装置示意图

H_2O_2、50mL 浓 H_2SO_4、15～20g NH_4Cl。

（3）在实验内容 4（4）②中亦可以用饱和 KNO_3 溶液浸湿的滤纸条（1cm×8cm）作盐桥。

六、实验后的思考

（1）计算 25℃时，下列原电池电动势的理论值

$(-)Zn|Zn^{2+}(0.1mol \cdot L^{-1}) \| Cl^-$(饱和溶液)$|Hg_2Cl_2(s),Hg(+)$

$(+)Cu|Cu^{2+}(0.1mol \cdot L^{-1}) \| Cl^-$(饱和溶液)$|Hg_2Cl_2(s),Hg(-)$

$(-)Zn|Zn^{2+}(0.1mol \cdot L^{-1}) \| Cu^{2+}(0.1mol \cdot L^{-1})|Cu(+)$

（2）在原电池

$$(-)Zn|Zn^{2+}(0.1mol \cdot L^{-1}) \| Cu^{2+}(0.1mol \cdot L^{-1})|Cu(+)$$

的 $ZnSO_4$ 和 $CuSO_4$ 溶液中分别加入 $NH_3 \cdot H_2O$ 后，金属离子浓度和原电池的电动势将会发生怎样的变化？

（3）金属在大气中有哪几种最常见的电化学腐蚀？本实验中有哪几种？如何通过实验予以说明？

实验 12

重铬酸钾法测定二价铁离子的含量

一、实验目的

（1）掌握重铬酸钾法测定二价铁离子含量的原理和方法。

（2）巩固容量瓶、移液管和滴定管的使用。

二、实验原理

氧化还原滴定法是以氧化还原反应为基础测定溶液准确浓度的一种分析方法。根据滴定时所用滴定剂的不同，可分为高锰酸钾法、重铬酸钾法、碘量法等。本实验采用的是重铬酸钾法。

重铬酸钾是一种强氧化剂，在酸性条件下，其电极反应以及标准电极电势值如下：

$$Cr_2O_7^{2-}+14H^{+}+6e^{-}\longrightarrow 2Cr^{3+}+7H_2O \quad (E^{\ominus}=1.33V)$$

二价铁离子具有一定还原性，在酸性条件下，其电极反应以及标准电极电势值如下：

$$Fe^{3+}+e^{-}\longrightarrow Fe^{2+} \quad (E^{\ominus}=0.771V)$$

因此，在酸性条件下，重铬酸钾与二价铁离子可以发生如下反应：

$$Cr_2O_7^{2-}+6Fe^{2+}+14H^{+}\longrightarrow 2Cr^{3+}+6Fe^{3+}+7H_2O$$

重铬酸钾不仅具有强氧化性，其性质也相当稳定，易于提纯，可配制成一定浓度的标准溶液。如要测定出某试样中 Fe^{2+} 浓度，可将配制成一定浓度的 $K_2Cr_2O_7$ 标准溶液滴加到该试样溶液中，测定出反应完全时所消耗的 $K_2Cr_2O_7$ 标准溶液的体积，就可根据 $K_2Cr_2O_7$ 标准溶液的浓度和体积求出试样中 Fe^{2+} 的浓度。即

$$Fe^{2+}\text{的含量}(g \cdot L^{-1})=\frac{cV_1M_{Fe}\times 6}{V_2} \tag{1-11}$$

式中，c 为 $K_2Cr_2O_7$ 标准溶液的浓度，$mol \cdot L^{-1}$；V_1 为消耗的 $K_2Cr_2O_7$ 标准溶液体积，mL；V_2 为待测的 Fe^{2+} 溶液的体积，mL。

为了目视终点的出现，在滴定时需要加入指示剂。本实验采用的指示剂是二苯胺磺酸钠。当滴定剂 $K_2Cr_2O_7$ 与试样中的二价铁离子反应达到化学计量点后，此时，$K_2Cr_2O_7$ 稍过量一点，指示剂二苯胺磺酸钠就会被其氧化由无色变为紫色，于是溶液颜色由绿色突变为紫色或紫蓝色。由溶液颜色的突变即可确定滴定终点。

另外，滴定过程中，由于反应生成的 Fe^{3+} 呈黄色会影响滴定终点的观察，所以，需要在试液中加入磷酸，使之与 Fe^{3+} 形成无色的 $[Fe(HPO_4)_2]^-$。

三、仪器和试剂

（1）仪器　容量瓶（250mL）、酸式滴定管、锥形瓶（250mL）、移液管（25mL）、烧杯（150mL）、玻璃棒、洗瓶。

（2）试剂　Fe^{2+} 待测溶液、二苯胺磺酸钠（0.2%）、H_2SO_4-H_3PO_4 混合酸、$K_2Cr_2O_7$（s，AR）。

四、实验内容

1. $K_2Cr_2O_7$ 标准溶液的配制

先准确称取 1.2000～1.3000g 干燥恒重的 $K_2Cr_2O_7$，将其放入 150mL 烧杯中。再往该

烧杯中加入少量蒸馏水将 $K_2Cr_2O_7$ 溶解，然后将溶液转移至 250mL 容量瓶中。用少量蒸馏水洗涤烧杯和玻璃棒 2～3 次，并将洗涤后的溶液也转移至容量瓶中。最后往容量瓶中加蒸馏水稀释至其刻度，摇匀。计算其准确浓度。

2. Fe^{2+} 含量的测定

（1）先用配制好的 $K_2Cr_2O_7$ 标准溶液润洗酸式滴定管，然后再将 $K_2Cr_2O_7$ 标准溶液装入滴定管中，赶去气泡，调节好液面后，记录下滴定管中液面的读数，填入表 1-9。

（2）用移液管吸取 Fe^{2+} 待测溶液 25.00mL，将其放入 25mL 锥形瓶中。再往该烧杯中加入 H_2SO_4-H_3PO_4 混合酸 20mL、蒸馏水 50mL 及二苯胺磺酸钠指示剂 3～5 滴，摇匀。

（3）按照在酸碱滴定实验中学习到的方法进行滴定，当最后半滴 $K_2Cr_2O_7$ 标准溶液从酸式滴定管滴入锥形瓶中，溶液颜色突变为蓝紫色时，即为终点。记录下滴定管中液面读数，填入表 1-9。

（4）重复测定三份试样。最后根据所用 $K_2Cr_2O_7$ 标准溶液的体积及浓度，求出样品中 Fe^{2+} 含量。

五、数据记录与结果处理

固体 $K_2Cr_2O_7$ 的质量 m：____________ g

$K_2Cr_2O_7$ 标准溶液的浓度 c：____________ $mol \cdot L^{-1}$

表 1-9　Fe^{2+} 含量的测定

实验编号		1	2	3
$K_2Cr_2O_7$ 标准溶液的体积 V_1/mL				
Fe^{2+} 溶液的体积 V_2/mL				
Fe^{2+} 的含量/$g \cdot L^{-1}$	测定值			
	平均值			
相对平均偏差/%				

六、注意事项

H_2SO_4-H_3PO_4 混合酸的配制：将 150mL 浓 H_2SO_4 缓缓加入 700mL 水中，冷却后加入 150mL 浓 H_3PO_4，混合均匀。

七、思考题

（1）为什么 $K_2Cr_2O_7$ 能配制成标准溶液？

（2）本实验中，为什么要加入 H_2SO_4-H_3PO_4 混合酸？

（3）本实验中，为什么二苯胺磺酸钠可以做指示剂？

实验 13

$CaSO_4$ 溶度积常数的测定

一、实验目的

(1) 学习离子交换法测定难溶物溶解度的原理与方法。

(2) 掌握离子交换树脂的处理与使用。

(3) 进一步巩固酸度计的使用。

二、实验原理

离子交换树脂是一种不溶于水、酸、碱和一般有机溶剂，化学稳定性好的高分子聚合物。按其交换作用可分为两类：一类含有酸性基团，能够置换溶液中阳离子的树脂称为阳离子交换树脂；另一类含有碱性基团，能置换出溶液中阴离子的树脂称为阴离子交换树脂。

本实验中，将使用强酸性阳离子交换树脂（用 $R—SO_3H$ 表示）对饱和 $CaSO_4$ 溶液中的 Ca^{2+} 进行交换。其交换反应如下：

$$2R—SO_3H + Ca^{2+} \rightleftharpoons (R—SO_3)_2Ca + 2H^+$$

由于在饱和 $CaSO_4$ 溶液中，不仅存在已解离的 Ca^{2+} 和 SO_4^{2-}，还有以离子对形式存在的 $CaSO_4(aq)$，它们之间有如下平衡：

$$CaSO_4(aq) \rightleftharpoons Ca^{2+} + SO_4^{2-}$$

这样，当饱和 $CaSO_4$ 溶液流经树脂时，随着溶液中 Ca^{2+} 不断被交换减少，该平衡会不断右移，最终会使得溶液中的 Ca^{2+} 全部被 H^+ 交换。用 pH 计测定出流出液中的 H^+ 浓度，即可换算出 $CaSO_4$ 的摩尔溶解度 s：

$$s = c(Ca^{2+}) + c(CaSO_4)(aq) = c(H^+)/2 \qquad (1\text{-}12)$$

得到 $CaSO_4$ 的摩尔溶解度 s 后，再来计算 $CaSO_4$ 的溶度积常数。

先假设饱和 $CaSO_4$ 溶液中 Ca^{2+} 浓度为 c，SO_4^{2-} 浓度也为 c，则由式(1-12) 得 $c(CaSO_4)(aq) = s - c$，那么

$$\begin{array}{ccccc} CaSO_4(固) \rightleftharpoons & CaSO_4(aq) & \rightleftharpoons & Ca^{2+} & + SO_4^{2-} \\ & s-c & & c & c \end{array}$$

$$K_d^{\ominus} = \frac{c^2}{s-c} \qquad (1\text{-}13)$$

$$K_{sp}^{\ominus} = c(Ca^{2+})c(SO_4^{2-}) = c^2 \qquad (1\text{-}14)$$

式中，$K_d^{\ominus}$ 为离子对解离常数；$K_{sp}^{\ominus}$ 为 $CaSO_4$ 的溶度积常数。已知 25℃时，饱和 $CaSO_4$ 溶液的 $K_d^{\ominus} = 5.3 \times 10^{-3}$，所以

$$\frac{c^2}{s-c}=5.2\times10^{-3} \tag{1-15}$$

由式(1-15)可计算出浓度 c 的大小，然后带入式(1-14)即可得到 $CaSO_4$ 的溶度积常数 $K_{sp}^{\ominus}$。

三、仪器、试剂和材料

（1）仪器　离子交换装置、酸度计、烧杯（50mL、100mL）、容量瓶（100mL）、移液管（25mL）

（2）试剂　饱和 $CaSO_4$(aq)。

（3）材料　pH 试纸。

四、实验内容

1. 装柱与转型（由实验准备室完成）

在离子交换柱底部填入少量玻璃纤维，将用蒸馏水浸泡 24～48h 的钠型阳离子交换树脂和蒸馏水同时注入交换柱内，用玻璃棒赶走树脂间气泡，并保持液面略高于树脂。用 130mL 2mol·L^{-1}的 HCl 以 30 滴/分钟的流速通过离子交换树脂，然后用蒸馏水淋洗树脂至中性。

2. 交换和洗涤

用移液管吸取 25mL 饱和 $CaSO_4$ 溶液，放入前面淋洗至中性的离子交换柱中，控制流速 20～25 滴/min。开始时，流出液为中性水溶液，可用小烧杯承接。当液面下降至略高于树脂 1～2cm 时，再补充 25mL 蒸馏水。当液面再次下降至略高于树脂 1～2cm 时，还要再补充 25mL 蒸馏水。当小烧杯中承接的流出液约有 50mL 时，用 pH 试纸检验流出液是否依然呈中性［此处见注意事项（2）］。如是中性，改用 100mL 容量瓶承接流出液。此时，流速可调至 40～50 滴/min。待流出液呈中性时，旋紧螺旋夹，移走容量瓶。加蒸馏水至液面高于树脂约 6cm，以免混入气泡。

3. 氢离子浓度的测定

向装有全部 H^+ 流出液的容量瓶中加蒸馏水至刻度（定容），摇匀。倒出一部分于小烧杯中，用酸度计测量 pH 值，求出 100mL 容量瓶中氢离子的物质的量，接着再换算出体积为 25mL 时的氢离子浓度 $c(H^+)$。

五、数据记录与结果处理

饱和 $CaSO_4$ 溶液温度：＿＿＿＿＿＿℃

被交换的饱和 $CaSO_4$ 溶液体积：＿＿＿＿＿＿ mL

流出液的 pH 值：＿＿＿＿＿＿

流出液中氢离子的物质的量：＿＿＿＿＿＿ mol

25mL 时氢离子的摩尔浓度 $c(H^+)$：＿＿＿＿＿＿ mol·L^{-1}

$CaSO_4$ 的溶解度 s：____________ $mol \cdot L^{-1}$

$CaSO_4$ 的溶度积常数 $K_{sp}^{\ominus}$：____________

六、注意事项

（1）开始时先用小烧杯承接中性流出液，此时流速不可过高，控制在 20～25 滴/min，以免流速太快导致交换不完全。

（2）改用容量瓶承接流出液之前，要用 pH 试纸先测试一下流出液是否呈酸性。注意，不要等流出液呈现酸性了才改用容量瓶承接。

七、思考题

（1）为什么开始时，流出液可以不用容量瓶承接？

（2）如果用容量瓶承接时，流出液已呈酸性，对结果有何影响？

（3）被交换的 Ca^{2+} 全部是由 $CaSO_4$ 完全解离产生的吗？

实验 14

电导法测定氯化银的溶度积

一、实验目的

（1）学习并掌握电导法测定难溶电解质溶度积的原理和方法。

（2）掌握电导率仪的使用方法。

二、实验原理

一些难溶电解质，如 AgCl、$BaSO_4$、$PbSO_4$ 等在水中的溶解度很小，用普通滴定法很难准确测定其溶解度。通常可以通过测定其难溶盐饱和溶液的电导率来计算其溶解度和溶度积。

难溶盐的溶解度很小，其饱和溶液可近似为无限稀，饱和溶液的摩尔电导率 λ_m 与难溶盐的无限稀释溶液中的摩尔电导率 λ_∞ 是近似相等的，即

$$\lambda_m \approx \lambda_\infty$$

在一定温度下，电解质溶液的浓度 c、摩尔电导率 λ_m 与电导率 κ 的关系为

$$\lambda_m = \frac{\kappa}{c} \tag{1-16}$$

电导率 κ 与电导 G 的关系为：

$$\kappa = \frac{l}{A}G = K_{电池}G \tag{1-17}$$

式中，κ 称为电导率，$S \cdot m^{-1}$；G 为电导，S；$K_{电池}$ 称为电极常数（又称电导池常数）。

对于给定的电池来说，其电极面积 A 和两个电极间的距离 l 都是一定的，所以，电极常数 $K_{电池}$ 为一定值，其数值可由实验测定。当电极常数 $K_{电池}=1$ 时，则在数值上 $\kappa=G$。

AgCl 是难溶强电解质，在水中的溶解度很小，可将 AgCl 饱和溶液近似看作无限稀释的溶液。当溶液无限稀释时，离子间的相互影响可以忽略不计，此时溶液的电导率具有加和性，即

$$\lambda_{\infty}(AgCl)=\lambda_{\infty}(Ag^{+})+\lambda_{\infty}(Cl^{-})$$

当温度一定时，$\lambda_{\infty}(Ag^{+})$ 和 $\lambda_{\infty}(Cl^{-})$ 可通过查表 1-10 得到。

表 1-10　298.15K 时部分离子的极限摩尔电导率　　单位：$S \cdot cm^2 \cdot mol^{-1}$

正离子	H^{+}	Ag^{+}	$\frac{1}{2}Ca^{2+}$	$\frac{1}{2}Ba^{2+}$	$\frac{1}{2}Pb^{2+}$
λ_{∞}	349.82	61.90	59.50	63.63	71.00
负离子	OH^{-}	Cl^{-}	Br^{-}	$\frac{1}{2}SO_4^{2-}$	$\frac{1}{2}CO_3^{2-}$
λ_{∞}	198.30	76.35	78.10	80.02	69.30

若 c^* 为难溶盐 AgCl 饱和溶液的浓度，由式(1-16) 知，

$$\lambda_{\infty}(AgCl)=\frac{\kappa(AgCl)}{c^*}$$

可得

$$c^*=\frac{\kappa(AgCl)}{\lambda_{\infty}(AgCl)}$$

由此得出 AgCl 溶度积为：

$$K_{sp}^{\ominus}=[Ag^{+}][Cl^{-}]=(c^*)^2$$

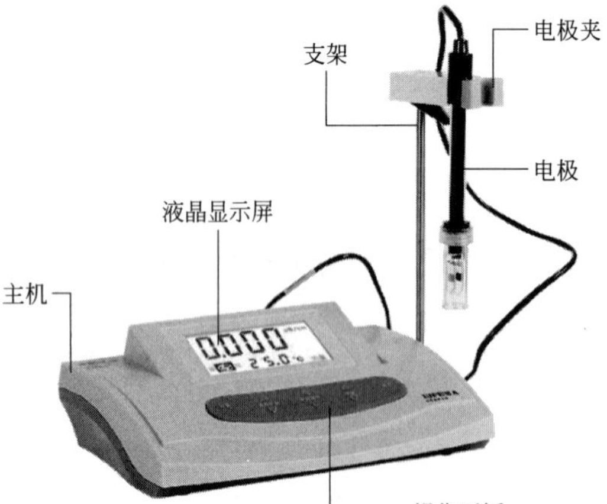

图 1-14　电导率仪示意图

AgCl 饱和溶液的电导率 $\kappa(AgCl)$ 可通过电导率仪（见图 1-14）进行测量。由于所测得的 AgCl 饱和溶液的电导率，实际上还包括了水离解出来的 H^{+} 和 OH^{-} 的电导率，所以必须再测出水的电导率 $\kappa(H_2O)$。有

$$\kappa(AgCl)=\kappa(AgCl溶液)-\kappa(H_2O)$$

$$K_{sp}^{\ominus}=(c^*)^2=\left[\frac{\kappa(AgCl)}{\lambda_{\infty}(AgCl)}\right]^2$$

$$=\left[\frac{\kappa(AgCl溶液)-\kappa(H_2O)}{\lambda_{\infty}(AgCl)}\right]^2$$

因而，只要测得 AgCl 饱和溶液及 H_2O 的电导率，就可计算出 AgCl 的溶度积。

三、仪器、试剂和材料

(1) 仪器　电导率仪（附电导电极）、恒温水浴、烧杯（50mL）。

（2）试剂　饱和 AgCl 溶液、高纯水。

（3）材料　滤纸。

四、实验内容

1. 调节恒温水浴

使温度在（298±0.1）K 的范围内。

2. 调节电导率仪

（1）打开电导率仪的电源开关，预热 30min。

（2）校准仪器，设置正确的电极常数，将温度调节到室温。

视频扫一扫

测定电导率的操作

3. 测定高纯水的电导率

用高纯水冲洗电极及烧杯三次，洗净的烧杯盛一定量的高纯水，在 298K 恒温水浴中恒温后用电导率仪测定其电导率 $\kappa(H_2O)$。

4. 测定饱和 AgCl 溶液的电导率

用少量饱和 AgCl 溶液冲洗电极及烧杯三次，往洗净的烧杯里倒入适量的饱和 AgCl 溶液，在 298K 恒温水浴中恒温后用电导率仪测定其电导率 κ(AgCl 溶液)。

五、数据记录和结果处理

实验温度：＿＿＿＿＿＿K，λ_{∞}(AgCl)＿＿＿＿＿＿＿＿＿＿

将实验数据及计算结果填入表 1-11：

表 1-11　实验数据及计算结果

实验序号	1	2
$\kappa(H_2O)/S\cdot cm^{-1}$		
κ(AgCl 溶液)$/S\cdot cm^{-1}$		
$\kappa(AgCl)/S\cdot cm^{-1}$		
$c^*/mol\cdot L^{-1}$		
$K_{sp}^{\ominus}(AgCl)$		

计算实验误差，并分析产生误差的原因。

六、注意事项

（1）盛装被测溶液的烧杯必须洁净，确保无其他离子玷污。

（2）测量高纯水时应迅速，否则因空气中 CO_2 的溶入，会使电导率很快上升，影响测量结果。高纯水电导率要求不大于 $1\times10^{-6}S\cdot cm^{-1}$。

七、思题考

（1）使用电导率仪时要注意些什么？
（2）在测定 AgCl 溶液的电导率时，为什么水的电导率不可忽略？

实验 15

配位化合物的生成与性质

预习

（1）复盐与配位化合物的不同。
（2）配合物的稳定性、配位平衡。
（3）配合物的性质及应用。

一、实验目的

（1）了解配合物的生成，以及与单盐、复盐的区别。
（2）比较不同配合物的稳定性。
（3）了解由简单金属离子生成配合物后各种性质的变化。
（4）了解螯合物的组成与性质。

二、实验原理

中心原子或离子（配合物的形成体）与一定数目的中性分子或与阴离子（配合物的配位体）以及配位键结合形成配位个体。配位个体处于配合物的内界，若带有电荷就称为配离子。带正电荷称为配阳离子，带负电荷的称为配阴离子。配离子与带有相同数目的相反电荷的离子（外界）组成配位化合物，简称配合物。大多数易溶配合物在溶液中解离为配离子和外界离子，如 $[Cu(NH_3)_4]SO_4$ 在水溶液完全解离为 $[Cu(NH_3)_4]^{2+}$ 和 SO_4^{2-}。而配离子只能部分解离，如在水溶液中，$[Cu(NH_3)_4]^{2+}$ 存在下列解离平衡：

$$[Cu(NH_3)_4]^{2+} \rightleftharpoons Cu^{2+} + 4NH_3$$

$$K^{\ominus}_{不稳} = \frac{[Cu^{2+}][NH_3]^4}{[Cu(NH_3)_4^{2+}]}$$

式中，$K^{\ominus}_{不稳}$ 为配离子的不稳定常数，表示配离子稳定性的大小；$K^{\ominus}_{不稳}$ 越小，配离子越稳定。

改变上述平衡条件时，如改变浓度，加入沉淀剂、氧化剂、还原剂，或改变溶液的酸度，配离子的解离平衡都会发生移动。

简单金属离子在形成配离子后，其颜色、溶解性、酸碱度及其氧化还原性都会发生改变。

如 Fe^{3+} 与 KSCN 形成血红色配离子 $[Fe(SCN)_n]^{3-n}$ ($n=1\sim6$)，

$$Fe^{3+}+nSCN^-\longrightarrow [Fe(SCN)_n]^{3-n}$$

AgCl 难溶于水，但与 NH_3 形成 $[Ag(NH_3)_2]^+$ 配离子后，则易溶于水。

$$AgCl+2NH_3\longrightarrow [Ag(NH_3)_2]^++Cl^-$$

H_3BO_3 与甘油作用，可放出 H^+，使溶液的 pH 改变。

$$H_3BO_3 + 2\ \begin{matrix}H_2C-OH\\HC-OH\\H_2C-OH\end{matrix} \rightleftharpoons \begin{matrix}H_2C-O\\HC-O\\H_2C-OH\end{matrix}\!\!B\!\!\begin{matrix}O-CH_2\\O-CH\\HO-CH_2\end{matrix} + H^+ + 3H_2O$$

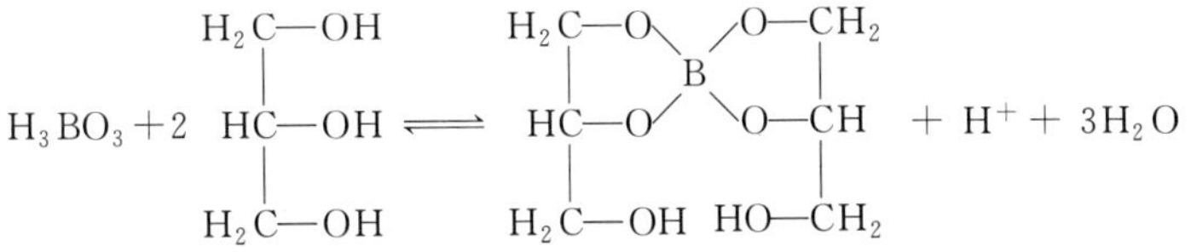

Fe^{3+} 能氧化 I^-，但形成 $[FeF_6]^{3-}$ 配离子后，由于 Fe^{3+} 浓度减小，Fe^{3+} 氧化能力降低，就不再与 I^- 反应。

但在有硫脲存在条件下，Cu 可与 HCl 反应置换出 H_2。

$$2Cu+2HCl+8CS(NH_2)_2\longrightarrow 2\{Cu[CS(NH_2)_2]_4\}Cl+H_2\uparrow$$

具有环状结构的配合物称为螯合物，与金属离子形成螯合物的多齿配体称为螯合剂。EDTA 是乙二胺四乙酸及其二钠盐，因有六个配位原子，所以它是配位能力很强的螯合剂，能与许多金属离子形成稳定的 1∶1（金属离子∶配体）螯合物。

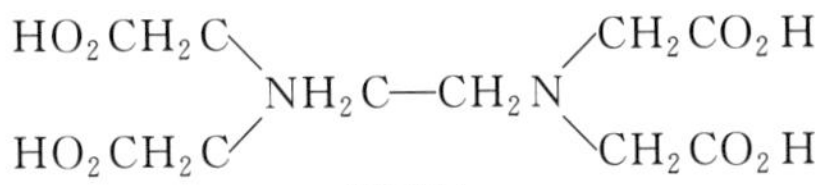

$$\begin{matrix}HO_2CH_2C\\HO_2CH_2C\end{matrix}\!\!N\!-\!CH_2C\!-\!CH_2\!-\!N\!\!\begin{matrix}CH_2CO_2H\\CH_2CO_2H\end{matrix}$$
EDTA

EDTA 与无色的金属离子生成无色的螯合物，与有色金属离子生成颜色相同但是更深一些的螯合物。螯合物的稳定性更大，且多具有特征的颜色。如深蓝色的 $[Cu(NH_3)_4]^{2+}$ 配离子遇到 EDTA 则可转化为更稳定的螯合物 $[Cu(EDTA)]^{2-}$。

三、仪器、试剂和材料

（1）仪器　离心机、离心试管、试管、表面皿、洗瓶。

（2）试剂　HCl（6.0mol·L^{-1}、浓）、H_2SO_4（2.0mol·L^{-1}）、H_3BO_3（0.10mol·L^{-1}）、NaOH（2.0mol·L^{-1}）、$NH_3\cdot H_2O$（2.0mol·L^{-1}、6.0mol·L^{-1}）、KSCN（0.10mol·L^{-1}）、$K_3[Fe(CN)_6]$（0.10mol·L^{-1}）、KI（0.10mol·L^{-1}）、$NH_4Fe(SO_4)_2$（0.10mol·L^{-1}）、$CuSO_4$（0.10mol·L^{-1}）、$AgNO_3$（0.10mol·L^{-1}）、$FeCl_3$（0.10mol·L^{-1}）、KBr（0.10mol·L^{-1}）、$Na_2S_2O_3$（0.10mol·L^{-1}）、$BaCl_2$（0.10mol·L^{-1}）、NaCl（0.10mol·L^{-1}）、$HgCl_2$（0.10mol·L^{-1}）、$SnCl_2$（0.10mol·L^{-1}）、EDTA（0.10mol·L^{-1}）、甘油、CCl_4、$CuCl_2$(s，AR)、NH_4F(s，AR)、硫脲（s，AR）。

（3）材料　铜片、pH 试纸。

四、实验内容

1. 比较配合物、复盐和单盐的区别

在三支试管中分别加入 0.10mol·L^{-1} 的 $K_3[Fe(CN)_6]$、0.10mol·L^{-1} $NH_4Fe(SO_4)_2$、0.10mol·L^{-1} $FeCl_3$ 溶液各 8 滴，然后各加入 0.10mol·L^{-1} KSCN 溶液各 2 滴，观察溶

液颜色的变化，解释之。

2．配合物的生成和解离

（1）在两支试管中各加入 0.10mol·L^{-1} $CuSO_4$ 溶液 10 滴，再分别加入 0.10mol·L^{-1} $BaCl_2$ 溶液 5 滴和 2.0mol·L^{-1} NaOH 溶液 2 滴，观察现象。

（2）另取一支试管加入 0.10mol·L^{-1} $CuSO_4$ 溶液 20 滴，加入 6mol·L^{-1}氨水至浅蓝色沉淀变成深蓝色溶液。再多加 5 滴，将溶液分成两份：一份加入 0.10mol·L^{-1} $BaCl_2$ 5 滴；另一份加入 2.0mol·L^{-1} NaOH 溶液 2 滴，观察有无沉淀产生。再在后一支试管中滴加 2.0mol·L^{-1} H_2SO_4 至酸性，有何现象，解释并写出反应方程式。

根据以上两次实验结果，说明 $CuSO_4$ 与 NH_3 生成配合物的组成。

3．配合物与难溶电解质之间的转化及配合物稳定性的比较

在离心试管内加入 0.10mol·L^{-1} $AgNO_3$ 溶液和 0.10mol·L^{-1} NaCl 溶液 10 滴，离心分离，弃去清液，并用蒸馏水洗涤沉淀两次，丢掉洗涤液。在沉淀中滴加 2.0mol·L^{-1} 的氨水至沉淀刚好溶解为止。再在溶液中加 0.10mol·L^{-1} NaCl 溶液 1 滴，观察有无沉淀生成。继续加 0.10mol·L^{-1} KBr 溶液至沉淀完全，离心分离，弃去溶液。沉淀用蒸馏水洗涤两次，弃去洗涤液。再在沉淀中加入 0.10mol·L^{-1} $Na_2S_2O_3$ 溶液，沉淀是否溶解？为什么？

从实验结果比较 $[Ag(NH_3)_2]^+$、$[Ag(S_2O_3)_2]^{3-}$ 稳定性的大小。写出各步反应方程式。

4．配合物酸碱性的变化

取一小段 pH 试纸置于一洁净的表面皿上，在试纸的一端滴 0.10mol·L^{-1} H_3BO_3 1 滴，在另一端滴甘油 1 滴。待甘油与 H_3BO_3 互相渗透，观察试纸两端及溶液交界处的 pH，解释之。

5．配合物的氧化还原性

（1）取两支试管，各加入 0.10mol·L^{-1} $FeCl_3$ 溶液 10 滴，在其中一支试管中加入少许固体 NH_4F，使溶液的黄色褪去。然后分别向这两支试管中加入 0.10mol·L^{-1} KI 溶液数滴，再各加入 CCl_4 约 0.5mL，观察现象，解释并写出有关反应方程式。

（2）取两支试管分别加入 0.10mol·L^{-1} $HgCl_2$溶液两滴，在其中一支试管中逐滴加入 0.10mol·L^{-1} KI 溶液，至生成的沉淀又溶解，再多加几滴。然后两支试管都分别滴加 0.10mol·L^{-1} $SnCl_2$ 溶液，观察现象，解释之。

（3）在两支试管中各加入 6.0mol·L^{-1} HCl 溶液 1mL，在其中一支试管中加入一小匙硫脲。然后再分别向这两支试管中各加入一小块铜片，加热，观察现象，解释之。

6．配合物颜色的变化

（1）在试管中加入 0.10mol·L^{-1} $FeCl_3$溶液两滴，再加入 0.10mol·L^{-1} KSCN 溶液 1 滴，观察溶液颜色的变化。然后加入少许的固体 NH_4F，又有何变化，解释现象并写出反应

方程式。

(2) 取少量的 $CuCl_2$ 固体，加入 1mL 水溶解，逐滴加入浓盐酸，观察溶液颜色的变化，然后逐滴加水稀释，又有何变化，解释现象 。

7. 一种特殊配合物——螯合物的生成

将自己制备的 $[Cu(NH_3)_4]^{2+}$ 溶液分成两份，一份留作比较，另一份逐滴加入 $0.10mol \cdot L^{-1}$ 的 EDTA 溶液，观察现象，解释并写出反应方程式。

五、思考题

(1) 简单金属离子与其金属配合物有何区别?

(2) 说明配合物硫酸四氨合铜（Ⅱ）的组成。

(3) 为什么稀盐酸不能氧化金属铜，但如有硫脲存在，反应就会发生?

第2章

重要元素及化合物的性质

实验16

卤素

预习

卤素及其化合物的性质。

一、实验目的

(1) 了解溴、碘的溶解性。

(2) 了解卤素单质的氧化性、卤素离子的还原性及其变化规律。

(3) 了解卤素含氧酸盐的氧化性以及与溶液酸碱性的关系。

(4) 掌握卤素离子的分离鉴定方法。

二、实验原理

氟、氯、溴、碘是周期表中第17(ⅦA)族的元素，在化合物中常见的氧化态为－1，但在一定条件下，氯、溴、碘也可生成氧化态＋1、＋3、＋5、＋7的化合物。

卤素单质在水中的溶解度不大（氟与水发生剧烈的化学反应)，而在有机溶剂中的溶解度较大。在非极性有机溶剂中，Br_2 显橙黄色，I_2 呈紫红色。

卤素单质最突出的化学性质是氧化性，其氧化能力的顺序为：

$$F_2 > Cl_2 > Br_2 > I_2$$

因此前面的卤素可把后面的卤素从它们的卤化物中置换出来。如：

$$Cl_2 + 2KBr \longrightarrow Br_2 + 2KCl$$

而卤素离子的还原性强弱则按相反的顺序变化：

$$I^- > Br^- > Cl^- > F^-$$

HI 可将浓 H_2SO_4 还原成 H_2S，HBr 可将浓 H_2SO_4 还原为 SO_2，而 HCl 则不能还原浓 H_2SO_4。

$$8HI + H_2SO_4 \longrightarrow 4I_2 + H_2S + 4H_2O$$

$$2HBr + H_2SO_4 \longrightarrow Br_2 + SO_2 + 2H_2O$$

氯的水溶液叫氯水，其中存在下列平衡：

$$Cl_2 + H_2O \rightleftharpoons HCl + HClO$$

在溶液中加入碱，平衡向右移动，生成氯化物和次氯酸盐。次氯酸和次氯酸盐都是氧化剂，但次氯酸盐的氧化性比次氯酸弱。

卤酸盐也是氧化剂，它们的氧化性与溶液的 pH 有关，碱性介质中的氧化性不明显，但在酸性介质中有明显的氧化性。如：

$$KClO_3 + 6KI + 3H_2SO_4 \longrightarrow 3I_2 + KCl + 3K_2SO_4 + 3H_2O$$

$$KIO_3 + 5KI + 3H_2SO_4 \longrightarrow 3I_2 + 3K_2SO_4 + 3H_2O$$

$KBrO_3$ 还能进一步将 I_2 氧化成 KIO_3：

$$2KBrO_3 + I_2 \longrightarrow 2KIO_3 + Br_2$$

Cl^-、Br^-、I^- 都能与 Ag^+ 生成难溶于水的 AgCl（白色）、AgBr（浅黄色）、AgI（黄色）沉淀。它们都不溶于稀 HNO_3。AgCl 能溶于 $NH_3 \cdot H_2O$ 和 $(NH_4)_2CO_3$ 溶液，生成配离子 $[Ag(NH_3)_2]^+$：

$$AgCl + 2NH_3 \longrightarrow [Ag(NH_3)_2]Cl$$

若以 HNO_3 酸化上述溶液，AgCl 重新沉淀析出。

三、仪器、试剂和材料

（1）仪器　离心机、烧杯、量筒（100mL）、酒精灯、试管、离心试管、滴管、三脚架、石棉网。

（2）试剂　HNO_3（$2mol \cdot L^{-1}$）、H_2SO_4（$2mol \cdot L^{-1}$、$6mol \cdot L^{-1}$、浓）、HCl（$6mol \cdot L^{-1}$）、NaOH（$2mol \cdot L^{-1}$、$6mol \cdot L^{-1}$）、$NH_3 \cdot H_2O$（$6mol \cdot L^{-1}$）、NaCl（$0.1mol \cdot L^{-1}$）、KBr（$0.1mol \cdot L^{-1}$）、KI（$0.1mol \cdot L^{-1}$）、$Na_2S_2O_3$（$0.1mol \cdot L^{-1}$、$0.5mol \cdot L^{-1}$）、$AgNO_3$（$0.1mol \cdot L^{-1}$）、$MnSO_4$（$0.1mol \cdot L^{-1}$）、$FeCl_3$（$0.1mol \cdot L^{-1}$）、$Pb(Ac)_2$（$0.1mol \cdot L^{-1}$）、$KClO_3$（饱和）、$KBrO_3$（饱和）、KIO_3（$0.1mol \cdot L^{-1}$）、$(NH_4)_2CO_3$（饱和）、氯水、溴水、碘水、CCl_4、品红溶液、淀粉溶液［5%（质量分数）］、NaCl(s，AR)、KBr(s，AR)、KI(s，AR)、$KClO_3$(s，AR)、碘（s，AR)、硫黄粉、锌粉。

（3）材料　滤纸片、pH 试纸、KI-淀粉试纸、铁锤。

四、实验内容

1. 溴、碘在水和有机溶剂中的溶解性

（1）取两支试管，各加入 1mL 蒸馏水，在一支试管中加 2 滴溴水，另一支试管中加一

小粒碘，振荡试管，观察现象。

（2）在以上两支试管中，再各加入 0.5mL CCl_4，充分振荡试管，观察水层和 CCl_4 层颜色的变化。

解释以上实验现象。

2．氯、溴、碘的氧化性及其比较

（1）取 0.1mol·L^{-1} KBr 溶液 2 滴，再加入 0.5mL CCl_4，滴加氯水，振荡试管，静置片刻，观察水层和 CCl_4 层颜色的变化。

（2）取 0.1mol·L^{-1} KI 溶液 2 滴，再加入 0.5mL CCl_4，滴加少量氯水，观察溶液颜色的变化，并逐滴加入过量氯水，振荡试管，观察水层和 CCl_4 层的颜色变化。

（3）取 0.1mol·L^{-1} KI 溶液 2 滴，加入 0.5mL CCl_4，再滴加溴水，振荡试管，观察水层和 CCl_4 层的颜色。

（4）取碘水 5 滴于试管中，滴加 0.1mol·L^{-1} $Na_2S_2O_3$，观察溶液颜色的变化。

由以上实验结果，写出反应方程式，说明氯、溴、碘的氧化性，并对其氧化性的相对强弱进行比较。

3．卤素离子还原性的比较

（1）在三支试管中分别加入少量（绿豆大小）NaCl、KBr、KI 固体，然后加入 0.5mL 浓 H_2SO_4（在通风橱内进行），观察现象，同时分别用湿润的 pH 试纸、KI-淀粉试纸、$Pb(Ac)_2$ 试纸检验所产生的气体。根据观察分析产物，写出反应方程式。

（2）在两支试管中分别加入少量 0.1mol·L^{-1} KBr 溶液和 0.1mol·L^{-1} KI 溶液，各加入 0.5mL CCl_4，再分别滴加 0.1mol·L^{-1} $FeCl_3$ 溶液，振荡试管，观察现象。

由以上实验结果，比较 Cl^-、Br^-、I^- 的还原性的相对强弱。

4．次氯酸盐的生成和氧化性

取氯水 3mL 于试管中，逐滴加入 2mol·L^{-1} NaOH 至溶液呈弱碱性（pH 为 8～9）。将所得溶液分成四份，分别盛于四支试管中，进行下列实验。

（1）在第一支试管中加入 6mol·L^{-1} HCl 溶液数滴，观察现象，用 KI-淀粉试纸检验有无 Cl_2 生成，写出反应式。

（2）在第二支试管中加入 5～6 滴 CCl_4，然后加入 0.1mol·L^{-1} KI 溶液 3～4 滴，振荡试管，观察现象，写出反应式。

（3）在第三支试管中滴加 0.1mol·L^{-1} $MnSO_4$ 溶液，观察现象，写出反应式。

（4）在第四支试管中逐滴加入品红溶液，观察现象。

5．卤酸盐的氧化性

（1）在试管中加入饱和 $KClO_3$ 溶液 0.5mL，然后加 0.1mol·L^{-1} KI 溶液 2～3 滴和淀粉溶液 2 滴，观察现象。再逐滴加入 6mol·L^{-1} H_2SO_4，并不断振荡试管，观察溶液颜色的变化，解释现象，写出反应式。

（2）取饱和 $KBrO_3$ 溶液 1mL，加一小粒碘，再逐滴加入 6mol·L^{-1} H_2SO_4，振荡试

管，观察现象，写出反应式。

（3）取少量 0.1mol·L^{-1} KIO_3 溶液，加入 0.1mol·L^{-1} KI 数滴和淀粉溶液 2 滴，观察现象。再逐滴加入 6mol·L^{-1} H_2SO_4，观察现象，最后再滴加 6mol·L^{-1} NaOH 数滴，有何现象，写出反应式。

（4）取黄豆大小干燥的 $KClO_3$ 晶体，在纸上与硫黄粉混合均匀（约 2∶1），用纸包好，在指定地点用铁锤锤打，即闻爆炸声。

6. 卤化银溶度积的比较

分别向盛有 0.1mol·L^{-1} NaCl、KBr、KI 溶液的三支离心试管中滴加 0.1mol·L^{-1} $AgNO_3$ 溶液，观察沉淀的颜色。沉淀经离心分离后加入 6mol·L^{-1} $NH_3 \cdot H_2O$ 溶液，观察沉淀是否溶解。不溶的沉淀再次经离心分离后加入 0.5mol·L^{-1} $Na_2S_2O_3$ 溶液，观察沉淀是否溶解。写出反应式，说明卤化银溶度积的变化规律。

7. Cl^-、Br^-、I^- 混合液的分离鉴定

取 0.1mol·L^{-1} NaCl、KBr、KI 溶液各 2 滴于离心试管中，加 1 滴 2mol·L^{-1} HNO_3 酸化，再加入 0.1mol·L^{-1} $AgNO_3$ 溶液至沉淀完全。在水浴中加热 2min，离心分离，弃去溶液，沉淀用少量蒸馏水洗涤两次。

（1）Cl^- 的鉴定　在上述沉淀中加入饱和 $(NH_4)_2CO_3$ 溶液 1mL，充分搅拌后在水浴中温热 1min，离心分离，用滴管吸取上层清液于另一试管中，并用 2mol·L^{-1} HNO_3 酸化，若有白色沉淀析出，表示有 Cl^-。

（2）Br^-、I^- 的鉴定　离心试管中的沉淀用少量蒸馏水洗涤两次后，在沉淀中加入 15 滴蒸馏水及少量锌粉，再加 2 滴 2mol·L^{-1} H_2SO_4 酸化，充分搅拌后离心分离，用滴管吸取上层清液于另一试管中，加 10 滴 CCl_4，然后逐滴加入氯水，并不断振荡试管，CCl_4 层呈紫红色，表示有 I^- 存在。继续滴加氯水，紫红色褪去，CCl_4 层呈橙黄色，表示有 Br^- 存在。

五、注意事项

（1）“实验内容 2.（2）”氯水滴加到 KI 溶液中时，要逐滴加入，并一边滴加，一边振荡试管，观察现象，不可一次加入过多。

（2）氯酸钾和硫黄粉都是火药中的主要成分，实验时用量要严格遵守规定，不准将药品私自带出实验室。

（3）离心试管加热时应用水浴，不可以直接加热，以免试管破裂。

六、思考题

（1）用 KI-淀粉试纸检验 Cl_2 气时，为什么试纸先呈蓝色，随后蓝色又消失？

（2）溴能从含碘离子的溶液中取代碘，而碘又能从溴酸钾中取代溴，二者有无矛盾？试加以说明。

（3）介质的酸碱性对卤酸盐水溶液的氧化性有什么影响？

实验 17

氧、硫

预习

(1) 氧、硫及其化合物的性质。

(2) S^{2-}、SO_3^{2-}、SO_4^{2-}、$S_2O_3^{2-}$、$S_2O_8^{2-}$ 的性质及其有关反应。

一、实验目的

(1) 掌握过氧化氢的氧化还原性。

(2) 掌握硫化氢、亚硫酸和硫代硫酸盐的氧化还原性。

(3) 了解金属硫化物的溶解性。

(4) 学习 S^{2-}、SO_3^{2-}、SO_4^{2-}、$S_2O_3^{2-}$ 的鉴定和分离方法。

二、实验原理

氧、硫是元素周期表中第 16（ⅥA）族的元素。

氧和氢的化合物，除了水以外，还有过氧化氢。在过氧化氢 H_2O_2 分子中，氧的氧化态为-1，介于-2 和 0 之间，所以 H_2O_2 既有氧化性，又有还原性，而以氧化性较为突出。例如，H_2O_2 作为氧化剂时，能将 KI 氧化析出 I_2：

$$2KI + H_2O_2 + H_2SO_4 \longrightarrow I_2 + K_2SO_4 + 2H_2O$$

当 H_2O_2 与强氧化剂作用时，又显示出还原性，如：

$$2KMnO_4 + 5H_2O_2 + 3H_2SO_4 \longrightarrow 2MnSO_4 + K_2SO_4 + 5O_2 + 8H_2O$$

H_2O_2 具有极弱的酸性，在水溶液中微弱地解离出 H^+。

$$H_2O_2 \rightleftharpoons H^+ + HO_2^- \qquad K_1^\ominus = 1.55 \times 10^{-12}(293K)$$

$$HO_2^- \rightleftharpoons H^+ + O_2^{2-} \qquad K_2^\ominus \approx 10^{-25}$$

因此它能与强碱直接作用生成盐（过氧化物）。如：

$$2NaOH + H_2O_2 \longrightarrow Na_2O_2 + 2H_2O$$

Na_2O_2 在乙醇溶液中析出沉淀。过氧化物是弱酸盐，与强酸作用生成 H_2O_2。

H_2O_2 不稳定，易歧化分解。当有 MnO_2 或重金属离子存在时，因催化作用而加速其分解：

$$2H_2O_2 \longrightarrow 2H_2O + O_2 \uparrow$$

过氧化氢在酸性溶液中能与 $K_2Cr_2O_7$ 反应，生成蓝色的不稳定的过氧化铬 CrO_5：

$$4H_2O_2+Cr_2O_7^{2-}+2H^+ \longrightarrow 2CrO_5+5H_2O$$

$$4CrO_5+12H^+ \longrightarrow 4Cr^{3+}+7O_2\uparrow+6H_2O$$

但 CrO_5 在乙醚或戊醇中被萃取呈蓝色液层，较稳定。由此可用来鉴定 H_2O_2 或 $Cr_2O_7^{2-}$。

硫化氢是无色、有臭味的有毒气体。硫化氢 H_2S 分子中硫的氧化态为-2，所以只具有还原性，是常用的强还原剂。例如，碘能将 H_2S 氧化成单质硫，而更强的氧化剂，如 $KMnO_4$ 甚至可以把 H_2S 氧化为硫酸：

$$H_2S+I_2 \longrightarrow 2HI+S\downarrow$$

$$5H_2S+2KMnO_4+3H_2SO_4 \longrightarrow 5S\downarrow+2MnSO_4+K_2SO_4+8H_2O$$

$$5H_2S+8KMnO_4+7H_2SO_4 \longrightarrow 4K_2SO_4+8MnSO_4+12H_2O$$

H_2S 可与多种金属离子生成不同颜色、不同溶解性的金属硫化物。如 Na_2S 溶于水；ZnS 为白色，难溶于水，易溶于稀酸；CuS 为黑色，不溶于盐酸，但可溶于硝酸；而黑色的 HgS 只溶于王水。根据金属硫化物颜色和溶解性不同，可用于分离和鉴定金属离子。

SO_2 溶于水生成亚硫酸。亚硫酸及其盐常作还原剂，但遇强还原剂时，又可作氧化剂。SO_2 能和某些有色有机物生成无色加合物，所以具有漂白性。但这种加合物受热易分解。

$Na_2S_2O_3$ 在酸性溶液中，由于生成的 $H_2S_2O_3$ 不稳定，而迅速分解：

$$Na_2S_2O_3+2HCl \longrightarrow H_2S_2O_3+2NaCl$$

$$H_2S_2O_3 \longrightarrow SO_2\uparrow+S\downarrow+H_2O$$

$Na_2S_2O_3$ 是一种重要的还原剂，能将 I_2 还原为 I^-，而本身被氧化为连四硫酸钠：

$$2Na_2S_2O_3+I_2 \longrightarrow Na_2S_4O_6+2NaI$$

较强的氧化剂如 Cl_2 可将 $Na_2S_2O_3$ 氧化为 Na_2SO_4：

$$Na_2S_2O_3+4Cl_2+5H_2O \longrightarrow Na_2SO_4+H_2SO_4+8HCl$$

适量的 $S_2O_3^{2-}$ 与 Ag^+ 反应，首先得到白色的 $Ag_2S_2O_3$ 沉淀，它在水溶液中极不稳定，会迅速分解而转变为黑色的 Ag_2S，分解过程中可观察到一系列明显的颜色变化（白色→黄色→棕色→黑色）。这是 $S_2O_3^{2-}$ 的特征反应，可用来鉴定 $S_2O_3^{2-}$ 的存在：

$$Ag_2S_2O_3+H_2O \longrightarrow Ag_2S\downarrow(黑色)+H_2SO_4$$

过二硫酸盐是强氧化剂，在 Ag^+ 的催化作用下，能将 Mn^{2+} 氧化成紫红色的 MnO_4^-：

$$2Mn^{2+}+5S_2O_8^{2-}+8H_2O \xrightarrow[\triangle]{Ag^+} 2MnO_4^-+10SO_4^{2-}+16H^+$$

如果溶液中同时存在 S^{2-}、SO_3^{2-} 和 $S_2O_3^{2-}$，需分别加以鉴定时，必须先将 S^{2-} 除去，因 S^{2-} 的存在干扰 SO_3^{2-} 和 $S_2O_3^{2-}$ 的鉴定。除去的方法是在混合液中加固体 $CdCO_3$，使之转化为难溶的 CdS。离心分离后在清液中分别鉴定 SO_3^{2-} 和 $S_2O_3^{2-}$。

三、仪器、试剂和材料

（1）仪器　离心机、烧杯、酒精灯、试管、离心试管、滴管、白色点滴板、三脚架、石棉网。

（2）药剂　HNO_3（浓）、H_2SO_4（$2mol \cdot L^{-1}$）、HCl（$2mol \cdot L^{-1}$、$6mol \cdot L^{-1}$、浓）、NaOH（$2mol \cdot L^{-1}$、40%）、$NH_3 \cdot H_2O$（$2mol \cdot L^{-1}$）、NaCl（$0.1mol \cdot L^{-1}$）、$Na_2S_2O_3$（$0.1mol \cdot L^{-1}$）、Na_2S（$0.1mol \cdot L^{-1}$）、KI（$0.1mol \cdot L^{-1}$）、$KMnO_4$（$0.01mol \cdot L^{-1}$）、$K_2Cr_2O_7$（$0.1mol \cdot L^{-1}$）、$K_4[Fe(CN)_6]$（$0.1mol \cdot L^{-1}$）、

$Pb(NO_3)_2$（0.1mol·L^{-1}）、$SrCl_2$（0.1mol·L^{-1}）、$MnSO_4$（0.001mol·L^{-1}、0.1mol·L^{-1}）、$ZnSO_4$（0.1mol·L^{-1}、饱和）、$CdSO_4$（0.1mol·L^{-1}）、$Hg(NO_3)_2$（0.1mol·L^{-1}）、$CuSO_4$（0.1mol·L^{-1}）、$AgNO_3$（0.1mol·L^{-1}）、氯水、碘水、H_2O_2［3%（质量分数）］、H_2S（饱和）、SO_2（饱和）、$Na_2[Fe(CN)_5NO]$［1%（质量分数）］、品红溶液、淀粉［5%（质量分数）］、95%乙醇、乙醚、Na_2O_2(s，AR)、MnO_2(s，AR)、$K_2S_2O_8$(s，AR)、$CdCO_3$(s，AR)、混合液（含S^{2-}、SO_3^{2-}、$S_2O_3^{2-}$）。

（3）材料　滤纸片、pH试纸、火柴。

四、实验内容

1. 过氧化氢的生成和鉴定

（1）取少量Na_2O_2固体于试管中，加入少量蒸馏水，振荡试管，使之溶解。滴加2mol·L^{-1} H_2SO_4溶液，至溶液呈酸性（用pH试纸检验），写出反应式。

（2）取上面制得的溶液1mL，加入乙醚0.5mL，以2mol·L^{-1} H_2SO_4溶液2滴酸化，再加入0.1mol·L^{-1} $K_2Cr_2O_7$溶液2～3滴，振荡试管，观察水层和乙醚层颜色的变化。乙醚层呈蓝色说明有H_2O_2存在。

2. 过氧化氢的性质

（1）弱酸性　取40% NaOH溶液0.5mL于试管中，迅速加入3% H_2O_2溶液0.5mL，然后加入95%乙醇0.5mL，振荡试管，观察Na_2O_2沉淀的析出，写出反应式。

（2）氧化还原性

① 取0.1mol·L^{-1} KI溶液5滴，加淀粉溶液1滴，以3～4滴2mol·L^{-1} H_2SO_4溶液酸化，滴加3% H_2O_2溶液，观察现象，写出反应式。

② 取少量0.1mol·L^{-1} $Pb(NO_3)_2$溶液于离心试管中，滴加0.1mol·L^{-1} Na_2S溶液，离心分离后往沉淀中逐滴加入3% H_2O_2溶液，并用玻璃棒搅拌，观察现象，写出反应式。

③ 取少量3% H_2O_2溶液，以3～4滴2mol·L^{-1} H_2SO_4溶液酸化，滴加0.01mol·L^{-1} $KMnO_4$溶液，观察现象。用火柴余烬检验反应产生的气体，写出反应式。

④ 取少量3% H_2O_2溶液，加入2mol·L^{-1} NaOH溶液2滴，再加入0.1mol·L^{-1} $MnSO_4$溶液数滴，观察现象，静置，待沉淀沉降后，倾去清液，沉淀中加入3～4滴2mol·L^{-1} H_2SO_4酸化，再滴加3% H_2O_2溶液，观察有何变化，写出反应式。

（3）不稳定性

① 取3% H_2O_2溶液1mL于试管中，加热，观察现象，用火柴余烬检验反应产生的气体，写出反应式。

② 取3% H_2O_2溶液1mL于试管中，加入少量MnO_2固体，观察现象，用火柴余烬检验反应产生的气体，写出反应式。

3. 硫化氢的还原性

（1）取碘水5滴，然后滴加饱和H_2S水溶液2滴，观察现象，写出反应式。

（2）取 0.01mol·L^{-1} $KMnO_4$ 溶液 2 滴，加 2mol·L^{-1} H_2SO_4 溶液 2 滴酸化后，再滴加饱和 H_2S 水溶液，观察现象，写出反应式。

4. 金属硫化物的溶解性

分别取 0.1mol·L^{-1} NaCl、0.1mol·L^{-1} $ZnSO_4$、0.1mol·L^{-1} $CdSO_4$、0.1mol·L^{-1} $CuSO_4$ 和 0.1mol·L^{-1} $Hg(NO_3)_2$ 溶液各 5 滴于五支离心试管，各加入等量的饱和 H_2S 水溶液，观察产物的颜色和状态。如有沉淀，离心分离，弃去溶液，进行下列实验。

往 ZnS 沉淀中加入 2mol·L^{-1} HCl 溶液 1mL，沉淀是否溶解？

往 CdS 沉淀中加入 2mol·L^{-1} HCl 溶液，沉淀是否溶解？离心分离，弃去溶液，再加入 6mol·L^{-1} HCl 溶液，有何变化？

往 CuS 沉淀中加入 6mol·L^{-1} HCl 溶液，沉淀是否溶解？离心分离，弃去溶液，再往沉淀中加入浓 HNO_3，并在水浴中加热，又有何变化？

用少量蒸馏水洗涤 HgS 沉淀，离心分离，弃去溶液，往沉淀中加入 0.5mL 浓 HNO_3，沉淀是否溶解？再加入 1.5mL 浓 HCl，并搅拌之，沉淀有何变化？

比较上述几种金属硫化物的溶解情况，讨论这些金属硫化物沉淀和溶解的条件，写出有关反应式。

5. 亚硫酸的性质

（1）酸性　用 pH 试纸检验 SO_2 饱和溶液（亚硫酸）的酸碱性。

（2）氧化还原性

① 取 0.1mol·L^{-1} $KMnO_4$ 溶液 5 滴，加入 2mol·L^{-1} H_2SO_4 溶液 2 滴酸化，滴加 SO_2 饱和溶液，观察现象，写出反应式。

② 取 H_2S 饱和溶液 10 滴，滴加 SO_2 饱和溶液，观察现象，写出反应式。比较 SO_2 和 H_2S 的还原性的大小。

③ 取品红溶液 10 滴，滴加 SO_2 饱和溶液，观察现象，微热溶液，有何变化？

④ 取碘水 5 滴，加入淀粉溶液 1 滴，滴加 SO_2 饱和溶液，观察现象，写出反应式。

（3）SO_3^{2-} 的鉴定　取饱和 $ZnSO_4$ 溶液 2 滴，加入新配的 0.1mol·L^{-1} $K_4[Fe(CN)_6]$ 溶液 1 滴和 1% $Na_2[Fe(CN)_5NO]$（亚硝酰铁氰化钠）溶液 1 滴，再滴入 1 滴含 SO_3^{2-} 的溶液，振荡试管，出现红色沉淀，表示有 SO_3^{2-} 存在（酸能使红色沉淀消失，因此检验 SO_3^{2-} 的酸性溶液时，应滴加 2mol·L^{-1}的氨水使溶液呈中性）。

6. 硫代硫酸钠的性质

（1）$H_2S_2O_3$ 的生成与分解　取 0.1mol·L^{-1} $Na_2S_2O_3$ 溶液数滴，滴加 2mol·L^{-1} HCl，放置片刻，观察现象，写出反应式。

（2）$Na_2S_2O_3$ 的还原性

① 取碘水 5 滴，滴加 0.1mol·L^{-1} $Na_2S_2O_3$，观察现象，写出反应式。

② 在 0.1mol·L^{-1} $Na_2S_2O_3$ 溶液中，加入氯水数滴。检验溶液中有无 SO_4^{2-}，写出反应式。

(3) $Ag_2S_2O_3$ 的生成与分解($S_2O_3^{2-}$ 的鉴定) 取 0.1mol·L^{-1} $Na_2S_2O_3$ 溶液 4 滴,滴加 0.1mol·L^{-1} $AgNO_3$ 溶液,直至产生白色沉淀,观察沉淀颜色的变化,写出反应式。

7. 过二硫酸盐的氧化性

(1) 取两支试管,分别加入 0.001mol·L^{-1} $MnSO_4$ 溶液 2 滴和 2mol·L^{-1} H_2SO_4 溶液 2mL,加入少量 $K_2S_2O_8$ 固体。再在其中一支试管中加入 0.1mol·L^{-1} $AgNO_3$ 溶液 1 滴,将两支试管水浴加热,观察现象,解释并写出反应式。

(2) 取 0.1mol·L^{-1} KI 溶液 10 滴,加淀粉溶液 1 滴,以 2mol·L^{-1} H_2SO_4 溶液 5 滴酸化,加入少量 $K_2S_2O_8$ 固体,观察现象,微热之,有何变化?写出反应式。

8. S^{2-}、$S_2O_3^{2-}$、SO_3^{2-} 混合液的分离鉴定

(1) S^{2-} 的鉴定 取 1 滴混合液于点滴板上,加 1 滴 1% $Na_2[Fe(CN)_5NO]$ 出现紫红色,表示有 S^{2-} 存在。

(2) S^{2-} 的去除 取 10 滴混合液于离心试管中,加入少量 $CdCO_3$ 固体,充分搅拌,离心分离,弃去沉淀,吸取 1 滴清液,用 $Na_2[Fe(CN)_5NO]$ 检验 S^{2-} 是否除尽。

(3) $S_2O_3^{2-}$ 的分离鉴定 取已除去 S^{2-} 的清液,滴加 0.1mol·L^{-1} $SrCl_2$ 溶液至不再有沉淀析出,离心分离。清液按实验内容 6.(3) 鉴定 $S_2O_3^{2-}$。

(4) SO_3^{2-} 的鉴定 沉淀用蒸馏水洗涤,再滴加 2mol·L^{-1} HCl 数滴,如果沉淀不完全溶解,离心分离,弃去残渣,清液按实验内容 5.(3) 鉴定 SO_3^{2-}。

五、注意事项

(1) CuS 溶于浓 HNO_3 后,溶液呈黄绿色,这是由于生成的 NO_2 溶于浓 HNO_3 中的缘故。加热赶走 NO_2 后,溶液可呈蓝色。

$$3CuS + 8H^+ + 2NO_3^- \longrightarrow 3Cu^{2+} + 3S\downarrow + 2NO\uparrow + 4H_2O$$

$$2NO + O_2 \longrightarrow 2NO_2$$

(2) 过量的 $Na_2S_2O_3$ 与 $AgNO_3$ 反应,会生成配合物而不产生沉淀。

$$Ag^+ + 2S_2O_3^{2-} \longrightarrow [Ag(S_2O_3)_2]^{3-}$$

(3) 过二硫酸盐氧化 Mn^{2+} 的反应要用 Ag^+ 作催化剂,反应需在酸性介质中进行,若不加酸,产物为 MnO_2。

六、思考题

(1) 如何通过实验证明 H_2O_2 既有氧化性,又有还原性?

(2) S^{2-} 和 SO_3^{2-} 在酸性溶液中能否共存?

(3) 如何将 Cu^{2+}、Zn^{2+} 从它们的混合溶液中分离?

(4) $Na_2S_2O_3$ 与 $AgNO_3$ 的反应,试剂的相对量的多少对实验结果有什么影响?

实验 18

氮、磷

预习

(1) 氮、磷及其化合物的性质。
(2) NH_3、NH_4^+、NO_2^-、NO_3^-、PO_4^{3-} 的性质及其有关反应。

一、实验目的

(1) 掌握氨及铵盐的性质。
(2) 掌握亚硝酸及其盐、硝酸及其盐的主要性质。
(3) 了解磷酸盐的主要性质。
(4) 学习 NH_4^+、NO_2^-、NO_3^-、PO_4^{3-} 的鉴定方法。

二、实验原理

氮、磷是周期系中第 15（ⅤA）族的元素。

氨是氮的重要氢化物，为无色有刺激性气味的气体。氨与酸反应形成铵盐，铵盐遇强碱放出氨气，它可使湿润的 pH 试纸变成蓝色，这是铵盐的鉴定方法之一。奈斯勒试剂（K_2HgI_4 的 KOH 溶液）与铵盐反应，生成红棕色的碘化氨基氧汞（Ⅱ）沉淀：

$$NH_4^+ + 2HgI_4^{2-} + 4OH^- \longrightarrow O\!\!\begin{array}{c}Hg\\ \diagup\;\diagdown\\ Hg\end{array}\!\!NH_2\downarrow + 7I^- + 3H_2O$$

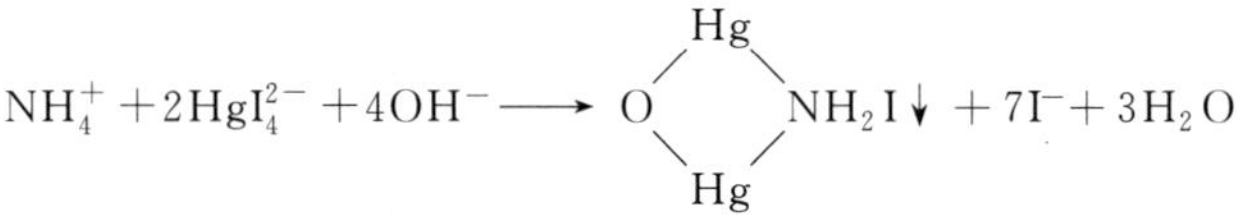

此反应也用来鉴定 NH_4^+。

亚硝酸可通过稀硫酸与亚硝酸盐反应获得，它仅存在于低温水溶液中，很不稳定，易分解：

$$2HNO_2 \underset{冷}{\overset{热}{\rightleftharpoons}} H_2O + N_2O_3 \underset{冷}{\overset{热}{\rightleftharpoons}} H_2O + NO\uparrow + NO_2\uparrow$$

$$（浅蓝色）（红棕色）$$

亚硝酸盐很稳定，但有毒。除亚硝酸银微溶于水外，其余的都溶于水。亚硝酸及其盐中，N 的氧化态为 +3，所以它既可做氧化剂，又可做还原剂。在酸性介质中主要表现为氧化性。如：

$$2HNO_2 + 2I^- + 2H^+ \longrightarrow 2NO + I_2 + 2H_2O$$

只有遇更强的氧化剂时才显还原性。如：

$$2MnO_4^- + 5NO_2^- + 6H^+ \longrightarrow 2Mn^{2+} + 5NO_3^- + 3H_2O$$

硝酸是氮的主要含氧酸，它是强酸，又具有强氧化性。硝酸被还原后的主要产物随金属和硝酸浓度的不同而不同。一般来说，浓硝酸与金属反应主要被还原成 NO_2，稀硝酸与金属反应一般被还原成 NO，稀硝酸与活泼金属反应，其主要产物是 N_2O，极稀的硝酸与活泼金属反应能被还原成 NH_4^+。如：

$$Cu+4HNO_3(浓) \longrightarrow Cu(NO_3)_2+2NO_2\uparrow+2H_2O$$

$$3Cu+8HNO_3(稀) \longrightarrow 3Cu(NO_3)_2+2NO\uparrow+4H_2O$$

$$4Zn+10HNO_3(稀) \longrightarrow 4Zn(NO_3)_2+N_2O\uparrow+5H_2O$$

$$4Zn+10HNO_3(极稀) \longrightarrow 4Zn(NO_3)_2+NH_4NO_3+3H_2O$$

硝酸盐都十分稳定，加热则会发生分解，其热分解产物与金属离子有关。硝酸盐的热分解可分为三种类型：

$$2NaNO_3 \xrightarrow{\triangle} 2NaNO_2+O_2\uparrow$$

$$2Pb(NO_3)_2 \xrightarrow{\triangle} 2PbO+4NO_2\uparrow+O_2\uparrow$$

$$2AgNO_3 \xrightarrow{\triangle} 2Ag+2NO_2\uparrow+O_2\uparrow$$

硝酸盐都易溶于水，可用生成棕色环的特征反应来鉴定 NO_3^-。在硫酸介质中 NO_3^- 与 $FeSO_4$ 反应：

$$NO_3^-+3Fe^{2+}+4H^+ \longrightarrow 3Fe^{3+}+NO+2H_2O$$

生成的 NO 再与过量的硫酸亚铁发生反应：

$$NO+Fe^{2+}+SO_4^{2-} \longrightarrow [Fe(NO)]SO_4(棕色环)$$

NO_2^- 也可发生上述棕色环反应，两者区别在于介质的酸性不同。NO_2^- 在醋酸的条件下就可反应，而 NO_3^- 则必须以浓硫酸为介质。若要在 NO_2^- 和 NO_3^- 的混合液中鉴定 NO_3^-，必须先除去 NO_2^-，其方法是在混合液中加入饱和 NH_4Cl 溶液，共热，反应为：

$$NO_2^-+NH_4^+ \xrightarrow{加热} N_2\uparrow+2H_2O$$

磷能形成多种形式的含氧酸。正磷酸是非挥发性的中强酸。可形成三种类型的盐：正磷酸盐、磷酸氢盐和磷酸二氢盐。在各类磷酸盐中加入 $AgNO_3$，都得到 Ag_3PO_4 的黄色沉淀。

$$PO_4^{3-}+3Ag^+ \longrightarrow Ag_3PO_4\downarrow(黄色)$$

磷酸的各种钙盐在水中的溶解度不同。$Ca(H_2PO_4)_2$ 易溶于水，$CaHPO_4$ 和 $Ca_3(PO_4)_2$ 难溶于水，但都溶于盐酸：

$$Ca(H_2PO_4)_2 \underset{H^+}{\overset{OH^-}{\rightleftharpoons}} CaHPO_4\downarrow \underset{H^+}{\overset{OH^-}{\rightleftharpoons}} Ca_3(PO_4)_2\downarrow$$

在磷酸根溶液中加入浓 HNO_3，再加入过量的钼酸铵溶液，微热，即有磷钼酸铵黄色沉淀生成：

$$PO_4^{3-}+12MoO_4^{2-}+24H^++3NH_4^+ \longrightarrow (NH_4)_3PO_4\cdot 12MoO_3\downarrow+12H_2O$$

这个反应可用来鉴定 PO_4^{3-}。

三、仪器、试剂和材料

（1）仪器　烧杯、酒精灯、试管、滴管、表面皿、三脚架、石棉网。

（2）试剂　HNO_3（$2mol \cdot L^{-1}$、浓）、H_2SO_4（$2mol \cdot L^{-1}$、$6mol \cdot L^{-1}$）、HCl（$2mol \cdot L^{-1}$、浓）、HAc（$2mol \cdot L^{-1}$）、NaOH（$2mol \cdot L^{-1}$、$6mol \cdot L^{-1}$）、$NH_3 \cdot H_2O$（$2mol \cdot L^{-1}$、浓）、Na_3PO_4（$0.1mol \cdot L^{-1}$）、Na_2HPO_4（$0.1mol \cdot L^{-1}$）、NaH_2PO_4（$0.1mol \cdot L^{-1}$）、$NaNO_3$（$0.1mol \cdot L^{-1}$）、$NaNO_2$（$0.1mol \cdot L^{-1}$、饱和）、KI（$0.1mol \cdot L^{-1}$）、$KMnO_4$（$0.01mol \cdot L^{-1}$）、$CaCl_2$（$0.1mol \cdot L^{-1}$）、NH_4Cl（$2mol \cdot L^{-1}$）、$AgNO_3$（$0.1mol \cdot L^{-1}$）、$(NH_4)_2MoO_4$（$0.1mol \cdot L^{-1}$）、奈斯勒试剂、KNO_3(s，AR)、$Cu(NO_3)_2$(s，AR)、$AgNO_3$(s，AR)、$FeSO_4 \cdot 7H_2O$(s，AR)、硫黄粉、铜片、锌片。

（3）材料　pH 试纸、滤纸片、冰、火柴。

四、实验内容

1. 氨和铵盐的性质

（1）取几滴浓氨水于试管中，将玻璃棒的一端以 1 滴浓盐酸润湿后伸入试管内，观察现象，写出反应式。

（2）NH_4^+ 的鉴定

① 气室法　在一块表面皿内滴入铵盐溶液 2 滴和 $6mol \cdot L^{-1}$ NaOH 溶液 2 滴，在另一块表面皿的凹面贴上已湿润的 pH 试纸，并把它盖在前一块表面皿上，做成“气室”，在水浴上微热，观察 pH 试纸颜色的变化。

② 取 2 滴铵盐溶液于试管中，加入 $2mol \cdot L^{-1}$ NaOH 溶液 2 滴，再加入 2 滴奈斯勒试剂，如有红棕色沉淀生成，表示有 NH_4^+ 存在。

2. 亚硝酸及其盐

（1）亚硝酸的生成和分解　将盛有 1mL 饱和 $NaNO_2$ 溶液的试管置于冰水浴中冷却后，再加入 $6mol \cdot L^{-1}$ H_2SO_4 溶液 1mL，混合均匀，观察现象，放置一段时间后，有何变化？

（2）亚硝酸盐的氧化还原性

① 取 $0.1mol \cdot L^{-1}$ KI 溶液 5 滴，加入 $2mol \cdot L^{-1}$ H_2SO_4 溶液 2 滴酸化，然后逐滴加入饱和 $NaNO_2$ 溶液，观察现象，检验产物中 I_2 的生成，写出反应式。

② 取 $0.01mol \cdot L^{-1}$ $KMnO_4$ 溶液 2 滴，加入 $2mol \cdot L^{-1}$ H_2SO_4 溶液 2 滴酸化，然后逐滴加入饱和 $NaNO_2$ 溶液，观察现象，写出反应式。

（3）亚硝酸银的生成　取饱和 $NaNO_2$ 溶液 2 滴，滴加 $0.1mol \cdot L^{-1}$ $AgNO_3$ 溶液，观察现象。

（4）NO_2^- 的鉴定　取 $0.1mol \cdot L^{-1}$ $NaNO_2$ 溶液 2 滴，用 $2mol \cdot L^{-1}$ HAc 溶液酸化，再加入几粒 $FeSO_4 \cdot 7H_2O$ 晶体，如出现棕色，证明有 NO_2^- 存在。

3. 硝酸和硝酸盐的性质

（1）硝酸的氧化性

① 浓硝酸与非金属反应　在盛有少量硫黄粉的试管中加入 1mL 浓硝酸，加热煮沸片刻(在通风橱内进行)，冷却后，取溶液检验有无 SO_4^{2-} 存在。写出反应式。

② 浓硝酸与金属反应　取一小块铜片于试管中，再加入浓硝酸 10 滴，观察观象，写出反应式。

③ 稀硝酸与金属反应　取一小块铜片加入 $2mol \cdot L^{-1}$ 硝酸溶液 10 滴，微热，观察现象，与上一实验比较有何不同，写出反应式。

④ 极稀硝酸与活泼金属反应　将两小块锌片放入盛有 2mL 蒸馏水的试管中，加 $2mol \cdot L^{-1}$ HNO_3 溶液 2 滴，放置片刻，取溶液检验有无 NH_4^+ 存在，写出反应式。

(2) 硝酸盐的热分解　在三支干燥的试管中分别加入少量固体 KNO_3、$Cu(NO_3)_2$、$AgNO_3$。加热（在通风橱内进行)，观察反应情况、产物颜色和状态。并用火柴余烬检验反应产生的气体，写出反应式。

(3) NO_3^- 的鉴定　取几粒 $FeSO_4 \cdot 7H_2O$ 晶体，再加入 $0.1mol \cdot L^{-1}$ $NaNO_3$ 溶液 5 滴，振荡溶解后，稍倾斜试管，沿试管壁慢慢加入浓 H_2SO_4，观察浓 H_2SO_4 和液面交界处棕色环的生成。

4. 磷酸盐的性质

(1) 酸碱性　用 pH 试纸检验 $0.1mol \cdot L^{-1}$ Na_3PO_4、$0.1mol \cdot L^{-1}$ Na_2HPO_4、$0.1mol \cdot L^{-1}$ NaH_2PO_4 溶液的 pH。然后取上述三种溶液各 3 滴置于三支试管中，分别加入 $0.1mol \cdot L^{-1}$ $AgNO_3$ 溶液 6 滴，观察现象，并检验反应后各溶液的 pH 有无变化。解释现象，写出反应式。

(2) 溶解性　在三支试管中分别加入 $0.1mol \cdot L^{-1}$ Na_3PO_4、$0.1mol \cdot L^{-1}$ Na_2HPO_4、$0.1mol \cdot L^{-1}$ NaH_2PO_4 溶液各 5 滴，再各加入 $0.1mol \cdot L^{-1}$ $CaCl_2$ 溶液 10 滴，观察有无沉淀生成？再各加入几滴 $2mol \cdot L^{-1}$ $NH_3 \cdot H_2O$ 溶液，有何变化？最后再各加入 $2mol \cdot L^{-1}$ HCl 溶液，又有何变化？比较三种钙盐的溶解性，说明它们相互转化的条件，写出反应式。

(3) PO_4^{3-} 的鉴定　取 $0.1mol \cdot L^{-1}$ Na_3PO_4 溶液 5 滴，加入浓 HNO_3 溶液 10 滴，再加入 $0.1mol \cdot L^{-1}$ $(NH_4)_2MoO_4$ 钼酸铵溶液 1mL，微热至 40～50℃，如有黄色沉淀生成，表示有 PO_4^{3-} 存在。

五、注意事项

(1) NO、NO_2 是有毒的气体，凡有 NO、NO_2 气体放出的实验都应在通风橱（口）处进行。

(2) 用棕色环实验鉴定 NO_3^- 时，加入浓硫酸后，试管不要摇动，否则不易看到棕色环。

(3) 试验磷酸盐的溶解性时，各试剂的加入应是等量的。

六、思考题

(1) 为什么一般情况下不用硝酸作为酸性反应的介质？稀硝酸对金属的作用与稀硫酸或稀盐酸对金属的作用有何不同？

(2) 试设计三种区别亚硝酸钠溶液和硝酸钠溶液的方案。

（3）欲用酸溶解磷酸银沉淀，在盐酸、硫酸和硝酸三种酸中，选用哪一种最适宜，为什么？

（4）试以 Na_2HPO_4 和 NaH_2PO_4 为例说明酸式盐溶液是否都呈酸性。

实验 19

锡、铅、锑、铋

预习

（1）锡、铅、锑、铋及其化合物的性质。

（2）盐类的水解。

一、实验目的

（1）了解锡、铅、锑、铋的氢氧化物的酸碱性。

（2）掌握锡（Ⅱ）化合物的强还原性和铅（Ⅳ）、铋（Ⅴ）化合物的强氧化性。

（3）了解锡、铅、锑、铋盐类水解及硫化物和难溶盐的性质。

（4）学习锡、铅、铋离子的鉴定方法。

二、实验原理

锡、铅是周期系中第 14（ⅣA）族元素，可形成+2、+4 价氧化态的化合物。锑、铋是周期系中第 15（ⅤA）族元素，可形成氧化态为+3、+5 价的化合物。

锡（Ⅱ）不稳定，其化合物是强的还原剂。例如，在酸性介质中，$SnCl_2$ 能与 $HgCl_2$ 发生反应：

$$2HgCl_2 + SnCl_2(\text{适量}) \longrightarrow SnCl_4 + Hg_2Cl_2\downarrow(\text{白色})$$

$$HgCl_2 + SnCl_2(\text{过量}) \longrightarrow SnCl_4 + Hg\downarrow(\text{黑色})$$

此反应可用来鉴定 Sn^{2+} 或 Hg^{2+}。

在碱性介质中，亚锡酸根能将 $Bi(OH)_3$ 还原为金属铋。

$$3SnO_2^{2-} + 2Bi(OH)_3 \longrightarrow 3SnO_3^{2-} + 2Bi\downarrow(\text{黑色}) + 3H_2O$$

或 $$3[Sn(OH)_4]^{2-} + 2Bi(OH)_3 \longrightarrow 3[Sn(OH)_6]^{2-} + 2Bi\downarrow(\text{黑色})$$

此反应可用以鉴定 Sn^{2+} 或 Bi^{3+}。

铅（Ⅳ）、铋（Ⅴ）化合物是强的氧化剂，在酸性介质中能氧化 Cl^-、Mn^{2+} 等：

$$PbO_2 + 4HCl \longrightarrow PbCl_2\downarrow + Cl_2\uparrow + 2H_2O$$

$$5PbO_2 + 2Mn^{2+} + 4H^+ \longrightarrow 5Pb^{2+} + 2MnO_4^- + 2H_2O$$

$$5NaBiO_3 + 2Mn^{2+} + 14H^+ \longrightarrow 2MnO_4^- + 5Bi^{3+} + 5Na^+ + 7H_2O$$

后两个反应都可用以鉴定 Mn^{2+}。

锡、铅和锑的氢氧化物都呈两性，它们既溶于稀酸，又溶于稀碱。而铋的低氧化态氢氧化物只呈碱性。

锡、铅、锑、铋的盐类都易水解。因此配制这些盐类的水溶液时，必须将其溶解在相应的酸中以抑制水解。

$$SnCl_2 + H_2O \longrightarrow Sn(OH)Cl\downarrow(\text{白色}) + HCl$$

$$SbCl_3 + H_2O \longrightarrow SbOCl\downarrow(\text{白色}) + 2HCl$$

$$BiCl_3 + H_2O \longrightarrow BiOCl\downarrow(\text{白色}) + 2HCl$$

锡、铅、锑、铋都能生成有颜色的难溶硫化物（见表 2-1），它们均不溶于稀酸。

表 2-1　锡、铅、锑、铋的硫化物

硫化物	SnS	SnS_2	PbS	Sb_2S_3	Sb_2S_5	Bi_2S_3
颜色	棕色	黄色	黑色	橙色	橙色	黑色
酸碱性	弱碱性	两性偏酸性	弱碱性	两性	两性偏酸性	弱碱性

两性和酸性的硫化物可溶于碱金属硫化物中，生成硫代酸盐。硫代酸盐只能存在于中性或碱性介质中，遇酸分解成相应的硫化物和放出硫化氢气体。SnS、PbS 和 Bi_2S_3 由于呈碱性，不能溶于碱金属硫化物中。但 SnS 可被 Na_2S_2 氧化生成 Na_2SnS_3 而溶解。

$$Sb_2S_3 + 3Na_2S \longrightarrow 2Na_3SbS_3$$

$$SnS + S_2^{2-} \longrightarrow SnS_3^{2-}$$

$$SnS_3^{2-} + 2H^+ \longrightarrow SnS_2\downarrow + H_2S\uparrow$$

铅能生成很多难溶的化合物，如：

$$Pb^{2+} + CrO_4^{2-} \longrightarrow PbCrO_4\downarrow(\text{黄色})$$

此反应可用来鉴定 Pb^{2+}。

三、仪器、试剂和材料

（1）仪器　离心机、烧杯、酒精灯、试管、离心试管、滴管、三脚架、石棉网。

（2）试剂　HNO_3（2mol·L^{-1}、6mol·L^{-1}、浓）、H_2SO_4（2mol·L^{-1}）、HCl（2mol·L^{-1}、6mol·L^{-1}、浓）、NaOH（2mol·L^{-1}）、Na_2S（0.1mol·L^{-1}、1mol·L^{-1}）、NaAc（饱和）、KI（0.1mol·L^{-1}）、K_2CrO_4（0.1mol·L^{-1}）、$SnCl_2$（0.1mol·L^{-1}）、$SnCl_4$（0.1mol·L^{-1}）、$Pb(NO_3)_2$（0.1mol·L^{-1}）、$SbCl_3$（0.1mol·L^{-1}）、$BiCl_3$（0.1mol·L^{-1}）、$MnSO_4$（0.1mol·L^{-1}）、$HgCl_2$（0.1mol·L^{-1}）、碘-淀粉溶液、PbO_2(s，AR)、$NaBiO_3$(s，AR)、$SnCl_2$(s，AR)、$SbCl_3$(s，AR)、$BiCl_3$(s，AR)。

（3）材料　滤纸片、pH 试纸、火柴。

四、实验内容

1. 氢氧化物的酸碱性

在四支试管中分别加入少量 0.1mol·L^{-1} $SnCl_2$、0.1mol·L^{-1} $Pb(NO_3)_2$、0.1mol·L^{-1}

$SbCl_3$ 和 0.1mol·L^{-1} $BiCl_3$ 溶液，各滴加 2mol·L^{-1} NaOH 溶液，观察沉淀的产生，然后将沉淀分成两份，再分别加入稀碱（2mol·L^{-1} NaOH 溶液）和稀酸（2mol·L^{-1}，各选用什么酸?）溶液，观察沉淀有何变化，说明它们的酸碱性，将现象和检验结果填入表 2-2 中。

表 2-2 Sn(Ⅱ)、Pb(Ⅱ)、Sb(Ⅲ)、Bi(Ⅲ) 氢氧化物的酸碱性

溶液	+NaOH 现象	沉淀+NaOH 现象	沉淀+酸 现象	氢氧化物酸碱性
$SnCl_2$				
$Pb(NO_3)_2$				
$SbCl_3$				
$BiCl_3$				

2. 氧化还原性

(1) 锡（Ⅱ）的还原性

① 取 0.1mol·L^{-1} $HgCl_2$ 溶液 2 滴，滴加 0.1mol·L^{-1} $SnCl_2$ 溶液，静置片刻，观察沉淀颜色的变化，写出反应式。

② 取 0.1mol·L^{-1} $SnCl_2$ 溶液 3 滴，逐滴加入过量的 2mol·L^{-1} NaOH 溶液至最初生成的沉淀刚溶解完为止，然后滴加 0.1mol·L^{-1} $BiCl_3$ 溶液 2 滴，观察现象，写出反应方程式。

(2) 铅（Ⅳ）的氧化性

① 取少量 PbO_2 固体于试管中，滴加浓 HCl（在通风橱进行），观察现象，检验反应生成的气体（如何检验?），写出反应式。

② 取少量 PbO_2 固体于试管中，加入 0.1mol·L^{-1} $MnSO_4$ 溶液 1 滴，再加 6mol·L^{-1} HNO_3 溶液 1mL 酸化，在水浴中加热，观察现象，写出反应式。

(3) 锑（Ⅲ）的还原性和锑（Ⅴ）的氧化性　取 0.1mol·L^{-1} $SbCl_3$ 溶液 3 滴，逐滴加入过量的 2mol·L^{-1} NaOH 溶液至最初生成的沉淀刚溶解完为止，加入碘-淀粉溶液 2 滴，观察现象，然后加入 6mol·L^{-1} HCl 溶液酸化，振荡试管，又有什么变化？用电极电势的概念加以解释，写出反应式。

(4) 铋（Ⅴ）的氧化性　取少量 $NaBiO_3$ 固体于试管中，滴加 0.1mol·L^{-1} $MnSO_4$ 溶液 1 滴，再加入 6mol·L^{-1} HNO_3 溶液 1mL 酸化，振荡并微热，观察现象，写出反应式。

3. 盐类水解性

(1) 取少量固体 $SnCl_2$ 于试管中，用蒸馏水溶解，有何现象？溶液的酸碱性如何？往溶液中滴加 2mol·L^{-1} HCl 溶液后有何变化？再稀释后又有何变化？解释并写出反应式。

(2) 分别用少量固体 $SbCl_3$ 和固体 $BiCl_3$ 代替 $SnCl_2$，重复上述实验，观察现象。

4. 铅的难溶盐的生成和性质

(1) 取 0.1mol·L^{-1} $Pb(NO_3)_2$ 溶液 5 滴于试管中，滴加 2mol·L^{-1} HCl 溶液，观察现象，加热后又有什么变化？再将溶液冷却又有什么现象？

(2) 取 0.1mol·L^{-1} $Pb(NO_3)_2$ 溶液 5 滴于试管中，滴加 2mol·L^{-1} H_2SO_4 溶液 2 滴，观察现象，将沉淀分成两份，一份加入 2mol·L^{-1} NaOH 溶液，有什么变化？另一份加入饱和 NaAc 溶液，有什么变化？

(3) 取 0.1mol·L^{-1} $Pb(NO_3)_2$ 溶液 5 滴于试管中，用少量蒸馏水稀释后再加入 0.1mol·L^{-1} KI 溶液 2 滴，观察现象，在水浴中加热，又有什么变化？

(4) 取 0.1mol·L^{-1} $Pb(NO_3)_2$ 溶液 5 滴于试管中，滴加 0.1mol·L^{-1} K_2CrO_4 溶液，观察现象，再加入 2mol·L^{-1} HNO_3 溶液，有什么变化？

5. 硫化物的生成和性质

在五支试管中分别加入 0.1mol·L^{-1} $SnCl_2$、0.1mol·L^{-1} $SnCl_4$、0.1mol·L^{-1} $Pb(NO_3)_2$、0.1mol·L^{-1} $SbCl_3$、0.1mol·L^{-1} $BiCl_3$ 溶液各 5 滴，滴加 0.1mol·L^{-1} Na_2S 溶液，观察各沉淀的生成和颜色，试验沉淀与 1mol·L^{-1} Na_2S 溶液的作用，沉淀是否溶解？如沉淀溶解，再滴加 2mol·L^{-1} HCl 溶液，有什么现象，写出反应式。

五、注意事项

(1) $HgCl_2$ 有剧毒，使用时应注意。

(2) 锡、铅、锑、铋等化合物均有毒性，废液应注意回收集中处理。

六、思考题

(1) 实验室配制 $SnCl_2$ 溶液时，为什么要将 $SnCl_2$ 溶解在 HCl 溶液中，并加入锡粒？

(2) 试验 $Pb(OH)_2$ 的碱性时，应使用何种酸？为什么？

(3) 如何配制少量亚锡酸钠溶液？

(4) 如何将 Sn^{2+}、Pb^{2+} 从它们的混合溶液中分离？

实验 20

碱金属和碱土金属

预习

(1) 碱金属和碱土金属及其化合物的性质。

(2) 焰色反应的原理。

一、实验目的

(1) 试验碱金属和碱土金属的活泼性。

(2) 掌握碱金属和碱土金属的重要化合物的性质。

（3）学习利用焰色反应鉴定碱金属、碱土金属离子。

（4）学习 Na^+、K^+、Mg^{2+}、Ca^{2+}、Ba^{2+} 的鉴定方法。

二、实验原理

碱金属是周期系中第1（ⅠA）族元素，碱土金属是周期系中第2（ⅡA）族元素。碱金属是很活泼的金属元素，碱土金属的活泼性仅次于碱金属。钠和钾在空气中易被氧化，用小刀可切割金属钠和钾，切割后的新鲜表面可以看到银白色的光泽，但接触空气后，由于生成一层氧化物而颜色变暗。钠在空气中燃烧直接得到过氧化钠。钠、钾、镁和钙都能与水作用生成氢气，钠和钾与水的作用都很剧烈，因此它们一般储存于煤油中。镁与冷水反应很慢，在加热时反应加快。

碱金属的氢氧化物易溶于水（除 LiOH 外），固体碱吸湿性强，易潮解，因此固体 NaOH 是常用的干燥剂。碱土金属的氢氧化物在水中的溶解度一般都不大，同族元素氢氧化物的溶解度从上到下逐渐增大。

碱金属的盐类一般都易溶于水，仅有极少数的盐是难溶的。例如：

$$Na^+ + K[Sb(OH)_6] \longrightarrow Na[Sb(OH)_6]\downarrow + K^+$$

（白色）

$$K^+ + Na[B(C_6H_5)_4] \longrightarrow K[B(C_6H_5)_4]\downarrow + Na^+$$

（白色）

碱土金属的盐类中，有不少是难溶的，这是区别碱土金属与碱金属盐类的方法之一。

碱金属和碱土金属的挥发性盐在无色的火焰中灼烧时，电子被激发，当电子从较高的能级回到较低能级时，便会放出一定波长的光，使火焰呈现特征的颜色。锂呈红色，钠呈黄色，钾、铷和铯呈紫色，钙呈橙红色，锶呈洋红色，钡呈浅黄绿色。这种利用火焰的颜色鉴别金属元素的方法称为“焰色反应”。

三、仪器、试剂和材料

（1）仪器　离心机、煤气灯、烧杯、酒精灯、三脚架、石棉网、试管、离心试管、滴管、铂丝（或镍铬丝）、镊子、小刀、蒸发皿、坩埚钳、玻璃漏斗、点滴板、蓝色钴玻璃。

（2）试剂　HNO_3（浓）、H_2SO_4（$2mol \cdot L^{-1}$）、HCl（$2mol \cdot L^{-1}$、浓）、HAc（$2mol \cdot L^{-1}$）、NaOH（$2mol \cdot L^{-1}$）、$NH_3 \cdot H_2O$（$2mol \cdot L^{-1}$）、Na_2SO_4（$0.1mol \cdot L^{-1}$）、NaCl（$1mol \cdot L^{-1}$）、$Na[B(C_6H_5)_4]$（饱和）、Na_2CO_3（$0.1mol \cdot L^{-1}$）、Na_2CrO_4（$0.1mol \cdot L^{-1}$）、Na_2HPO_4（$0.1mol \cdot L^{-1}$）、KCl（$1mol \cdot L^{-1}$）、$KMnO_4$（$0.01mol \cdot L^{-1}$）、$K[Sb(OH)_6]$（饱和）、NH_4Cl（饱和）、$(NH_4)_2C_2O_4$（饱和）、LiCl（$1mol \cdot L^{-1}$）、$SrCl_2$（$1mol \cdot L^{-1}$）、$MgCl_2$（$0.1mol \cdot L^{-1}$）、$CaCl_2$（$0.1mol \cdot L^{-1}$、$1mol \cdot L^{-1}$）、$BaCl_2$（$0.1mol \cdot L^{-1}$、$1mol \cdot L^{-1}$）、金属钠、金属镁条、镁试剂Ⅰ。

（3）材料　滤纸片、pH 试纸、砂纸、火柴。

四、实验内容

1. 碱金属与碱土金属活泼性的比较

（1）钠、镁与氧气的反应

① 领取一小块存放在煤油中的金属钠，置于滤纸上，用滤纸吸干表面的煤油后，用小刀切下米粒大小的金属钠，迅速观察新鲜表面的颜色和变化，并立即放入蒸发皿中，加热，当金属钠开始燃烧时即停止加热。观察反应情况和产物的颜色、状态，写出反应式。产物冷却后，用玻璃棒轻轻捣碎，转移入试管中，加入少量蒸馏水溶解，冷却后，检验溶液的酸碱性。用 $2mol \cdot L^{-1}$ H_2SO_4 溶液酸化，加入 $0.01mol \cdot L^{-1}$ $KMnO_4$ 溶液 1 滴，观察现象，写出反应式。

② 取一段 2cm 长的金属镁条，用砂纸除去表面氧化层后，用坩埚钳夹住镁条的一端，点燃，观察燃烧的情况及产物的颜色，写出反应式。

（2）钠、镁与水的反应

① 取一小块米粒大小的金属钠，用滤纸吸干表面的煤油后，放入盛有半杯水的烧杯中，立即用大小合适的玻璃漏斗盖好，观察反应的现象，并检验溶液的酸碱性。

② 取一小段金属镁条，用砂纸除去表面氧化层，放入盛有 1mL 冷水的试管中，观察现象，检验溶液的酸碱性。加热，有什么变化？

比较碱金属、碱土金属元素的活泼性。

2. 碱土金属氢氧化物溶解性的比较

（1）氢氧化镁的生成和性质　在三支试管中，各加入 $0.1mol \cdot L^{-1}$ $MgCl_2$ 溶液 5 滴和 $2mol \cdot L^{-1}$ $NH_3 \cdot H_2O$ 溶液 5 滴，观察 $Mg(OH)_2$ 沉淀的生成。然后分别试验沉淀与饱和 NH_4Cl 溶液、$2mol \cdot L^{-1}$ HCl 溶液和 $2mol \cdot L^{-1}$ NaOH 溶液的反应情况，写出反应式。

（2）镁、钙、钡氢氧化物的溶解性

① 分别取 $0.1mol \cdot L^{-1}$ $MgCl_2$、$CaCl_2$ 和 $BaCl_2$ 溶液各 5 滴于三支试管中，各加入等量的新配制的 $2mol \cdot L^{-1}$ NaOH 溶液（为什么要新配制的？），观察是否有沉淀生成。

② 分别取 $0.1mol \cdot L^{-1}$ $MgCl_2$、$CaCl_2$ 和 $BaCl_2$ 溶液各 5 滴于三支试管中，各加入等量的 $2mol \cdot L^{-1}$ $NH_3 \cdot H_2O$ 溶液，观察是否有沉淀生成。

说明碱土金属氢氧化物溶解度的大小顺序。

3. 碱金属和碱土金属的难溶盐

（1）微溶性钠盐的生成和 Na^+ 的鉴定　取 $1mol \cdot L^{-1}$ NaCl 溶液 5 滴于试管中，加入饱和六羟基锑（Ⅴ）酸钾 $K[Sb(OH)_6]$ 溶液 5 滴，必要时可用玻璃棒摩擦试管内壁。观察沉淀的颜色和状态，写出反应式。此反应常用于 Na^+ 的鉴定。

（2）微溶性钾盐的生成和 K^+ 的鉴定　取 $1mol \cdot L^{-1}$ KCl 溶液 5 滴于试管中，加入饱和四苯硼酸钠 $Na[B(C_6H_5)_4]$ 溶液 5 滴，观察沉淀的颜色和状态，写出反应式。此反应常用于 K^+ 的鉴定。

（3）镁、钙、钡的碳酸盐的生成和性质　分别取 $0.1mol \cdot L^{-1}$ $MgCl_2$、$CaCl_2$ 和 $BaCl_2$ 溶液各 5 滴于三支试管中，各加入等量的 $0.1mol \cdot L^{-1}$ Na_2CO_3 溶液，观察沉淀是否生成，离心分离后检验沉淀在 $2mol \cdot L^{-1}$ HAc 溶液中是否溶解，写出反应式。

（4）镁、钙、钡的硫酸盐和 Ba^{2+} 的鉴定　分别取 $0.1mol \cdot L^{-1}$ $MgCl_2$、$CaCl_2$ 和 $BaCl_2$

溶液各 5 滴于三支试管中，各加入等量的 0.1mol·L^{-1} Na_2SO_4 溶液，观察沉淀是否生成（如果不产生沉淀，可用玻棒摩擦试管内壁），离心分离后检验沉淀与浓 HNO_3 溶液的作用，写出反应式。

比较 $MgSO_4$、$CaSO_4$ 和 $BaSO_4$ 溶解度的大小。

Ba^{2+} 通常以生成不溶于硝酸溶液的 $BaSO_4$ 沉淀予以鉴定。

（5）钙、钡的铬酸盐的生成和性质　分别取 0.1mol·L^{-1} $CaCl_2$ 和 $BaCl_2$ 溶液各 5 滴于两支试管中，各加入等量的 0.1mol·L^{-1} Na_2CrO_4 溶液，观察沉淀是否生成，离心分离后检验沉淀在 2mol·L^{-1} HAc 溶液和 2mol·L^{-1} HCl 溶液中是否溶解，写出反应式。

（6）钙、钡的草酸盐和 Ca^{2+} 的鉴定　分别取 0.1mol·L^{-1} $CaCl_2$ 和 $BaCl_2$ 溶液各 5 滴于两支试管中，各加入等量的饱和 $(NH_4)_2C_2O_4$ 溶液，观察沉淀是否生成，离心分离后检验沉淀在 2mol·L^{-1} HAc 溶液和 2mol·L^{-1} HCl 溶液中是否溶解，写出反应式。

Ca^{2+} 通常以形成 CaC_2O_4 白色沉淀予以鉴定。

（7）磷酸铵镁的生成和 Mg^{2+} 的鉴定

① 磷酸铵镁的生成　取 0.1mol·L^{-1} $MgCl_2$ 溶液 5 滴，加入 2mol·L^{-1} HCl 溶液 5 滴和 2mol·L^{-1} $NH_3 \cdot H_2O$ 溶液 5 滴，再滴加 0.1mol·L^{-1} Na_2HPO_4 溶液 5 滴，振荡试管，观察现象，写出反应式。

② Mg^{2+} 的鉴定　取 0.1mol·L^{-1} $MgCl_2$ 溶液 5 滴，逐滴加入 2mol·L^{-1} NaOH 溶液至生成白色絮状沉淀为止，再滴加 1 滴镁试剂Ⅰ，振荡试管，观察天蓝色沉淀的产生。

4. 焰色反应

在点滴板上分别滴入 2 滴 1mol·L^{-1} LiCl、NaCl、KCl、$CaCl_2$、$SrCl_2$、$BaCl_2$ 和浓 HCl 溶液。用一根顶端弯成小圈的铂丝（或镍铬丝），反复蘸取浓 HCl 溶液后在煤气灯或酒精喷灯的氧化焰中灼烧至近于无色，在点滴板上蘸取 LiCl 溶液后在氧化焰中灼烧，观察火焰的颜色。再蘸取浓 HCl 溶液在氧化焰中再灼烧至近于无色，以同样的方法分别试验 NaCl、KCl、$CaCl_2$、$SrCl_2$ 和 $BaCl_2$ 溶液。K^+ 的紫色火焰可能被 Na^+ 的黄色火焰所掩盖（即使 Na^+ 是极微量的），所以在试验 K^+ 的焰色时，要用蓝色钴玻璃滤去黄色火焰后观察。记录各离子的焰色。

5. 未知物及离子的鉴别

（1）现有五种试剂，它们分别是 Na_2CO_3、Na_2SO_4、$MgCO_3$、$CaCl_2$、$BaCO_3$。试用合适方法加以鉴别。

（2）混合溶液中含有 K^+、Mg^{2+}、Ba^{2+}，试设计分离鉴定的实验方案。

五、注意事项

金属钠的化学性质非常活泼，使用时应注意安全。

六、思考题

（1）为什么 $MgCl_2$ 溶液中加入 $NH_3 \cdot H_2O$ 时能生成 $Mg(OH)_2$ 沉淀和 NH_4Cl，而

$Mg(OH)_2$ 沉淀又能溶于饱和 NH_4Cl 溶液？两者是否矛盾？试用化学平衡移动的原理说明。

(2) 为什么在试验 $Mg(OH)_2$、$Ca(OH)_2$ 和 $Ba(OH)_2$ 的溶解度时，所用的 NaOH 溶液必须是新配的？

(3) 如何将 Ca^{2+}、Mg^{2+} 从它们的混合溶液中分离？

实验 21

铬、锰

预习

铬和锰元素不同价态的性质，以及介质对价态变化的影响。

一、实验目的

(1) 掌握铬、锰的各种氧化态化合物的生成和性质。

(2) 了解铬、锰化合物的氧化还原性及介质对氧化还原性的影响。

二、实验原理

铬是周期系中第 6（ⅥB）族元素。主要氧化态为+2、+3、+6，其中氧化态为+2 价的化合物不稳定。

锰是周期系中第 7（ⅦB）族元素。主要氧化态为+2、+3、+4、+6、+7，其中+3 价的化合物不稳定。

铬（Ⅲ）主要以铬盐和亚铬酸盐的形式存在。向 $CrCl_3$ 溶液中加入 NaOH，产生 $Cr(OH)_3$ 沉淀，它具有两性。

在酸性介质中 Cr^{3+} 还原性较弱，而在碱性介质中 Cr(Ⅲ) 具有较强的还原性。在碱性介质中，Cr(Ⅲ) 可被氧化为 Cr(Ⅵ)。

$$2CrO_2^- + 3H_2O_2 + 2OH^- \longrightarrow 2CrO_4^{2-} + 4H_2O$$

铬（Ⅵ）的化合物在酸性介质中主要为 $Cr_2O_7^{2-}$，在碱性介质中主要为 CrO_4^{2-}，两者在水溶液中存在下列平衡：

$$\underset{\text{（黄色）}}{2CrO_4^{2-}} + 2H^+ \rightleftharpoons \underset{\text{（橙色）}}{Cr_2O_7^{2-}} + H_2O$$

若向溶液中加 Ba^{2+}、Pb^{2+}、Ag^+ 等，由于铬酸盐的溶度积更小，平衡向生成 CrO_4^{2-} 的方向移动，最后将得到相应的铬酸盐沉淀，溶液的酸度也相应增加。如：

$$2Ba^{2+} + Cr_2O_7^{2-} + H_2O \longrightarrow 2BaCrO_4 \downarrow + 2H^+$$

在酸性条件下重铬酸盐具有氧化性，$K_2Cr_2O_7$ 是常见的氧化剂，其还原产物是 Cr^{3+}。

锰（Ⅱ）盐在无氧气的条件下遇碱生成白色 $Mn(OH)_2$ 沉淀，它在空气中极易被氧化成 $MnO(OH)_2$，即 $MnO_2 \cdot H_2O$。在酸性介质中，Mn^{2+} 遇强氧化剂如 PbO_2、$NaBiO_3$、$K_2S_2O_8$ 等可被氧化为 MnO_4^-。

MnO_2 是难溶于水的黑褐色物质。由于其中的 Mn 处于中间氧化态，所以它既可做氧化剂，又可做还原剂。但以氧化性为主，尤其是在酸性介质中是一较强的氧化剂。如：

$$MnO_2 + 4HCl(浓) \xrightarrow{\triangle} MnCl_2 + Cl_2\uparrow + 2H_2O$$

此反应是实验室制备氯气的方法。

锰（Ⅵ）盐存在于碱性介质中，在酸性介质中歧化为锰（Ⅶ）盐和 MnO_2。

$KMnO_4$ 是强氧化剂，其还原产物受溶液介质酸碱性的影响。

MnO_4^- 与 Mn^{2+} 作用，发生逆歧化生成 MnO_2。

$$2MnO_4^- + 3Mn^{2+} + 2H_2O \longrightarrow 5MnO_2\downarrow + 4H^+$$

三、仪器、试剂和材料

（1）仪器　离心机、离心试管、试管、表面皿、蒸发皿。

（2）试剂　H_2SO_4（$2mol \cdot L^{-1}$、浓）、HCl（$2mol \cdot L^{-1}$、浓）、HNO_3（$2mol \cdot L^{-1}$）、HAc（$6mol \cdot L^{-1}$）、H_2S（饱和）、NaOH（$2mol \cdot L^{-1}$、40%）、$CrCl_3$（$0.1mol \cdot L^{-1}$）、K_2CrO_4（$0.1mol \cdot L^{-1}$）、$AgNO_3$（$0.1mol \cdot L^{-1}$）、$K_2Cr_2O_7$（$0.1mol \cdot L^{-1}$、饱和）、$BaCl_2$（$0.1mol \cdot L^{-1}$）、$Pb(NO_3)_2$（$0.1mol \cdot L^{-1}$）、Na_2S（$2mol \cdot L^{-1}$）、$Pb(Ac)_2$（$0.1mol \cdot L^{-1}$）、$MnSO_4$（$0.1mol \cdot L^{-1}$）、$KMnO_4$（$0.01mol \cdot L^{-1}$、$0.1mol \cdot L^{-1}$）、Na_2SO_3 [$0.5mol \cdot L^{-1}$（新配）]、H_2O_2（3%）、乙醇（95%）、戊醇、$NaBiO_3$(s，AR)、$K_2S_2O_8$(s，AR)、MnO_2(s，AR)。

（3）材料　冰、滤纸。

四、实验内容

1. 铬（Ⅲ）化合物的性质

（1）氢氧化铬的生成及其酸碱性　用 $0.1mol \cdot L^{-1}$ $CrCl_3$ 和 $2mol \cdot L^{-1}$ NaOH 作用，观察灰绿色 $Cr(OH)_3$ 沉淀的生成。分别用少量稀酸、稀碱检验其酸碱性，写出反应方程式。

（2）铬（Ⅲ）的还原性

① 在 $0.1mol \cdot L^{-1}$ $CrCl_3$ 溶液中滴加 $2mol \cdot L^{-1}$ NaOH 直到沉淀溶解，再加入 3% H_2O_2 溶液，加热，观察溶液颜色的变化，解释现象并写出反应方程式。

② 在两支试管中各加入 $0.1mol \cdot L^{-1}$ $CrCl_3$ 溶液 5 滴，向其中一支试管中加入 3% H_2O_2 溶液 8 滴，另一支加入 $0.1mol \cdot L^{-1}$ $AgNO_3$ 溶液 1 滴及少量 $K_2S_2O_8$ 晶体，再往两支试管中各加入 $2mol \cdot L^{-1}$ H_2SO_4 数滴，加热片刻，观察两支试管的颜色变化，解释现象并写出有关反应方程式。

（3）铬（Ⅲ）盐的水解　向 0.1mol·L^{-1} $CrCl_3$ 溶液中滴加 2mol·L^{-1} Na_2S，观察生成的沉淀和放出的气体。通过自行设计实验证明沉淀是 Cr_2S_3 还是 $Cr(OH)_3$。

2. 铬（Ⅵ）化合物的性质

（1）铬酸盐和重铬酸盐的相互转变　在试管中加入 0.1mol·L^{-1} $K_2Cr_2O_7$ 溶液 3 滴和 2mol·L^{-1} NaOH 溶液 5 滴，观察颜色变化。再加入数滴 2mol·L^{-1} H_2SO_4 酸化，又有何变化，解释现象。

（2）难溶盐的生成

① 用 0.1mol·L^{-1} $K_2Cr_2O_7$ 溶液分别与 0.1mol·L^{-1} $BaCl_2$、0.1mol·L^{-1} $Pb(NO_3)_2$、0.1mol·L^{-1} $AgNO_3$ 作用，观察沉淀颜色。

② 用 0.1mol·L^{-1} K_2CrO_4 代替 $K_2Cr_2O_7$，重复上面的实验，观察沉淀的颜色有无不同。

（3）CrO_3 的生成和性质　将盛有 1mL 饱和 $K_2Cr_2O_7$ 溶液的试管放在冰水中冷却，再滴加 2mL 用冰水冷却过的浓硫酸，并继续冷却至结晶析出，取一些结晶放在蒸发皿上，滴加 95%乙醇至反应完毕，观察现象。

（4）铬（Ⅵ）化合物的氧化性

① 0.1mol·L^{-1} $K_2Cr_2O_7$ 以 2mol·L^{-1} H_2SO_4 酸化后，逐滴加入 3% H_2O_2 观察溶液颜色变化和气体放出，写出反应方程式。

② 自行设计实验说明 $K_2Cr_2O_7$ 能否氧化浓 HCl，验证产物，写出反应方程式。

3. 铬（Ⅲ）离子的鉴定

在试管中加入 0.1mol·L^{-1} Cr^{3+} 溶液 10 滴，逐滴加入 2mol·L^{-1} NaOH 到沉淀刚好溶解，再加入 3% H_2O_2 溶液 20 滴，加热至溶液彻底变黄，继续加热使过量 H_2O_2 分解，冷却，进行以下鉴定实验。

（1）用 2mol·L^{-1} H_2SO_4 酸化上述溶液，加 10 滴戊醇后滴加数滴 3% H_2O_2，观察戊醇层蓝色 CrO_5 的生成。

（2）取黄色溶液 2 滴，用 6mol·L^{-1} HAc 酸化，加 0.1mol·L^{-1} $Pb(Ac)_2$ 溶液 2 滴，生成黄色沉淀，表示有 Cr^{3+} 存在。

4. 锰（Ⅱ）化合物的性质

视频扫一扫

锰化合物性质实验

（1）氢氧化锰（Ⅱ）的生成及其酸碱性　在三支试管中各加入 0.1mol·L^{-1} $MnSO_4$ 数滴，再分别加入 2mol·L^{-1} NaOH 至沉淀生成，取其中一支试管在空气中振荡，观察沉淀颜色的变化。另两支试管分别用少量稀酸和稀碱检验生成沉淀的酸碱性。

（2）Mn^{2+} 的还原性　在盛有 1mL 水的试管中，加入 0.1mol·L^{-1} $MnSO_4$ 溶液 1～2 滴，加 2mol·L^{-1} HNO_3 溶液 5 滴，然后加入少量固体 $NaBiO_3$，微热，振荡，静置后，观察溶液的颜色变化，写出反应方程式。此反应可用于鉴定 Mn^{2+}。

（3）硫化锰的生成　向 0.1mol·L^{-1} $MnSO_4$ 中滴加饱和 H_2S 水溶液，再逐滴加入 2mol·L^{-1} NaOH。观察实验现象，写出反应方程式。

5. MnO_2 的生成及氧化性

向 0.01mol·L^{-1} $KMnO_4$ 溶液中滴加 0.1mol·L^{-1} $MnSO_4$ 溶液，观察沉淀的生成。然后沉淀用 2mol·L^{-1} H_2SO_4 酸化，逐滴加入 0.5mol·L^{-1} Na_2SO_3，观察颜色变化。

6. MnO_4^{2-} 的生成及其歧化

取少量固体 MnO_2，加入数滴 40% NaOH 溶液和少量 0.01mol·L^{-1} $KMnO_4$ 溶液，微热片刻，观察溶液颜色变化，写出反应方程式。取上层清液，用数滴 2mol·L^{-1} H_2SO_4 酸化，观察溶液颜色变化和沉淀的生成。

7. 高锰酸钾在不同介质中的氧化性

(1) 在酸性、中性和强碱性介质中，分别试验 0.01mol·L^{-1} $KMnO_4$ 与 0.5mol·L^{-1} Na_2SO_3 的反应，观察现象，写出反应方程式。

(2) 试验 0.01mol·L^{-1} $KMnO_4$ 与 40%NaOH 的反应，观察溶液颜色变化和气体的放出，写出反应方程式。

注：自行设计方案，分离 Cr^{3+} 和 Mn^{2+} 的混合液，并加以鉴定。

五、注意事项

(1) $CrCl_3$ 与 Na_2S 反应产物的验证，可将沉淀离心分离，洗涤两次后分成两份。一份加酸，观察沉淀是否溶解，同时有无 H_2S 气体放出 [用 $Pb(Ac)_2$ 试纸检验]。另一份加碱，沉淀是否溶解？若沉淀既溶于酸，又溶于碱，且无 H_2S 气体，说明产物是 $Cr(OH)_3$。

(2) 饱和 $K_2Cr_2O_7$ 与浓 H_2SO_4 反应生成 CrO_3 时，浓 H_2SO_4 应过量并缓慢加入，适当搅拌使反应温度不要过高。在 CrO_3 的晶体上滴加 95% 乙醇，会立即着火，反应方程式为：

$$2CrO_3 + 2C_2H_5OH \longrightarrow CH_3CHO + Cr_2O_3\downarrow + CH_3COOH + 2H_2O$$

(3) 高锰酸钾在碱性条件下与亚硫酸钠的反应，应先混合亚硫酸和碱溶液，然后再滴加高锰酸钾溶液。因为高锰钾在强碱介质中不稳定，易分解。

$$4MnO_4^- + 4OH^- \longrightarrow 4MnO_4^{2-} + O_2\uparrow + 2H_2O$$

六、思考题

(1) 在试验重铬酸钾氧化性时，为什么用硫酸而不用盐酸酸化？

(2) $K_2Cr_2O_7$ 与 Ba^{2+}、Ag^+、Pb^{2+} 作用，得到的为什么是铬酸盐沉淀？如何使这类反应进行完全？

(3) 定性检验 Mn^{2+} 时，一般用哪些氧化剂？试举三例说明。

(4) $KMnO_4$ 的氧化性为什么会受介质酸度的影响？

(5) 如何分离鉴定 Cr^{3+} 和 Mn^{2+} 的混合液？

实验 22

铁、钴、镍

预习

铁、钴和镍元素不同价态的氧化还原性及其配合物的形成。

一、实验目的

(1) 掌握铁、钴、镍氢氧化物的生成和性质。

(2) 掌握 Fe(Ⅱ) 的还原性和 Fe(Ⅲ)、Co(Ⅲ)、Ni(Ⅲ) 的氧化性。

(3) 了解铁、钴、镍配合物的生成和性质。

(4) 掌握 Fe^{2+}、Fe^{3+}、Co^{2+}、Ni^{2+} 的鉴定。

二、实验原理

铁、钴、镍是第四周期第 8、9、10 (ⅧB) 族元素，又称铁系元素。它们的性质相似，化合物中常见的氧化态是+2、+3。

Fe(Ⅱ)、Co(Ⅱ)、Ni(Ⅱ) 的氢氧化物不溶于水，呈碱性，具有不同的颜色。在空气中，白色 $Fe(OH)_2$ 很快被氧化，颜色由白色→绿色→红棕色，生成 $Fe(OH)_3$。粉红色 $Co(OH)_2$ 缓慢地被氧化成褐色 $Co(OH)_3$。而浅绿色的 $Ni(OH)_2$ 则不会被空气氧化，需要用强氧化剂，如溴水才能将其氧化为 $Ni(OH)_3$：

$$2NiSO_4 + Br_2 + 6NaOH \longrightarrow 2Ni(OH)_3 + 2NaBr + 2Na_2SO_4$$

$Fe(OH)_3$ 与酸反应得到 Fe(Ⅲ) 盐，而 $Co(OH)_3$ 和 $Ni(OH)_3$ 与盐酸反应时，生成的是 Co(Ⅱ) 盐和 Ni(Ⅱ) 盐，同时放出 Cl_2：

$$2Co(OH)_3 + 6HCl \longrightarrow 2CoCl_2 + Cl_2\uparrow + 6H_2O$$

$$2Ni(OH)_3 + 6HCl \longrightarrow 2NiCl_2 + Cl_2\uparrow + 6H_2O$$

铁 (Ⅲ) 盐易水解，由于 $Fe(OH)_3$ 的碱性比 $Fe(OH)_2$ 更弱，所以 Fe^{3+} 比 Fe^{2+} 更易水解。由于水解，Fe^{3+} 盐溶液常呈黄色或棕色。

Fe^{2+} 为还原剂，而 Fe^{3+} 是氧化剂，如将 H_2S 通入 $FeCl_3$ 溶液中，由于 Fe^{3+} 为氧化性，S^{2-} 又具有还原性，最后得到的产物是 FeS 黑色沉淀。

铁、钴、镍能形成多种配合物。常见的有氰基、氨基 (除铁之外)、硫氰基配合物。Fe(Ⅱ) 和 Fe(Ⅲ) 都能生成稳定的配合物。Co(Ⅱ) 的配合物不稳定，易被氧化为 Co(Ⅲ) 的配合物。如

$$4[Co(NH_3)_6]^{2+} + O_2 + 2H_2O \longrightarrow 4[Co(NH_3)_6]^{3+} + 4OH^-$$

镍的配合物则以氧化态为+2的较稳定。

铁、钴、镍的某些配合物具有特征的颜色，可以用来鉴定 Fe^{2+}、Fe^{3+}、Co^{2+}、Ni^{2+}。如 Fe^{2+} 与 $K_3[Fe(CN)_6]$ 生成蓝色沉淀，可用来鉴定 Fe^{2+}；Fe^{3+} 与 $K_4[Fe(CN)_6]$ 也可生成蓝色沉淀，此外 Fe^{3+} 还可与 SCN^- 生成血红色 $[Fe(SCN)_n]^{3-n}$（$n=1\sim6$），这两个反应都可用于鉴定 Fe^{3+}。Co^{2+} 与 SCN^- 生成宝石蓝色的 $[Co(SCN)_4]^{2-}$。它在水溶液中不稳定，在丙酮、戊醇等有机溶剂中则能稳定存在，且蓝色更显著：

$$Co^{2+}+4SCN^- \longrightarrow [Co(SCN)_4]^{2-}$$

Ni^{2+} 与丁二酮肟生成特征的鲜红色螯合物，可用于鉴定 Ni^{2+}：

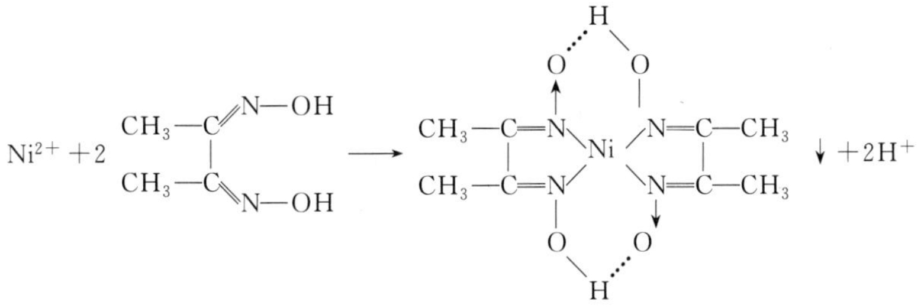

（鲜红色）

三、仪器、试剂和材料

（1）仪器　离心机、离心试管、试管、滴管。

（2）试剂　HCl（$2mol\cdot L^{-1}$、浓）、H_2SO_4（$2mol\cdot L^{-1}$）、NaOH（$2mol\cdot L^{-1}$）、$NH_3\cdot H_2O$（$2mol\cdot L^{-1}$、$6mol\cdot L^{-1}$、浓）、$CoCl_2$（$0.1mol\cdot L^{-1}$）、$NiSO_4$（$0.1mol\cdot L^{-1}$）、$FeCl_3$（$0.1mol\cdot L^{-1}$）、KSCN（$0.1mol\cdot L^{-1}$、饱和）、KI（$0.1mol\cdot L^{-1}$）、$K_3[Fe(CN)_6]$（$0.1mol\cdot L^{-1}$）、$K_4[Fe(CN)_6]$（$0.1mol\cdot L^{-1}$）、$K_2Cr_2O_7$（$0.1mol\cdot L^{-1}$）、NaF（$1mol\cdot L^{-1}$）、$KMnO_4$（$0.01mol\cdot L^{-1}$）、H_2O_2（3%）、溴水、戊醇、淀粉（5%）、丁二酮肟（1%）、$FeSO_4\cdot 7H_2O$(s，AR)、NH_4Cl(s，AR)。

（3）材料　pH 试纸、滤纸条。

四、实验内容

1. Fe(Ⅱ)、Co(Ⅱ)、Ni(Ⅱ)的氢氧化物的生成及其还原性

（1）$Fe(OH)_2$ 的制备和性质　在一试管中加入 2mL 蒸馏水，$2mol\cdot L^{-1}$ H_2SO_4 溶液 2 滴，煮沸片刻，然后在其中溶解少许 $FeSO_4\cdot 7H_2O$ 晶体。在另一试管中加 $2mol\cdot L^{-1}$ NaOH 溶液 1mL，煮沸，用滴管吸取该溶液后，插入 $FeSO_4$ 液面之下，轻轻挤出 NaOH 溶液（不可挤出气泡），观察白色 $Fe(OH)_2$ 生成。然后摇匀，静置片刻，观察颜色的变化，解释现象并写出反应方程式。

（2）$Co(OH)_2$ 的生成和性质　在两支试管中各加入 $0.1mol\cdot L^{-1}$ $CoCl_2$ 溶液 5 滴和 $2mol\cdot L^{-1}$ NaOH 溶液数滴，观察碱式盐沉淀的生成。振荡试管或微热，再观察沉淀颜色的变化。

然后取其中一支试管，静置，观察沉淀颜色的变化。

在第二支试管中滴加 3% H_2O_2，观察沉淀颜色的变化，写出反应方程式（保留此溶液，供下面实验用）。

(3) $Ni(OH)_2$ 的生成和性质　在两支试管中各加入 0.1mol・L^{-1} $NiSO_4$ 溶液 5 滴和 2mol・L^{-1} NaOH 溶液数滴，观察 $Ni(OH)_2$ 沉淀的生成。振荡试管使沉淀充分接触空气，沉淀有何变化?

向其中一支试管中加入 3% H_2O_2 溶液；在另一支试管中加入溴水（保留此溶液，供下面实验用），观察两支试管现象的差异，写出反应方程式。

根据上述实验结果，比较 $Fe(OH)_2$、$Co(OH)_2$、$Ni(OH)_2$ 的还原性的大小。

2. Fe(Ⅲ)、Co(Ⅲ)、Ni(Ⅲ)的氢氧化物的生成及其氧化性

(1) $Fe(OH)_3$ 的生成和性质　在 2～3 滴 0.1mol・L^{-1} $FeCl_3$ 溶液中加入 2mol・L^{-1} NaOH 溶液，观察沉淀的颜色，然后加数滴浓 HCl，微热，检验有无 Cl_2 产生。

(2) $Co(OH)_3$ 的性质　向"实验内容 1.（2）"制取的 $Co(OH)_3$ 沉淀中加入浓 HCl，加热，检验有无 Cl_2 产生。

(3) $Ni(OH)_3$ 的性质　向"实验内容 1.（3）"制取的 $Ni(OH)_3$ 沉淀中加入浓 HCl，加热，检验有无 Cl_2 产生。

根据以上实验结果，比较 Fe(Ⅲ)、Co(Ⅲ)、Ni(Ⅲ) 的氧化性。

3. 铁盐的性质

(1) 铁盐的水解

① 用蒸馏水溶解少量 $FeSO_4 \cdot 7H_2O$ 晶体，用 pH 试纸测溶液的 pH，保留溶液供下面实验使用。

② 在试管中加入 0.1mol・L^{-1} $FeCl_3$ 溶液 1mL，测其 pH，然后加热，有何现象，解释之。

(2) 铁（Ⅱ）盐的还原性　往上面实验保留下的 $FeSO_4$ 溶液中，加入 2mol・L^{-1} H_2SO_4 酸化，把溶液分做两份。其中一份加入 0.01mol・L^{-1} $KMnO_4$；另一份滴入 0.1mol・L^{-1} $K_2Cr_2O_7$，各有何现象，写出反应方程式。

(3) 铁（Ⅲ）盐的氧化性　自行设计实验用 0.1mol・L^{-1} KI 检验 $FeCl_3$ 的氧化性，写出反应方程式。

4. 铁、钴、镍的配合物

(1) 铁的配合物

① 自配 $FeSO_4$ 溶液，滴加 0.1mol・L^{-1} $K_3[Fe(CN)_6]$，观察现象，写出反应方程式，该反应可用于鉴定 Fe^{2+}。

视频扫一扫

铁、钴、镍的配合物

② 在 2 滴 0.1mol・L^{-1} $FeCl_3$ 溶液中滴加 0.1mol・L^{-1} $K_4[Fe(CN)_6]$，观察现象，写出反应方程式，该反应可用于鉴定 Fe^{3+}。

③ 在 2 滴 0.1mol・L^{-1} $FeCl_3$ 溶液中滴加 0.1mol・L^{-1} KSCN，观察现象（该反应亦可用于鉴定 Fe^{3+}）。然后再滴加 1mol・L^{-1} NaF 溶液，有何变化，解释并写出反应方程式。

(2) 钴的配合物

① 在 0.1mol·L^{-1} $CoCl_2$ 溶液中加入饱和 KSCN 溶液，再加入戊醇，振荡试管，观察戊醇层的颜色，写出反应方程式。该反应可用来鉴定 Co^{2+}。

② 在 0.1mol·L^{-1} $CoCl_2$ 溶液中加入少许固体 NH_4Cl，然后滴加浓 $NH_3·H_2O$，观察溶液颜色，静置一段时间后，溶液颜色有何变化，解释并写出反应方程式。

（3）镍的配合物

① 在 0.1mol·L^{-1} $NiSO_4$ 溶液中加入少许固体 NH_4Cl，然后滴加 6mol·L^{-1} $NH_3·H_2O$，直至沉淀刚好溶解，观察溶液颜色变化，写出反应方程式。

② 在 0.1mol·L^{-1} $NiSO_4$ 溶液中，加入 2mol·L^{-1} $NH_3·H_2O$ 溶液 5 滴，再加 1% 丁二酮肟溶液 2 滴，观察现象。该反应可用来鉴定 Ni^{2+}。

（4）自行设计一方案，分离 Fe^{3+}、Co^{2+}、Ni^{2+} 的混合液，并加以鉴定。

五、注意事项

（1）$CoCl_2$ 和 NaOH 反应，先生成蓝色碱式盐沉淀，后变为粉红色。粉红色的 $Co(OH)_2$ 较稳定。

（2）分离鉴定 Fe^{3+}、Co^{2+}、Ni^{2+} 时应注意，Fe^{3+} 干扰 Co^{2+} 的鉴定，应先将 Fe^{3+} 分离或掩蔽起来，通常采用加入 NH_4F 或 NaF 的方法将 Fe^{3+} 掩蔽，Co^{2+}、Ni^{2+} 的鉴定互不干扰。

六、思考题

（1）制备 $Fe(OH)_2$ 时，Fe(Ⅱ）盐溶液和 NaOH 溶液反应前为什么要先煮沸片刻？

（2）如何实现下列物质的相互转化；氯化亚铁和氯化铁；硫酸亚铁和硫酸铁。

（3）为什么在碱性介质中 Cl_2 可把 Co(Ⅱ）氧化为 Co(Ⅲ)，而在酸性介质中 Co(Ⅲ）又能把 Cl^- 氧化为 Cl_2？

（4）怎样鉴定 Fe^{2+}、Fe^{3+}、Co^{2+}、Ni^{2+}？

实验 23

铜、银、锌、镉、汞

预习

铜族元素、锌族元素及化合物的性质。

一、实验目的

（1）了解铜、银、锌、镉、汞氧化物和氢氧化物的性质。

（2）了解铜、银、汞化合物的氧化还原性。

(3) 了解铜、银、锌、镉、汞常见的配合物。

(4) 学习铜、银、锌、镉、汞离子的鉴定方法。

二、实验原理

铜、银是周期系中第 11（ⅠB）族元素；锌、镉、汞是第 12（ⅡB）元素。将碱加到 Cu^{2+}、Ag^+、Zn^{2+}、Cd^{2+} 的盐中，可得到相应的氢氧化物或氧化物。

$Cu(OH)_2$（浅蓝色）呈两性偏碱性；$Zn(OH)_2$（白色）呈两性；$Cd(OH)_2$（白色）呈碱性。$Cu(OH)_2$ 受热易分解为 CuO（黑色）。AgOH 极不稳定，常温下就迅速分解成褐色 Ag_2O。Hg^{2+} 盐溶液中加碱后，得到的是黄色 HgO，它呈碱性。Hg_2^{2+} 盐溶液中加碱后，得到的是 HgO 和 Hg 的混合物。

Cu^{2+} 具有较弱的氧化性，遇到较强的还原剂（如 KI）且可以与 Cu(Ⅰ) 形成沉淀或配合物时，可发生氧化还原反应。例如，

$$2Cu^{2+} + 4I^- \longrightarrow 2CuI\downarrow + I_2$$

在 Cu^{2+} 溶液中加入过量 NaOH，再加入葡萄糖，则 Cu^{2+} 被还原成红色 Cu_2O；

$$2Cu^{2+} + 4OH^- + C_6H_{12}O_6 \longrightarrow Cu_2O\downarrow + 2H_2O + C_6H_{12}O_7$$

Ag(Ⅰ) 具有一定的氧化能力，遇到某些有机物即被还原成 Ag。如 $[Ag(NH_3)_2]^+$ 溶液中，加入葡萄糖或甲醛，即产生银镜：

$$2[Ag(NH_3)_2]^+ + C_6H_{12}O_6 + 2OH^- \longrightarrow 2Ag\downarrow + C_6H_{12}O_7 + 4NH_3\uparrow + H_2O$$

从 Hg 元素的电势图

$$E^{\ominus}/V \quad Hg^{2+} \underline{\quad 0.92 \quad} Hg_2^{2+} \underline{\quad 0.797 \quad} Hg$$
$$\underline{\qquad\qquad 0.851 \qquad\qquad}$$

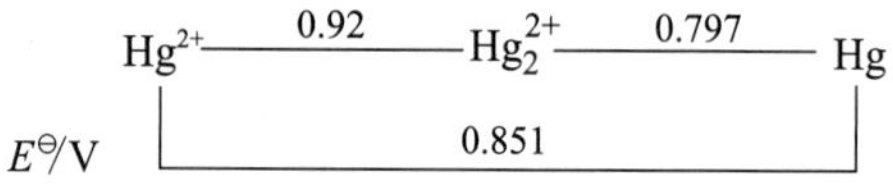

可以看出，Hg(Ⅰ) 和 Hg(Ⅱ) 都具有一定的氧化性。当把还原剂 $SnCl_2$ 加入 Hg^{2+} 溶液中时，Hg^{2+} 先被还原成白色 Hg_2Cl_2，后进一步被还原成黑色单质 Hg，该反应可用来鉴定 Hg^{2+}。

Cu^{2+}、Ag^+、Zn^{2+}、Cd^{2+}、Hg^{2+} 都能形成多种配合物。如当把过量 NH_3 水加到 Cu^{2+}、Ag^+、Zn^{2+}、Cd^{2+} 溶液中时，可产生相应的氨基配合物。而 Hg^{2+} 与 NH_3 作用时，只有大量 N_4^+ 存在时才能生成氨基配合物，没有 NH_4^+ 存在或存在量不大时，生成氨基化物：

$$2Hg(NO_3)_2 + 4NH_3 + H_2O \longrightarrow HgO \cdot HgNH_2NO_3\downarrow + 3NH_4NO_3$$
（白色）

$$HgCl_2 + 2NH_3 \longrightarrow HgNH_2Cl\downarrow + NH_4Cl$$
（白色）

Hg_2^{2+} 和 Hg^{2+} 与 I^- 作用，分别生成难溶的绿色 Hg_2I_2 和金红色 HgI_2 沉淀，I^- 过量时，发生如下反应：

$$Hg_2I_2 + 2I^- \longrightarrow [HgI_4]^{2-} + Hg\downarrow$$
$$HgI_2 + 2I^- \longrightarrow [HgI_4]^{2-}$$

$[HgI_4]^{2-}$ 的碱性溶液，就是用于鉴定 NH_3 和 NH_4^+ 的奈斯勒试剂。

Cu^{2+} 与 $K_4[Fe(CN)_6]$ 生成红棕色沉淀，可用来鉴定 Cu^{2+}：

$$2Cu^{2+} + [Fe(CN)_6]^{4-} \longrightarrow Cu_2[Fe(CN)_6]\downarrow$$

Zn^{2+}的鉴定可在很少量Cu^{2+}存在下与$(NH_4)_2[Hg(SCN)_4]$［四硫氰合汞(Ⅱ)酸铵］生成紫色混晶来实现：

$$\left.\begin{array}{l} Zn^{2+} + [Hg(SCN)_4]^{2-} \longrightarrow \underset{\text{(白色)}}{Zn[Hg(SCN)_4]} \\ Cu^{2+} + [Hg(SCN)_4]^{2-} \longrightarrow \underset{\text{(棕褐色)}}{Cu[Hg(SCN)_4]} \end{array}\right\} \text{(紫色混晶)}$$

Cd^{2+}与H_2S反应生成鲜黄色CdS沉淀，可用来鉴定Cd^{2+}。

三、仪器、试剂

(1) 仪器　离心机、离心试管、试管。

(2) 试剂　HCl($2mol \cdot L^{-1}$、$6mol \cdot L^{-1}$)、HNO_3($2mol \cdot L^{-1}$、浓)、NaOH($2mol \cdot L^{-1}$、$6mol \cdot L^{-1}$)、$NH_3 \cdot H_2O$($2mol \cdot L^{-1}$、$6mol \cdot L^{-1}$)、H_2S(饱和)、$CuSO_4$($0.1mol \cdot L^{-1}$)、$ZnSO_4$($0.1mol \cdot L^{-1}$)、$CdSO_4$($0.1mol \cdot L^{-1}$)、$AgNO_3$($0.1mol \cdot L^{-1}$)、$Hg(NO_3)_2$($0.1mol \cdot L^{-1}$)、$Hg_2(NO_3)_2$($0.1mol \cdot L^{-1}$)、KI($0.1mol \cdot L^{-1}$)、KSCN($0.1mol \cdot L^{-1}$)、Na_2SO_3($0.5mol \cdot L^{-1}$)、$Na_2S_2O_3$($0.1mol \cdot L^{-1}$)、$SnCl_2$[$0.1mol \cdot L^{-1}$(新配)]、$K_4[Fe(CN)_6]$($0.1mol \cdot L^{-1}$)、$(NH_4)_2[Hg(SCN)_4]$($0.1mol \cdot L^{-1}$)、葡萄糖(10%)、$CuCl_2$(s，AR)。

四、实验内容

1. 铜、银、锌、镉、汞的氢氧化物或氧化物的生成和性质

分别试验$0.1mol \cdot L^{-1}$的$CuSO_4$、$ZnSO_4$、$CdSO_4$、$AgNO_3$、$Hg(NO_3)_2$、$Hg_2(NO_3)_2$与$2mol \cdot L^{-1}$ NaOH的反应，观察沉淀的颜色和状态，再检验它们的酸碱性，并将实验结果填入表2-3中。

表2-3　铜、银、锌、镉、汞氢氧化物的生成与性质

物质	加入适量碱使沉淀生成		加入适量碱检验沉淀物的酸性		加酸检验沉淀物的碱性		氢氧化物或氧化物的酸碱性
	现象或颜色	主要产物	现象	主要产物	现象	主要产物	
$0.1mol \cdot L^{-1}CuSO_4$							
$0.1mol \cdot L^{-1}ZuSO_4$							
$0.1mol \cdot L^{-1}CdSO_4$							
$0.1mol \cdot L^{-1}AgNO_3$							
$0.1mol \cdot L^{-1}Hg(NO_3)_2$							
$0.1mol \cdot L^{-1}Hg_2(NO_3)_2$							

2. 铜、银、锌、镉、汞的配合物

(1) 氨基配合物

① Cu(Ⅱ)、Zn(Ⅱ)、Cd(Ⅱ)、Ag(Ⅰ) 的氨配合物　在 0.1mol·L^{-1} $CuSO_4$、0.1mol·L^{-1} $AgNO_3$、0.1mol·L^{-1} $ZnSO_4$、0.1mol·L^{-1} $CdSO_4$ 溶液中分别逐滴加入 2mol·L^{-1} $NH_3 \cdot H_2O$，观察沉淀的生成和溶解。再试验沉淀溶解后对酸、碱的稳定性，将实验结果填入表 2-4 中。

表 2-4　铜、银、锌、镉的氨基配合物性质

离子		Cu^{2+}	Ag^{+}	Zn^{2+}	Cd^{2+}
适量 2mol·$L^{-1}$$NH_3 \cdot H_2O$					
过量 $NH_3 \cdot H_2O$	颜色				
	加稀酸				
	加碱				

② Hg(Ⅰ)、Hg(Ⅱ) 与氨的作用　在两支试管中分别加入 0.1mol·L^{-1} $Hg(NO_3)_2$ 溶液 3 滴和 0.1mol·L^{-1} $Hg_2(NO_3)_2$ 溶液 3 滴，然后各加入 2mol·L^{-1} $NH_3 \cdot H_2O$，观察沉淀的生成，再加入过量 $NH_3 \cdot H_2O$，沉淀是否溶解，写出反应方程式。

(2) Hg(Ⅰ)、Hg(Ⅱ) 与碘化钾的作用　在两支试管分别加入 0.1mol·L^{-1} $Hg(NO_3)_2$溶液和 0.1mol·L^{-1} $Hg_2(NO_3)_2$ 溶液各 3 滴，再各加入 0.1mol·L^{-1} KI，观察沉淀的颜色，然后各加入过量 KI，观察现象有何变化？写出反应方程式。

(3) Hg(Ⅱ) 与硫氰化钾的作用　向 0.1mol·L^{-1} $Hg(NO_3)_2$ 溶液中加入逐滴加入 0.1mol·L^{-1} KSCN 溶液，观察沉淀的生成，继续加入到沉淀刚好溶解，写出反应方程式。把溶液分成两份，一份加入钴盐生成蓝色 $Co[Hg(SCN)_4]$ 沉淀；另一份加入一滴 0.1mol·L^{-1} $CuSO_4$ 并迅速加入锌盐，片刻后生成紫色混晶，这两个反应可以分别鉴定 Co^{2+} 和 Zn^{2+}。

3. 其他化合物

(1) 氧化亚铜的生成　在试管中加入 0.1mol·L^{-1} $CuSO_4$ 溶液 5 滴，再加入过量 6mol·L^{-1} 氨水，使最初生成的沉淀完全溶解。然后往清液中加入 10%葡萄糖溶液，摇匀、微热，观察现象，写出反应方程式。

(2) 氯化亚铜的生成　取少量固体 $CuCl_2$，加入 0.5mol·L^{-1} Na_2SO_3 溶液 1mL，搅拌，观察现象。离心分离，弃去溶液，加入 6mol·L^{-1}盐酸数滴，观察现象，写出反应方程式。

(3) 碘化亚铜的生成　在试管中加入 0.1mol·L^{-1} $CuSO_4$ 溶液 3 滴，再滴加 0.1mol·L^{-1} KI 溶液及适量 0.1mol·L^{-1} $Na_2S_2O_3$ 溶液（不宜多加），观察现象，写出反应式。

(4) 银镜反应　向一支盛有 10 滴 0.1mol·L^{-1} $AgNO_3$ 溶液的洁净试管中滴加 2mol·L^{-1} 氨水至生成的沉淀又完全溶解，再加入数滴 10%葡萄糖溶液，在水浴中加热。观察银镜的

生成，写出反应方程式。

4. Cu^{2+}、Ag^{+}、Zn^{2+}、Cd^{2+}、Hg^{2+} 的鉴定

（1）Cu^{2+} 的鉴定　向盛有数滴 $0.1mol \cdot L^{-1}$ $CuSO_4$ 溶液的试管中加入 $0.1mol \cdot L^{-1}$ $K_4[Fe(CN)_6]$ 溶液 2 滴，观察沉淀的生成。

（2）Ag^{+} 的鉴定　在 $0.1mol \cdot L^{-1}$ $AgNO_3$ 溶液中加入数滴 $2mol \cdot L^{-1}$ HCl，有白色沉淀析出，滴加 $2mol \cdot L^{-1}$ $NH_3 \cdot H_2O$，至沉淀溶解，再滴加 $2mol \cdot L^{-1}$ HNO_3 时，白色沉淀又析出。

（3）Zn^{2+} 的鉴定　数滴 $0.1mol \cdot L^{-1}$ $ZnSO_4$ 溶液中，加入 $0.1mol \cdot L^{-1}$ $CuSO_4$ 溶液 1 滴和 $0.1mol \cdot L^{-1}$ $(NH_4)_2[Hg(SCN)_4]$ 溶液 2 滴，观察紫色沉淀的生成。

（4）Cd^{2+} 的鉴定　在 2 滴 $0.1mol \cdot L^{-1}$ $CdSO_4$ 溶液中加入饱和 H_2S 水溶液，观察沉淀的生成，再加少量 $2mol \cdot L^{-1}$ HCl 沉淀不溶解。

（5）Hg^{2+} 的鉴定　在 5 滴 $0.1mol \cdot L^{-1}$ $Hg(NO_3)_2$ 溶液中，逐滴加入 $0.1mol \cdot L^{-1}$ $SnCl_2$ 溶液，观察沉淀的生成及颜色变化。

（6）自行设计一方案，分离 Cu^{2+}、Ag^{+}、Zn^{2+}、Hg^{2+} 的混合液，并加以鉴定。

（7）三瓶没有标签的试剂瓶，分别盛有 $AgNO_3$、$Hg_2(NO_3)_2$ 和 $Hg(NO_3)_2$，请用最简单的方法，将它们鉴别出来。

五、注意事项

（1）镉及其化合物被人体吸收会引起中毒，轻者引起肠、胃、呼吸道等炎症；重者引起全身痛、脊椎骨变形等。因此含镉废液应倒入指定的回收瓶里集中处理。

（2）汞有毒且有挥发性，汞蒸气被吸入人体内可引起积累性中毒，因此常把金属汞储存在水面以下。取用汞时，要用端部弯成弧形的滴管，不能直接倾倒，以免洒落在桌面或地上（下面可放一只搪瓷盘）。未用完的金属汞应倒入回收瓶中，切勿倒入水槽中，若汞不慎洒落，要仔细用滴管收集，并在洒落处撒一些硫黄粉，使残余的汞与硫反应，生成不易挥发的硫化汞。

（3）$Cu(OH)_2$ 不溶于 $2mol \cdot L^{-1}$ NaOH 溶液，但可溶于 $6mol \cdot L^{-1}$ NaOH，检验 $Cu(OH)_2$ 的酸碱性时，为了让现象明显，$Cu(OH)_2$ 的取量尽可能少些。

（4）$CuSO_4$ 与 KI 反应的产物有 CuI 和 I_2，I_3^- 的颜色遮盖了 CuI 的颜色，可加入适量 $Na_2S_2O_3$ 除去 I_2，以便观察 CuI 的颜色，但 $Na_2S_2O_3$ 不得过量，否则会使 CuI 溶解。

$$CuI + 2S_2O_3^{2-} \longrightarrow [Cu(S_2O_3)_2]^{3-} + I^-$$

（5）要使“银镜反应”成功，一定要用干净的试管，且要用水浴加热，加热时不要摇动试管。反应生成的银氨配离子久置会析出易爆炸的氮化银 Ag_3N。因此，实验后的溶液用少量 HCl 处理后，倒入回收瓶中，残留在试管壁上的银镜，可用硝酸溶液洗去。

六、思考题

（1）检验 Cu^{2+}、Ag^{+}、Zn^{2+}、Cd^{2+}、Hg^{2+} 的氢氧化物或氧化物的酸碱性应选用什

么酸？

（2）为什么硫酸铜溶液中加入 KI 时，生成碘化亚铜？如加 KCl，产物应该是什么？

（3）能否用 NaOH 来分离混合的 Zn^{2+}、Cu^{2+}，为什么？

（4）当溶液中 Cu^{2+} 浓度很低时（肉眼看不见蓝色），加什么试剂可使它显蓝色？

（5）什么是银镜反应？它利用了银的什么性质？

第3章
综合性实验

实验 24
离子选择性电极法测定牙膏中微量氟含量

一、实验目的

（1）掌握电位法的基本原理。

（2）了解总离子强度调节缓冲溶液的意义和作用。

（3）学习牙膏中氟离子含量的测定操作及数据处理方法。

二、实验原理

氟离子选择电极是目前最成熟的一种离子选择电极。将氟化镧单晶封在塑料管的一端，管内装 0.1moL·L^{-1} NaF 和 0.1moL·L^{-1} NaCl 溶液，以 Ag-AgCl 电极为参比电极，构成氟离子选择电极。氟离子选择电极对溶液中的氟离子具有良好的选择性。测定时，由氟电极、饱和甘汞电极（外参比电极 SCE）、含氟试液组成工作电池：

$$Ag|AgCl|NaF(0.1mol\cdot L^{-1}),NaCl(0.1mol\cdot L^{-1})|LaF_3 \text{单晶}|\text{待测液}\parallel Hg_2Cl_2|Hg$$

通常将氟电极接电位计的负(－)极，饱和甘汞电极接正(＋)极，测得电池的电位差为：$E_{电池}=E_{SCE}-E_F$。饱和甘汞电极电位已知，而在一定实验条件下，氟电极电位与 F^- 活度的关系符合 Nernst 公式，因此上述电池的电动势 $E_{电池}$ 与试液中氟离子活度的对数呈线性关系，即有：

$$E(\text{电池})=K+0.059\lg c_F \tag{3-1}$$

用离子选择电极测量的是溶液中离子活度，而通常定量分析需要测量的是离子的浓度，不是活度。所以必须控制试液的离子强度。如果测量试液的离子强度维持一定，则式(3-1)可表示为：

$$E(\text{电池})=K+0.059\lg \alpha_F \tag{3-2}$$

当氟离子浓度在 10^{-6}～10^{-2} mol·L^{-1}范围内，式(3-2) 可用于定量测定。

用氟离子选择电极测量 F^- 最适宜 pH 范围为 5.5～6.5。pH 过低，易形成 HF_2^- 影响 F^- 的活度；pH 过高，易引起单晶膜中 La^{3+} 水解，形成 $La(OH)_3$，影响电极的响应。故通常用 pH6 的柠檬酸盐缓冲溶液来控制溶液的 pH。柠檬酸盐还可消除 Al^{3+}、Fe^{3+}(生成稳定的配合物) 的干扰。

使用总离子强度缓冲调节剂（TISAB)，既能控制溶液的离子强度，又能控制溶液的 pH，还可消除 Al^{3+}、Fe^{3+} 对测定的干扰。TISAB 的组成要根据被测溶液的成分及被测离子的浓度来确定。

三、仪器、试剂和材料

(1) 仪器　pH 酸度计、氟离子选择性电极、甘汞电极、磁力搅拌器。

(2) 试剂

① NaF 标准贮备液（1.000mg·mL^{-1}）　准确称取在 120℃下烘干的 NaF 2.2100g 于塑料杯中，用去离子水溶解，转入 1000mL 容量瓶中，定容，摇匀。转入塑料瓶中贮存。

② NaF 标准工作液（100μg·mL^{-1}）　准确移取 NaF 标准贮备液 10.00mL 于 100mL 容量瓶中，用去离子水定容，摇匀。转入塑料瓶中备用。

③ NaF 标准工作液（10μg·mL^{-1}）　准确移取 100μg·mL^{-1} NaF 标准工作液 1.00mL 于 100mL 容量瓶中，用去离子水定容，摇匀。转入塑料瓶中备用。

④ 总离子强度缓冲调节剂（TISAB）　称取 102g KNO_3、83g NaAc、32g 柠檬酸钾(钠)，分别溶解后转入 1000mL 容量瓶中，加入 14mL 冰醋酸，用水稀释至 800mL 左右，摇匀，此时溶液 pH 应在 5～5.6 之间。若超出该范围可用冰醋酸和 NaOH 在 pH 计上调节，完成后，定容，摇匀备用。此溶液中 KNO_3、NaAc、HAc、柠檬酸钾的浓度基本稳定，大约分别为 1mol·L^{-1}、1mol·L^{-1}、0.25mol·L^{-1}、0.1mol·L^{-1}。

⑤ 其他试剂　HCl（浓)、溴甲酚绿指示剂、NaOH、HCl。

(3) 材料　含氟牙膏。

四、实验内容

1. 氟离子电极使用前的准备

将电极与仪器相连接，氟电极接负极，饱和甘汞电极接正极。使用前，氟电极在去离子水中的电极电位值应达到本底值（该电极电位由电极生产厂标明，通常为 －220mV)。也可以在 10^{-3} mol·L^{-1} NaF 溶液中浸泡 1～2 h，再用去离子水洗到空白电位为－300mV 左右。

2. 样品制备

准确称取含氟牙膏 1.0000g 于塑料烧杯中，加入 10mL 浓热 HCl，充分搅拌约 20min，加 1～2 滴溴甲酚绿指示剂（呈黄色)，依次用固体 NaOH、浓和稀 NaOH 溶液中和至刚变蓝，再用稀 HCl 调至刚变黄（pH＝6.0)，转入 100mL 容量瓶中，定容，过滤。保留滤液备用。注意同时做一份空白溶液。

3. 工作曲线法

（1）标准系列溶液的配制　分别取 2.00mL、4.00mL、6.00mL、8.00mL、10.00mL $10\mu g \cdot mL^{-1}$ NaF 标准工作液于 5 个 50mL 的容量瓶中，加入 10mL 空白溶液和 10mL TISAB，定容，摇匀。此时浓度系列为 $0.4\mu g \cdot mL^{-1}$、$0.8\mu g \cdot mL^{-1}$、$1.2\mu g \cdot mL^{-1}$、$1.6\mu g \cdot mL^{-1}$、$2.0\mu g \cdot mL^{-1}$。

（2）将标准系列溶液分别倒出适量于塑料烧杯中，放入搅拌磁子，插入已经洗净的电极，搅拌 1min，停止搅拌后（或一直搅拌，待读数稳定后），读取稳定的电位值。按顺序从低到高浓度依次测量，每测量 1 份试液，无需清洗电极，只需用滤纸蘸去电极上的水珠。测量结果列表记录。

（3）水样测定　移取制好的样品滤液 10.00mL 于 50mL 容量瓶中，加入 10mL TISAB，定容、摇匀、测定。

4. 标准加入法

准确移取滤液 10.00mL 于 100mL 塑料烧杯中，加入 10mL TISAB，加入 30mL 去离子水，放入搅拌磁子，插入清洗干净的电极，搅拌，读取稳定的电位值 E_1。再准确加入 $100\mu g \cdot mL^{-1}$ F^- 标准工作液 1.00mL，同样测量出稳定的电位值 E_2。计算出其差值（$\Delta E = E_1 - E_2$）。

五、实验结果与数据处理

（1）在半对数坐标纸上绘制 E-c_F 曲线，或在坐标纸上绘制 E-$\lg c_F$ 曲线。求出该氟离子电极的响应斜率。

（2）根据所测滤液的 E_1 值从标准曲线上查出氟离子浓度，并计算滤液中氟离子的浓度 $c_F(mg \cdot L^{-1})$。

（3）根据标准加入法所得的 ΔE 和从校正曲线上计算得到的电极响应斜率 S 代入下述方程计算滤液中氟离子的含量，进而计算牙膏中氟的含量。

$$c_F = \frac{c_S V_S}{V_x + V_S}(10^{\Delta E/S} - 1)^{-1} \tag{3-3}$$

式中，c_S 和 V_S 分别为标准溶液的浓度和体积；c_F 和 V_x 分别为试液的氟离子浓度和体积。

六、注意事项

（1）氟电极使用前，宜在去离子水中浸泡数小时或过夜。或者在 $10mol \cdot L^{-1}$ NaF 溶液中浸泡 1～2h，再用去离子水洗涤，直至其在去离子水中的电极电位达到 −300mV。如不能达到，可能固态膜电极钝化了，此时可用 M_5（06 号）金相砂纸轻轻擦拭氟电极，或将优质牙膏放在湿的麂皮上擦拭氟电极，然后清洗，以上两种方法都可以活化电极。

（2）氟电极在接触浓的 F^- 溶液后再测定稀溶液时伴有迟滞效应，因此测定标准系列时应由稀到浓测定，可以不必清洗电极，只需用滤纸吸去附着的溶液即可。

（3）电位平衡时间随 F^- 浓度的降低而延长，在测定时，待平衡电位在 2min 内无变化即可读数。

（4）在应用氯离子电极时，需要考虑以下问题。

① 试液 pH 的影响。在低 pH 的溶液中，F^- 可和 H^+ 形成 HF 或 HF_2^-，降低了 α_F，pH 较高时，OH^- 浓度增大，从而发生与 F^- 的竞争响应，并且 OH^- 与 LaF_3 晶体膜发生如下反应：

$$LaF_3 + 3OH^- \longrightarrow La(OH)_3 + 3F^-$$

这些均对氟电极的响应有干扰，因此测定通常要在 pH5～6 的缓冲溶液中进行，常用的缓冲溶液是 HAc-NaAc。

② 为了使测定过程中 F^- 的活度系数 γ、液接电位 E_j 保持恒定，试液需要维持一定的离子强度。常在试液中加入一定浓度的惰性电解质如 KNO_3、NaCl、$KClO_4$ 等，来控制试液。

③ 氟离子选择性较好，但是一些能与 F^- 形成配合物的阳离子如 Fe^{3+}、Al^{3+}、Th^{4+} 等以及能与 La^{3+} 形成配合物的阴离子对测定会有不同程度的干扰。为消除金属离子的干扰可以加入掩蔽剂如柠檬酸钾（K_3C_{it}）、EDTA 等。

七、思考题

（1）总离子强度调节溶液在测定中起什么作用？

（2）影响测定准确度的因素有哪些？

（3）比较工作曲线法和标准加入法的测定结果，它们所测定的离子浓度是否相同？各有什么优点。

实验 25

水中化学耗氧量（COD）的测定

一、实验目的

（1）初步了解化学需氧量（COD）的意义及其在环境监测中的应用。

（2）初步了解水中化学需氧量（COD）与水体污染的关系。

（3）掌握 $KMnO_4$ 法测定水样中 COD 含量的原理和方法。

（4）学会计算水中化学耗氧量（COD）。

二、实验原理

化学耗氧量（简称 COD）是指天然水中可被高锰酸钾或重铬酸钾氧化的有机物的

含量，以每升多少毫克氧表示（$mg \cdot L^{-1}$）。水中COD的大小是水质污染程度的主要指标之一。通常清洁地面水中有机物的含量较低，COD小于3～4$mg \cdot L^{-1}$。轻度污染的水源COD可达4～10$mg \cdot L^{-1}$，若水中COD大于10$mg \cdot L^{-1}$，则认为水质受到较严重的污染。

对水中COD的测定，我国规定用重铬酸钾法、库仑滴定法和高锰酸钾法。重铬酸钾法主要测定污染严重的工业废水，测得的值称为COD_{Cr}。而$KMnO_4$法则适合测定地面水、河水等污染不十分严重的水。根据测定时溶液的酸度又可以将高锰酸钾法分为酸性高锰酸钾法和碱性高锰酸钾法，分别记作COD_{Mn}（酸性）、COD_{Mn}（碱性）。本实验为酸性高锰酸钾法，其原理如下：

在酸性条件下，高锰酸钾具有很强的氧化性，可氧化水中大多数的有机物，在酸性溶液中加入过量的$KMnO_4$溶液，加热使水中的有机物充分与之作用。反应式如下：

$$4MnO_4^- + 12H^+ + 5C^* \longrightarrow 4Mn^{2+} + 5CO_2\uparrow + 6H_2O$$

（C^*指水样中还原性物质总和）

加入过量的$Na_2C_2O_4$使过量的$KMnO_4$还原，剩余的$Na_2C_2O_4$再用$KMnO_4$返滴定。

$$2MnO_4^- + 5C_2O_4^{2-} + 16H^+ \longrightarrow 2Mn^{2+} + 8H_2O + 10CO_2\uparrow$$

若水样中Cl^-的含量大于300$mg \cdot L^{-1}$，则测定结果偏高，可加入Ag_2SO_4除去Cl^-。通常1g Ag_2SO_4可消除200mg Cl^-的干扰。也可将水样稀释消除干扰。如使用Ag_2SO_4不便，可采用碱性高锰酸钾法测定水中需氧量。

注意：取水样后应立即进行分析，如需放置可加入少量$CuSO_4$以抑制微生物对有机物的分解。

三、仪器、试剂

（1）仪器　电热板、酸式滴定管（50mL）、碱式滴定管（50mL）、锥形瓶（250mL）、移液管（25mL，100mL）、烧杯（50mL，干燥）、量筒（10mL）、容量瓶（250mL）。

（2）试剂　$KMnO_4$（0.02$mol \cdot L^{-1}$）、$Na_2C_2O_4$标准溶液（0.00500$mol \cdot L^{-1}$）、Ag_2SO_4（s，AR）、H_2SO_4（3$mol \cdot L^{-1}$）。

四、实验内容

1. 0.002$mol \cdot L^{-1}$ $KMnO_4$溶液的配制

移取25mL0.02$mol \cdot L^{-1}$ $KMnO_4$溶液于250mL容量瓶中，加入蒸馏水至刻度，得0.002$mol \cdot L^{-1}$ $KMnO_4$溶液。

2. 水样的测定

准确移取100mL水样于250mL锥形瓶中，加入10mL H_2SO_4（3$mol \cdot L^{-1}$）（必要时可加入少许Ag_2SO_4固体，以除去水样中少量的Cl^-），准确加入10.00mL（记为V_1）0.002$mol \cdot L^{-1}$ $KMnO_4$溶液，加热煮沸10min（加热过程中若观察到红色褪去，应适量补加高锰酸钾溶液）。立即准确加入 10.00mL 0.005mol·L^{-1} $Na_2C_2O_4$ 标准溶液，红色褪去（此时溶液无色，若仍有红色，需补加 5mL $Na_2C_2O_4$）。趁热（70～80℃）用高锰酸钾溶液滴定至微红色，30s 内不褪色即为终点（终点时溶液温度不应低于 60℃）。记录高锰酸钾溶液用量 V_2。

3. 空白测定

准确移取 100mL 蒸馏水于 250mL 锥形瓶中，加入 10mL H_2SO_4(mol·L^{-1})，加热到 70～80℃，趁热用高锰酸钾溶液滴定至微红色，30s 内不褪色即为终点（终点时溶液温度不应低于 60℃）。记录高锰酸钾溶液用量 V_3。

4. 高锰酸钾溶液与草酸钠溶液的体积比

准确移取 100mL 蒸馏水于 250mL 锥形瓶中，加入 10mL H_2SO_4(3mol·L^{-1})，加入草酸钠标准溶液 10.00mL，摇匀，加热到 70～80℃，立即用高锰酸钾溶液滴定至微红色，30s 内不褪色即为终点（终点时溶液温度不应低于 60℃）。记录高锰酸钾溶液用量 V_4。计算体积比 $K=V_{Na_2C_2O_4}/V_{KMnO_4}$

五、数据记录与结果处理

平行测定 3 份，分别按下式计算水样中化学需氧量 COD 的值，若它们的相对偏差不超过 0.3%，则可以取其平均值作为最终结果。否则，不要取平均值，而要查找原因，作出合理解释。

$$\mathrm{COD}(O_2,\mathrm{mg}\cdot L^{-1})=\frac{[(V_1+V_2-V_3)K-10.00]\times c_{Na_2C_2O_4}\times 16.00\times 1000}{V_{水样}} \qquad (3\text{-}4)$$

式中，$K=10.00/(V_4-V_3)$，16 为氧的原子量。

六、注意事项

（1）从冒第一个气泡开始，要小火加热。

（2）加入沸石，防止爆沸，加热过程中要注意安全。

（3）煮沸时，控制温度，不能太高，防止溶液溅出。

（4）严格控制煮沸时间，才能得到较好的重现性。

七、思考题

（1）水样加入 $KMnO_4$ 煮沸后，若红色消失说明什么？应采取什么措施？

（2）水样中 Cl^- 含量高时对测定有何干扰？应采用什么方法消除？

（3）清洁地面水、轻度污染的水源和严重污染的水源，COD 值有何区别？

（4）水样的采集及保存应当注意哪些事项？

（5）测定水中 COD 意义何在？有哪些方法可以测定 COD？

（6）用 $Na_2C_2O_4$ 标定 $KMnO_4$，为什么必须在 H_2SO_4 介质中进行？酸度过高或过低有何影响？可以用 HCl 或 HNO$_3$ 调节酸度吗？为什么要加热至 70~80℃？过高或过低有何影响？

实验 26

由锌焙砂制备硫酸锌及其主含量的测定

● 预习

(1) Fe^{2+}、Fe^{3+}、Cu^{2+}、Mn^{2+}、Ni^{2+} 和 Cd^{2+} 的定性检验方法。
(2) 预习用乙二胺四乙酸(EDTA)测定 Zn^{2+} 的反应原理。

一、实验目的

(1) 了解从粗硫酸锌溶液中除去铁、铜、镍和镉等杂质的原理和方法。
(2) 进一步提高分离、纯化和制备无机物的实验技能。
(3) 了解主含量硫酸锌的测定方法。
(4) 培养学生综合实验能力。

二、实验原理

1. 硫酸锌的制备

硫酸锌是合成锌钡白的主要原料之一。它是由锌精矿焙烧后的锌焙砂或其他含锌原料，经过酸浸、氧化、置换和再次氧化等化学反应，除去杂质后得到的。本实验以锌焙砂为原料，其中除了含 65%（质量分数）左右的 ZnO 外，还含有铁、铜、镉、钴、砷、锑和镍等杂质。在用稀硫酸浸取过程中，锌的化合物和上述一些杂质都溶入溶液中。在微酸性条件下，用 H_2O_2 将 Fe^{2+} 氧化成 Fe^{3+}，其中 As^{3+} 和 Sb^{3+} 随同 Fe^{3+} 的水解而被除去。Cu^{2+}、Cd^{2+} 和 Ni^{2+} 等杂质用锌粉置换法除去（除 Co^{2+} 和二次氧化步骤本实验省略）。将净化后的溶液蒸发浓缩，制得硫酸锌晶体产品。

2. 产品中硫酸锌含量的测定

硫酸锌是产品的主要成分，其含量可通过分析 Zn^{2+} 含量获得。Zn^{2+} 含量可通过 EDTA 配位滴定法测定。该方法滴定终点颜色变化灵敏，准确度高。

EDTA 是乙二胺四乙酸的简称，常用 H_4Y 表示。然而由于 EDTA 难溶于水，通常采用其二钠盐(Na_2H_2Y)来配制标准浓度的水溶液，习惯上也称为 EDTA 标准溶液。Na_2H_2Y 的分子结构如下：

$$\begin{array}{c} HOOCH_2C \qquad\qquad CH_2COOH \\ \diagdown\qquad\qquad\diagup \\ NCH_2CH_2N \\ \diagup\qquad\qquad\diagdown \\ ^+Na^-\,OOCH_2C \qquad\qquad CH_2COO^-\,Na^+ \end{array}$$

EDTA 能和大多数金属离子快速地形成 1∶1 的稳定螯合物，因此可以对多种金属离子进行滴定分析。例如，用 EDTA 滴定 Zn^{2+} 含量，其反应如下：

$$Zn^{2+} + Na_2H_2Y \longrightarrow ZnY^{2-} + 2Na^+ + 2H^+$$

用 EDTA 标准溶液滴定 Zn^{2+}，选用金属离子指示剂（简称 In）二甲酚橙。滴定终点之前，亮黄色 In 反应形成红色配合物 ZnIn。

$$\text{终点前}\ \underset{\text{(亮黄色)}}{In} + Zn^{2+} \rightleftharpoons \underset{\text{(红色)}}{ZnIn}$$

达到滴定终点时，Zn^{2+} 与 EDTA 反应完全，指示剂恢复本来的亮黄色，终点前、后颜色变化明显。

$$\text{终点时}\ \underset{\text{(红色)}}{ZnIn} + Na_2H_2Y \rightleftharpoons ZnY^{2-} + \underset{\text{(亮黄色)}}{In} + 2Na^+ + 2H^+$$

不同的金属离子用不同的指示剂指示终点。多数金属指示剂的显色受溶液 H^+ 浓度的影响，配位滴定要在指示剂颜色变化最灵敏的酸度下进行，例如二甲酚橙指示 Zn^{2+} 的滴定过程要在 pH 为 6.0 的溶液中进行。

EDTA 与 Zn^{2+} 反应的过程中会不断地释放出 H^+，使溶液的 H^+ 浓度不断增加。H^+ 浓度增加会影响终点的观察，同时也会影响 EDTA 与 Zn^{2+} 的定量反应，因此滴定要在适当的缓冲溶液中进行。缓冲溶液的 pH 根据指示剂来确定。根据二甲酚橙要求 pH 为 6.0，可以选择 HAc-NaAc 缓冲溶液。

三、仪器、试剂和材料

（1）仪器　台秤、分析天平、温度计、量筒（50mL）、蒸发皿、酸式滴定管（50mL）、滴定管夹、锥形瓶（250mL）、恒温干燥箱、烧杯（100mL）。

（2）试剂　HNO_3（$2mol \cdot L^{-1}$）、H_2SO_4（$2mol \cdot L^{-1}$）、HCl（$2mol \cdot L^{-1}$、20%）、Na_2S（$1mol \cdot L^{-1}$）、HAc-NaAc 缓冲溶液（pH＝6.0）、H_2O_2（3%）、丁二酮肟（1%）、二甲酚橙指示剂、EDTA 标准溶液（$0.1mol \cdot L^{-1}$）、锌焙砂粉（s）、锌粉（s，AR）、$NaBiO_3$（s，AR）、$ZnSO_4 \cdot 7H_2O$（s，AR）、ZnO（浆液）。

（3）材料　pH 试纸、滤纸。

四、实验内容

1. 由锌焙砂制备硫酸锌

（1）浸出　称取 10.0g 锌焙砂于 100mL 带刻度的烧杯中，加入约 15mL 水，再加入所需的 $2mol \cdot L^{-1}$ H_2SO_4（请学生自己计算理论量，实际加入量应该比理论量多加 4mL），记录此时液面位置。加热反应 30～35min，分离除去不溶物（若无不溶物可以不用分离直接进行下一步用 ZnO 调节溶液 pH 的操作）。

（2）净化　加热上述溶液至近沸，用少量 ZnO 浆液调节溶液的酸度到 pH 约 3.2，滴加 1～2mL 3% H_2O_2，取清液检验 Fe^{3+} 和 Mn^{2+} 除尽后，再加热溶液至沸腾数分钟，加蒸馏水使溶液约 80mL，抽滤。得到的溶液加热 60～70℃，如果出现白色浑浊，滴加几滴 $3mol \cdot L^{-1}$ H_2SO_4，然后加入少量锌粉，搅拌 7～8min，取清液检验 Ni^{2+} 除尽后，再取几滴清液，滴加到 0.5mL 2.0mol·L^{-1} 的 HCl 溶液中，滴加 Na_2S 水溶液，若无黄色沉淀，抽滤并除去残余的锌粉。

（3）浓缩结晶　将滤液转入蒸发皿中，蒸发浓缩到出现晶膜时，冷却至室温，抽干，称重，计算产率。

（4）产品中杂质的定性分析　取 1g 产品溶于 5mL 水中，分别定性检验 Fe^{2+}、Fe^{3+}、Cu^{2+}、Mn^{2+}、Ni^{2+} 和 Cd^{2+} 是否存在，说明产品的纯度。其余产品在室温下自然干燥。

2. 产品中 $ZnSO_4 \cdot 7H_2O$ 主含量的测定

（1）$ZnSO_4 \cdot 7H_2O$ 含量的测定练习　称取 0.6～0.8g 分析纯 $ZnSO_4 \cdot 7H_2O$ 试剂（精确至 0.0001g）三份。加入 50mL 水溶解，加入 pH 为 6.0 的 HAc-NaAc 缓冲溶液 10mL。然后加入 3 滴二甲酚橙指示剂，这时溶液呈现红色。用 EDTA 标准溶液（0.1mol·L^{-1}）滴定至溶液由红色变为亮黄色。EDTA 标准溶液的浓度数据由实验室提供。

计算试剂 $ZnSO_4 \cdot 7H_2O$ 的百分含量，与试剂瓶上含量进行对照，如果测定结果与试剂瓶上含量偏差在 0.5%之内，说明掌握了测试方法，可以进入下面的测定，对自己制备的 $ZnSO_4 \cdot 7H_2O$ 产品质量进行检验。计算办法如下：

$$x=\frac{Vc\times 287.5}{m\times 1000}\times 100\% \tag{3-5}$$

式中，x 为硫酸锌的质量分数，%；V 为 EDTA 标准溶液的体积，mL；c 为 EDTA 标准溶液的浓度，mol·L^{-1}；m 为样品质量，g；287.5 为 $ZnSO_4 \cdot 7H_2O$ 的摩尔质量，g·mol^{-1}。

（2）自制产品中 $ZnSO_4 \cdot 7H_2O$ 主含量的测定　称取 0.6～0.8g 已经干燥的自制 $ZnSO_4 \cdot 7H_2O$ 样品（精确至 0.0001g）三份。加入 50mL 水溶解，加入 pH 为 6.0 的 HAc-NaAc 缓冲溶液 10mL。然后加入 3 滴二甲酚橙指示剂，这时溶液呈现红色。用 0.1mol·L^{-1} EDTA 标准溶液滴定至溶液由红色变为亮黄色。

计算自制 $ZnSO_4 \cdot 7H_2O$ 的百分含量（计算方法同上），与 $ZnSO_4 \cdot 7H_2O$ 试剂的含量进行对比，评估自制产品是分析纯、化学纯还是工业级纯度。

五、注意事项

$ZnSO_4 \cdot 7H_2O$ 的质量标准（GB/T 666—2011）分析纯：≥99.5%；化学纯：≥99.0%。

实验 27

硝酸钾的制备、提纯及溶解度测定

预习

（1）盐类的溶解度与温度的关系。

（2）19.0g $NaNO_3$ 和 15.0g KCl 的混合物中，加入 30mL 水，加热至沸腾时，什么物质达到饱和（以 100℃，30g 水计算）？而该混合溶液加热蒸发至原有体积的 2/3 时，析出的晶体是什么（以 100℃，20g 水计算）？不考虑其他盐对溶解度的影响。

一、实验目的

（1）学习利用盐类在不同温度下溶解度的差别，来制备物质、分离杂质、提纯产品的方法。

（2）进一步熟悉溶解、过滤等操作。

（3）学习重结晶法提纯物质的原理和操作。

（4）学习测定硝酸钾溶解度的方法。

二、实验原理

$NaNO_3$ 和 KCl 的复分解反应是一可逆反应：

$$NaNO_3 + KCl \rightleftharpoons KNO_3 + NaCl$$

参与反应的四种盐在不同温度时的溶解度见表 3-1。

表 3-1　$NaNO_3$、KCl、NaCl、KNO_3 的溶解度

单位：g·$(100g\ H_2O)^{-1}$

盐	温度/℃								
	0	10	20	30	40	50	60	80	100
$NaNO_3$	73.0	80.0	88.0	96.0	104.0	114.0	124.0	148.0	180.0
KCl	27.6	31.0	34.0	37.0	40.0	42.6	45.5	51.1	56.7
NaCl	35.7	35.8	36.0	36.3	36.6	37.0	37.3	38.4	39.8
KNO_3	13.3	20.9	31.6	45.8	63.9	85.5	110.0	169.0	246.0

由表 3-1 可见，在常温时，除 $NaNO_3$ 外，KCl、NaCl、KNO_3 的溶解度相差不大。随着温度的变化，其中 NaCl 和 KNO_3 的溶解度差异较大。当温度升高时，NaCl 的溶解度随温度变化不大，而 KNO_3 的溶解度却随着温度的升高而迅速增大。因此，将 $NaNO_3$ 和 KCl 按一定比例混合并溶于水中，溶液中会存在 Na^+、K^+、Cl^-、NO_3^-，加热混合溶液至沸腾后浓缩，由于 KNO_3 的溶解度较大，未达饱和，不会析出结晶，而此时 NaCl 的溶解度小，并随溶剂的减少达饱和析出，趁热滤出 NaCl 晶体。再将滤液冷至室温，KNO_3 因溶解度降低而析出结晶。过滤得到的粗产品中含有少量的 NaCl 等杂质，可通过重结晶得到较纯的 KNO_3。

产品 KNO_3 中的杂质 NaCl 可通过加入 $AgNO_3$ 产生 AgCl 的白色沉淀来检验。

三、仪器、试剂和材料

（1）仪器　分析天平、台秤、烧杯（100mL、250mL、500mL）、量筒（100mL、

10mL)、酒精灯、温度计、布氏漏斗、吸滤瓶、长玻璃棒、玻璃棒、吸量管（1.00mL）、试管（5mL）、表面皿、三脚架、石棉网。

（2）试剂 HNO_3（2mol·L^{-1}）、$AgNO_3$（0.1mol·L^{-1}）、$NaNO_3$（s，AR）、KCl（s，AR）。

（3）材料 滤纸、胶圈。

四、实验内容

1. KNO_3 的制备

称取 19.0g $NaNO_3$ 和 15.0g KCl，放入 100mL 烧杯中，加入 30mL 蒸馏水，小火加热，搅拌使固体溶解（图 3-1）。继续加热，并不断搅拌，蒸至溶液的体积为原来的 2/3 时，停止加热。趁热抽滤，分离析出 NaCl 晶体。滤液转入烧杯中，并加入 3～4mL 沸水。继续小火加热，蒸发烧杯中的溶液至原有体积的 2/3 时，停止加热，静置冷却至室温，结晶析出。抽滤，将晶体尽量抽干，称重，计算粗产率。

留取 0.1g 粗产品做纯度检验，其余全部用于提纯。

2. KNO_3 的提纯

以每 2g KNO_3 粗产品加 1mL 水的比例，将粗产品溶入一定量的蒸馏水中，小心加热，搅拌，待晶体全部溶解后停止加热。静置冷却至室温，结晶析出。抽滤，将晶体尽量抽干，称重，计算重结晶产品的产率。

3. 产品纯度的检验

分别取粗产品和重结晶后的产品各 0.1g 于两支试管中，各加蒸馏水 2mL，使晶体溶解。往溶液中分别加入 1 滴 2mol·L^{-1} HNO_3 溶液酸化，再各加 0.1mol·L^{-1} $AgNO_3$ 溶液 1～2 滴，观察现象，进行对比。

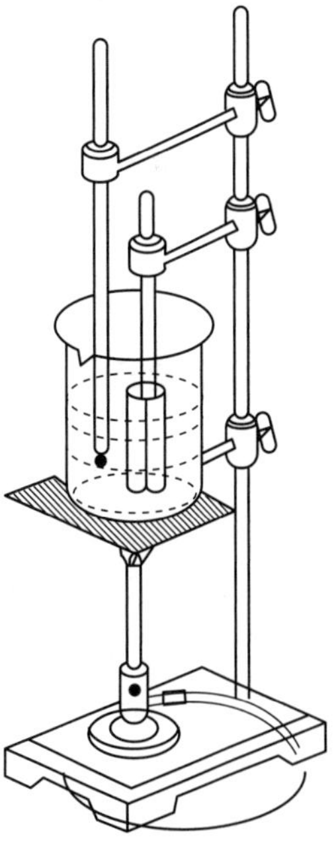

图 3-1 KNO_3 溶解度测定装置示意图

4. KNO_3 溶解度的测定

（1）配制样品 取四支干燥、洁净的小试管，并以 1 号、2 号、3 号、4 号编号。在分析天平上准确称取四份纯 KNO_3 晶体（质量范围分别为 1.7～1.8g、1.3～1.4g、1.1～1.2g、0.7～0.8g），分别倒入 1 号、2 号、3 号、4 号小试管中，每支小试管中再各加入 1.00mL 蒸馏水。

（2）按图 3-1 安装实验装置 用胶圈将四支小试管整齐地固定在长玻璃棒的下端，并悬挂在盛有水的 250mL 烧杯中。另外悬挂于烧杯中的温度计，其水银球部分也应完全浸入水中，并尽量靠近小烧杯，使其下端与小烧杯的底部处于同一水平。

（3）溶解度测定 每支小试管中各放一小玻璃棒用于搅拌，加热烧杯，并搅拌小试管中的液体，待 KNO_3 固体完全溶解后，停止加热。此时不停搅拌 1 号小试管中的溶液，当有固体析出（或出现浑浊），迅速记录温度。以同样的方法记录 2 号、3 号、4 号小试管中固体析出的温度，并将结果填入表 3-2 中。

表 3-2　KNO_3 溶解度的测定

实验编号	1 号	2 号	3 号	4 号
纯 KNO_3 的质量/g				
加入水的质量/g				
晶体开始析出时的温度/℃				
在该温度下的溶解度/g·(100g H_2O)$^{-1}$				

五、数据记录与结果处理

KNO_3 粗产品的质量__________g；　　粗产率__________

重结晶后 KNO_3 产品的质量__________g；　　产率__________

以温度为横坐标，KNO_3 的溶解度为纵坐标，绘制 KNO_3 的溶解度曲线，并与 KNO_3 的标准溶解度曲线进行比较。

六、 注意事项

(1) 本实验中为了提高 KNO_3 的产率，$NaNO_3$ 的用量稍有过量（过量 0.02mol）。

(2) 加热蒸发 $NaNO_3$ 和 KCl 的混合溶液至原有体积的 2/3 时，注意观察溶液的体积。溶液的体积过少或过多，都将给实验带来不良后果。为什么？同时加热时必须不停搅拌，否则析出的 NaCl 晶体会引起暴沸。

(3) 热过滤后，往滤液中加入 3～4mL 沸水以使滤液不致被 NaCl 饱和。加水量根据具体的实验情况而定。加热蒸发 KNO_3 溶液至原有体积的 2/3 时，也应控制溶液的体积。溶液的体积过多，室温时析出的量将减少，产率较低；体积过少，NaCl 将会析出，产品纯度降低。

(4) KNO_3 的晶形为针状，NaCl 的晶形为细粒状。当 KNO_3 溶液缓慢冷却时得到的 KNO_3 针状晶体较长，而若用冷水快速冷却溶液时，得到的 KNO_3 晶体较细小，注意与 NaCl 晶体的区别。

(5) 在进行 KNO_3 溶解度测定实验时，如果有某份溶液析出晶体时的温度观察得不够准确，可再将水浴加热至晶体完全溶解，停止，重新观察晶体析出时的温度。

七、 思考题

(1) 制备 KNO_3 晶体时为何要小火加热？为什么要趁热过滤除去 NaCl 晶体？

(2) 对 KNO_3 粗产品进行重结晶时，为什么要每 2g KNO_3 粗产品加 1mL 水进行溶解？

(3) KNO_3 晶体中混有 KCl 和 $NaNO_3$ 时，应如何提纯？

实验 28

粗硫酸铜的提纯与结晶水的测定

一、实验目的

（1）了解化学试剂的分级。

（2）知道粗硫酸铜的来源。

（3）掌握不同金属离子的特点及分离方法。

（4）掌握过滤、蒸发、结晶等基本操作。

（5）了解结晶水的测定与表征方法。

二、实验原理

粗硫酸铜一般是由含有杂质铜的氧化物与稀硫酸反应制取：

$$CuO(粗)+H_2SO_4(稀)\longrightarrow CuSO_4+H_2O$$

市场出售的粗硫酸铜中常含有不溶性杂质和可溶性杂质 $FeSO_4$、$Fe_2(SO_4)_3$ 等。不溶性杂质可以用过滤除去。杂质 $FeSO_4$ 需要用氧化剂 H_2O_2 氧化为 Fe^{3+}（为什么?），然后调节溶液的 pH(一般控制在 pH=4，为何?)，使 Fe^{3+} 水解成 $Fe(OH)_3$ 沉淀而除去，其反应表示式如下：

$$2FeSO_4+H_2SO_4+H_2O_2\longrightarrow Fe_2(SO_4)_3+2H_2O$$

$$Fe^{3+}+3OH^-\longrightarrow Fe(OH)_3\downarrow$$

除去铁离子后的滤液，用 KCNS 检验没有 Fe^{3+} 存在时，即可通过蒸发、浓缩和结晶析出；其它微量的可溶性杂质，例如引入沉淀剂中的 Na^+ 等在硫酸铜结晶时，仍留在母液中，过滤时可与硫酸铜分离。例如，20℃条件下，$CuSO_4$ 和 NaOH 在水中的溶解度分别为 $20.7g\cdot(100g\ H_2O)^{-1}$ 和 $109g\cdot(100g\ H_2O)^{-1}$。因此，在滤液浓缩过程中不能蒸干。

含有五个水的硫酸铜为蓝色晶体，若将其慢慢加热，则其中的结晶水会脱掉，完全脱去水的硫酸铜为白色粉末。通过控制温度，对含水硫酸铜进行加热；根据失重结果，可以简单判定硫酸铜中含水分子的数量。为了更准确测定并描述某一物种里含水的数量和水的种类，还需要热重技术的引入。

*热重（Thermogravimetric，TG）法是在程序控制温度下，测定物质质量与施加温度之间关系的一种技术。由热重法记录的物质质量变化对温度的关系曲线称为热重曲线，从 TG 曲线可得到测试样品的组成、热稳定性能、热分解温度和热分解产物等结果。

* 为课外阅读材料。

例如，为了测定镍的吡啶酸基配合物［$Ni(L)_2(H_2O)_2$］·$2H_2O$ 中水分子的数量和种类，测定并绘制其在 50～250℃区间的 TG 曲线（图 3-2）。

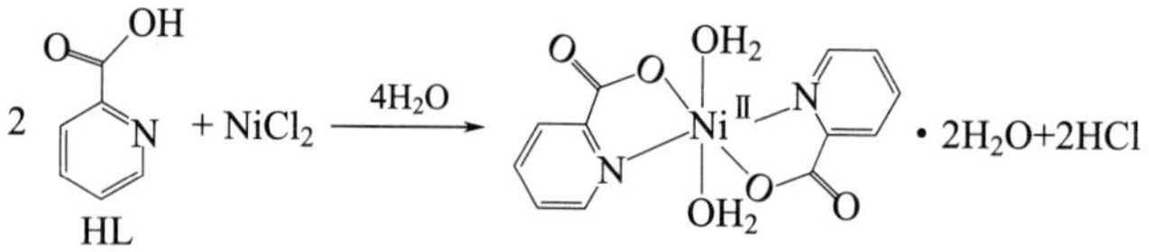

［$Ni(L)_2(H_2O)_2$］·$2H_2O$

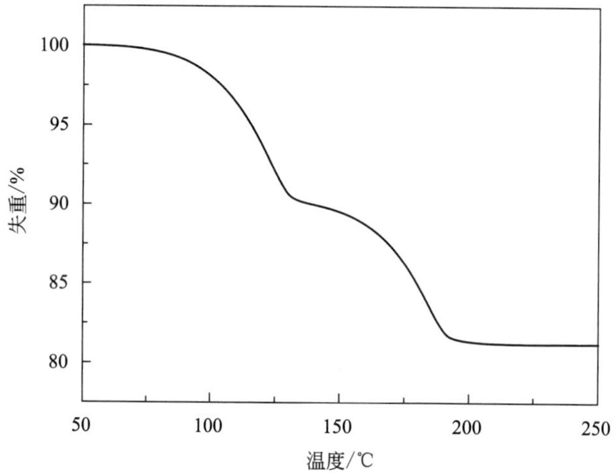

图 3-2　［$Ni(L)_2(H_2O)_2$］·$2H_2O$ 的热重（TG）曲线

图 3-2 显示，在 50～250℃区间，［$Ni(L)_2(H_2O)_2$］·$2H_2O$ 有两次重量损失过程。第一次失重发生在 50～129.3℃区间，失去两个结晶水，重量损失 9.60%。第二次失重发生在 140～203℃区间，失去了两个参与配位的水分子，重量损失 9.60%。继续加热，就没有了失重发生。

三、仪器、试剂和材料

（1）仪器　分析天平、烧杯（250mL、100mL）、玻璃棒、酒精灯、真空泵、布氏漏斗和吸滤瓶、蒸发皿、热重分析仪。

（2）试剂　粗 $CuSO_4$、$HCl(2mol\cdot L^{-1})$、$H_2SO_4(1mol\cdot L^{-1})$、$H_2O_2(3\%)$、$NaOH(2mol\cdot L^{-1})$、$KCNS(0.5mol\cdot L^{-1})$。

（3）材料　pH 试纸、滤纸。

视频扫一扫

硫酸铜提纯中，pH 的控制原理

四、实验步骤

（1）称取 15g 粗硫酸铜，放入 100mL 的烧杯中，加入 50mL 蒸馏水，加热溶解。

（2）待硫酸铜全部溶解后，滴加 1mL 3% H_2O_2，将溶液加热，并不断搅拌，然后逐滴加入 $2mol\cdot L^{-1}$ NaOH，调 pH=4，再加热片刻使生成的 $Fe(OH)_3$ 沉淀颗粒增大。趁热过滤（用试管接少量滤液，加入 KCNS 检验是否已除尽 Fe^{3+}，如未除净则重复此步骤，直到把 Fe^{3+} 除净为止），并把滤液转移至蒸发皿中。

(3) 向滤液中滴加 $1mol \cdot L^{-1}$ H_2SO_4 进行酸化，调节 pH 至 1～2（为何?），然后用小火加热、蒸发、浓缩至液面出现一个固体点时，停止加热。

视频扫一扫

蒸发和结晶操作

(4) 冷却至室温，抽滤并尽量抽干，取出晶体，吸滤瓶中的母液倒入回收瓶中。

(5) 通过天平称出产品的重量，并计算出产率。

(6) 把上面称出的产品，重新放在蒸发皿中加热，使之全部失去结晶水（蓝色硫酸铜晶体全部变白），冷却后再称量。计算硫酸铜晶体中结晶水的含量。回收测定后的无水硫酸铜。

五、数据处理

粗 $CuSO_4 \cdot 5H_2O$/g	提纯后 $CuSO_4 \cdot 5H_2O$/g	提纯百分率/%	无水 $CuSO_4$/g	结晶水含量(实验值)

*六、热重法测定硫酸铜中结晶水的含量

准确称取一定量的含有结晶水的硫酸铜样品，利用热重分析仪测定样品的失重过程，并绘制 TG 曲线。根据 TG 曲线，对样品的失水温度和样品中含结晶水的数量进行分析与表征。

七、思考题

(1) 除 Fe^{3+} 时，为什么要调节 pH=4 左右？pH 太小或太大有什么影响？
(2) 实验中如何控制得到合格的硫酸铜五水合物？
(3) 要提高产品的纯度应注意什么问题？
(4) 测定结晶水的方法有哪些？
(5) 想一想，结晶水与其它类型，例如参与配位到金属中的水有何区别？

实验 29

分光光度法测定 1∶1 型磺基水杨酸合铁(Ⅲ)配合物的稳定常数

一、实验目的

(1) 理解分光光度法测定配离子组成和稳定常数的原理。
(2) 测定 pH=2 时，磺基水杨酸合铁(Ⅲ) 配离子的组成和稳定常数。

(3) 掌握分光光度计的使用。
(4) 强化移液管、吸量管和容量瓶的使用。
(5) 通过自行设计实验方案，提高对知识的灵活运用能力。

二、实验原理

1. Fe^{3+} 与磺基水杨酸（简写为 H_3R）的配合物与 pH 的关系

Fe^{3+} 与磺基水杨酸可以形成稳定的配合物。配合物的组成和颜色随 pH 的不同而不同。当 pH 为 2～3 时，形成的是紫红色配合物，pH 为 4～9 时，形成的是红色配合物，pH 为 9～11.5 时，形成的是黄色配合物。本实验测定的是 pH＝2～3 时的配合物组成及稳定常数，其反应如下：

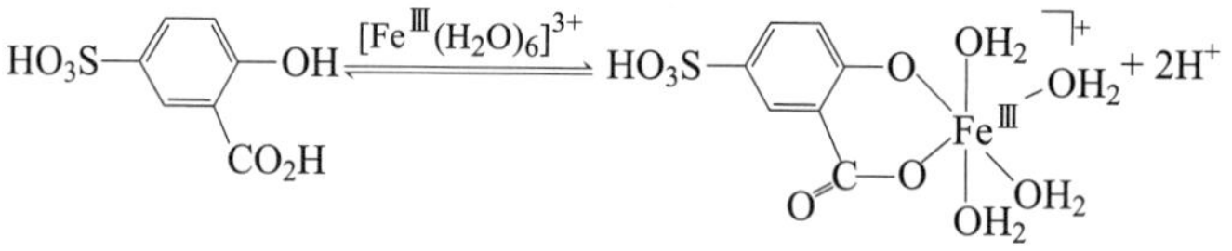

2. 物质对光的选择性吸收

物质之所以呈现不同的颜色，是因为白色光（阳光或灯光）照射到该物质表面以后，有一部分可见光被该物质选择性吸收，而另一部分可见光则经过该物质的反射或透射进入人的眼睛，与视神经发生作用，产生了颜色的感觉。人们看到的颜色实际上是白光被部分吸收后留下的互补色。例如，树叶之所以是绿色，其实是因为树叶里的物质将阳光中的其他色光吸收，留下其互补色——绿色反射入了人的眼睛。而当看到的物质是白色或是透明时，实际上是因为该物质不吸收可见光，所有的可见光被该物质反射或透射进入人的眼睛。若见到的物质是黑色，则是因为该物质将所有的可见光都吸收了，没有可见光反射或透射入人的眼睛里。

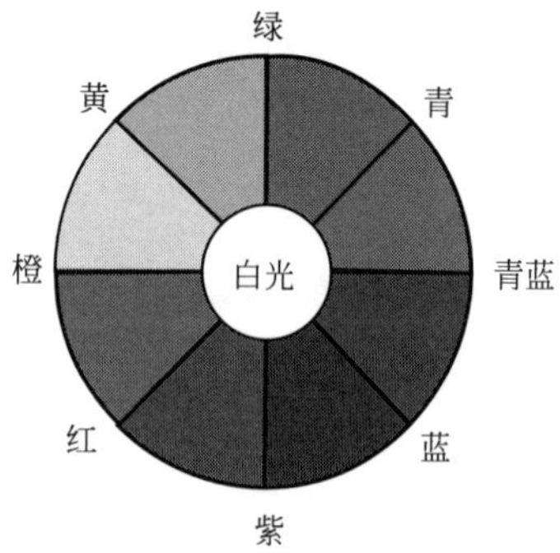

图 3-3 有色光的互补色

关于互补色，如图 3-3 所示。物质颜色与吸收光颜色的互补关系见表 3-3。

表 3-3 物质颜色与吸收光颜色的互补关系

序号	物种颜色	吸收光的颜色	吸收光的波长(λ)/nm
1	黄绿色	紫色	400～450
2	黄色	蓝色	450～480
3	橙色	绿蓝色	480～490
4	红色	蓝绿色	490～500
5	紫红色	绿色	500～560
6	紫色	黄绿色	560～580
7	蓝色	黄色	580～600
8	绿蓝色	橙色	600～650
9	蓝绿色	红色	650～750

3. 分光光度法分析原理

物质对光的这种选择性吸收不仅可通过物质颜色进行简单分辨，还可以通过实验方法进行准确测定。这种方法就是分光光度法。

当一束波长一定的单色光通过一定厚度的透明有色溶液时，溶液中的有色物质会吸收一部分光能，使得透射光的强度相对入射光强度有所减弱。这种吸收的程度常用吸光度 A 表示，A 值越大，有色物质对该单色光的吸收程度就越大。A 值越小，则有色物质对该单色光的吸收程度就越小。如果将不同波长的单色光透过一厚度一定的透明有色溶液，并测量出溶液对该波长的光的吸光度，接着再以波长为横坐标，以吸光度为纵坐标作图就可得到一个曲线图，这个曲线图称为吸收光谱。从吸收光谱可以判断出该溶液最易选择吸收什么波长的光。

由于物质对光的选择性吸收是源于其内部结构的不同，因此不同物质会有其特征吸收光谱。分光光度法就是利用这种特征吸收光谱进行物质的定性分析。

分光光度法除了可以确定某种溶液最易选择吸收什么波长的光，还可以利用该波长的光对溶液进行定量分析。其定量分析依据的原理是朗伯-比耳定律。

根据朗伯-比耳定律，某溶液的吸光度 A 值与溶液中的有色物质的浓度 c 和液层厚度 L 的乘积是成正比的。即：

$$A=\varepsilon cL \tag{3-6}$$

式中，ε 是比例系数，称为吸光系数，它与入射光的波长、溶液的性质以及温度等因素有关。

但是朗伯-比耳定律对于物质的浓度是有一定要求的。当浓度过大时，将发生偏离朗伯-比耳定律的现象，即 A 与 c 不再呈线性关系。因此分光光度法通常只适用于物质浓度小于 $0.01mol \cdot L^{-1}$的稀溶液。

当把溶液浓度以及仪器调节至符合朗伯-比耳定律的状态后，固定好入射光的波长和强度（ε）、固定液层厚度（L），这个时候，溶液的吸光度（A）就只和溶液浓度 c 成正比。

$$A=Bc$$

入射光的波长可以事先选定，测定时的 ε 可用空白溶液调节仪器确定，液层厚度 L 可用一定厚度的比色皿控制。

利用分光光度法进行定量分析主要有三种方法：标准管法、标准工作曲线法和吸光系数法。其中标准工作曲线具体如下：首先用该物质配制一系列不同浓度 c_i（i=1、2、3…）的标准溶液，然后用分光光度计在某固定波长处测定出其对应的吸光度值 A_i。以 A_i 对 c_i 作图，得到该物质的标准工作曲线。得到标准工作曲线后，再在相同的条件下测定该溶液的吸光度 $A_{待测}$，并在标准工作曲线上查出与 $A_{待测}$ 相对应的 c 值。此 c 值即为该物质的浓度。

4. 等摩尔系列法测定配合物组成与稳定常数

本实验中，用分光光度计研究配合物组成与稳定常数时，采用较为简单的等摩尔系列法。

等摩尔系列法，就是保持溶液中中心离子（M）和配体（R）总的物质的量不变，让M和R的摩尔分数连续变化，配成一系列配离子浓度不同的溶液的方法。在这一系列溶液中，有一些溶液是中心离子 M 过量，有一些溶液是配体 R 过量。在这两种情况下，配离子的浓度均不能达到最大值。只有当中心离子与配体的物质的量之比刚好与配离子组成一致时，配离子浓度达到最大值，溶液颜色显最深。此时用分光光度计测出的吸光度也会达到最大值。

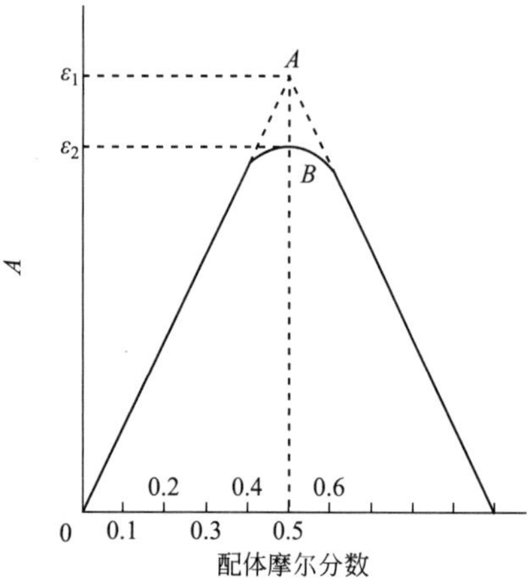

图 3-4 吸光度与配体摩尔分数关系

如果以溶液的吸光度为纵坐标，溶液中配体（或中心离子）的摩尔分数为横坐标作图，可得到如图 3-4 曲线。从图上吸光度最大处所对应的摩尔分数，即可以求得配合物的组成。

从图 3-4 还可以看出，曲线两边的直线部分延长线的交点处 A 在最大吸光度点 B 的正上方。A 点对应的吸光度 ε_1 被认为是中心离子 M 和配体 R 全部配位时的理论吸光度。B 点对应的吸光度 ε_2 则是中心离子 M 和配体 R 全部配位后又在水中达到配位-解离平衡时的吸光度。因此配离子的解离度 α 可表示为：

$$\alpha=\frac{\varepsilon_1-\varepsilon_2}{\varepsilon_1} \tag{3-7}$$

配离子的稳定常数可由下列平衡关系导出：

$$M+R \rightleftharpoons MR$$

平衡浓度 $c\alpha \quad c\alpha \quad c-c\alpha$

$$K=\frac{[MR]}{[M][R]}=\frac{1-\alpha}{c\alpha^2}$$

由于 H_3R 在溶液中存在逐级解离平衡，因此以上测得的稳定常数与理论平衡常数之间需要做如下校正：

$$K_{稳}=K\lg a \tag{3-8}$$

式中，a 为副反应常数。pH＝2 时，磺基水杨酸的 $\lg a=10.2$。

三、仪器、试剂和材料

（1）仪器　分光光度计、比色皿（1cm×1cm×4.5cm，4 只）、烧杯（50mL，11 只）、容量瓶（100mL，2 只）、移液管（10mL，3 只）、吸量管（10mL，2 只）。

（2）试剂　$HClO_4$（0.01mol・L^{-1}）、磺基水杨酸（0.0100mol・L^{-1}）、$(NH_4)Fe(SO_4)_2$（0.0100mol・L^{-1}）。

（3）材料　滤纸片、镜头纸。

四、设计方案提示

（1）根据提供的仪器、试剂和材料以及相关原理和知识，设计配体和中心离子的稀释方案。

提示：分光光度法适用于物质浓度小于 0.01mol・L^{-1}的稀溶液。可利用容量瓶和移液管将浓度为 0.0100mol・L^{-1}的磺基水杨酸和 Fe^{3+} 溶液各自稀释至 0.0010mol・L^{-1}。

（2）根据提供的仪器、试剂和材料以及前面提示的等摩尔系列法，设计系列溶液的配制方案。

提示①：Fe^{3+} 与磺基水杨酸所形成配合物的组成和颜色随 pH 的不同而不同。本实验测定的是 pH＝2～3 时的配合物组成及稳定常数。需要选择合适的酸作为稀释溶剂，以控制系列配离子溶液的 pH＝2～3。建议选择强酸性低配位的高氯酸作为控制 pH 的稀释溶剂。

提示②：根据等摩尔系列法，要保持溶液中中心离子（Fe^{3+}）和配体（H_3R）的总的物质的量不变，但是让 Fe^{3+} 和 H_3R 的摩尔分数连续变化，从而配制出一系列配离子浓度不同的溶液。可按下列表格（表 3-4），设计配制方案。

表 3-4　样品的配制与测定结果

序号	$HClO_4$ 的量/mL	Fe^{3+} 的量/mL	H_3R 的量/mL	H_3R 的摩尔分数	样品的吸光度
1	10.0	10.0	0.0		
2	10.0	9.0	1.0		
3	10.0	8.0	2.0		
4	10.0	7.0	3.0		
5	10.0	6.0	4.0		
6	10.0	5.0	5.0		
7	10.0	4.0	6.0		
8	10.0	3.0	7.0		
9	10.0	2.0	8.0		
10	10.0	1.0	9.0		
11	10.0	0.0	10.0		

（3）根据教材提供的仪器及物质对光的吸收原理，选择合适的入射光波长测定系列溶液的吸光度。

提示①：入射光选择的依据是对浓度较稀的金属离子基本不吸收或吸收很少；对配离子有较大吸收。本实验可选择对 pH＝2～3 时的磺基水杨酸铁配离子有最大吸收的入射光波长，即 500nm。

提示②：选定好入射波长后，按照分光光度计操作规程测定各溶液吸光度，并记录。

（4）根据溶液吸光度与溶液中 H_3R 的摩尔分数的关系绘制吸光度与配体摩尔分数关系图，并根据图计算配离子的组成和稳定常数。

五、实验内容

根据提示，自行设计方案与步骤测定 pH＝2～3 时 Fe^{3+} 与 H_3R 所形成配离子的组成及稳定常数。

六、注意事项

1. 摩尔分数的概念

$$X_R=\frac{[R]}{[M]+[R]}$$

2. 比色皿的使用

（1）比色皿有四个侧面，其中两个侧面是磨砂面，两个侧面是透光面。拿比色皿时，要用手捏住磨砂面。严禁用手直接接触透光面，以防止沾上油污，影响透光度。

（2）清洗后的比色皿在装样前，为确保溶液浓度不变，还需用少量待测液润洗 2～3 次，方可注入待测液。注入的高度不超过比色皿的 4/5。注入时，沾在比色皿外壁上的溶液先用滤纸轻轻吸干，再用镜头纸擦净透光面，然后放入分光光度计暗盒中。

（3）测定结束后，将比色皿取出，用自来水冲洗 2～3 次，再用蒸馏水冲洗 2～3 次之后，将外面的水擦干，倒置晾干后放入比色皿盒中。如果测定的样品为有机物，则比色皿冲洗前要先用铬酸洗液浸泡 30min，再用水冲洗。

七、思考题

（1）本实验中，为什么选 $0.01mol \cdot L^{-1}$ 的高氯酸做溶剂？

（2）测定吸光度时，为什么要用溶剂做参比溶液？

（3）本实验为什么选择 500nm 的入射光测定溶液吸光度？

实验 30

无机颜料的制备

一、实验目的

（1）学习亚铁盐制备氧化铁黄的原理和方法。

（2）掌握无机化学制备的一些基本方法。

二、实验原理

氧化铁黄又称羟基铁（简称铁黄），化学分子式为 $Fe_2O_3 \cdot H_2O$ 或 $FeO(OH)$，呈黄色粉末状，是化学性质比较稳定的碱性氧化物，不溶于碱，微溶于酸，在热浓盐酸中可完全溶解。热稳定性较差，加热至 150～200℃时开始脱水，当温度升至 270～300℃时迅速脱水变为铁红（Fe_2O_3）。

铁黄无毒，具有良好的颜料性能，在涂料中使用时有较强的遮盖力，故应用广泛。常用于墙面粉饰、马赛克地面、水泥制品、油墨、橡胶以及造纸等的着色剂。此外，铁黄还可作为生产铁红、铁黑、铁棕以及铁绿的原料。医药上可用做药片的糖衣着色，也常应用在化妆品和绘图中。

本实验采用湿法亚铁盐氧化法制取铁黄，用氯酸钾作为主要的氧化剂，制备过程如下。

1. 晶种的形成

铁黄是晶体结构。晶种生成过程的条件决定着铁黄的颜色和质量，所以制备晶种是关键的一步。铁黄晶种形成的过程大致可分为两步。

（1）氢氧化亚铁胶体的生成　在一定温度下，向硫酸亚铁铵溶液中加入碱液，立即有胶状氢氧化亚铁生成，由于氢氧化亚铁溶解度非常小，晶核生成的速度相当迅速。为使晶种粒子细小而均匀，反应要在充分搅拌下进行，溶液中要留有硫酸亚铁晶体。

（2）FeO(OH) 晶核的形成　要生成铁黄晶种，需将氢氧化亚铁进一步氧化，反应方程式如下：

$$4Fe(OH)_2 + O_2 \longrightarrow 4FeO(OH) + 2H_2O$$

铁(Ⅱ) 氧化成铁(Ⅲ) 是一个复杂的过程，反应温度和 pH 必须严格控制在规定范围内。将温度控制在 20～25℃，调节溶液 pH 保持 4～4.5，若溶液的 pH 接近中性或略偏碱性，可得到由棕黄色到棕黑色，甚至黑色的一系列过渡色。若 pH>9，则形成红棕色的铁红品种，若 pH>10，则又产生一系列过渡色相的铁氧化物，失去作为晶种的作用。

2. 铁黄的制备（氧化阶段）

氧化阶段的氧化剂主要为 $KClO_3$，空气中的氧也参加氧化反应。氧化时必须升温，温度保持在 80～85℃，控制溶液的 pH 为 4～4.5，氧化过程的化学反应如下：

$$4FeSO_4 + O_2 + 6H_2O \longrightarrow 4FeO(OH) + 4H_2SO_4$$

$$6FeSO_4 + KClO_3 + 9H_2O \longrightarrow 6FeO(OH) + 6H_2SO_4 + KCl$$

氧化过程中，沉淀的颜色由灰绿色→墨绿色→红棕色→淡黄色（或赭黄色）。

三、仪器、试剂和材料

（1）仪器　烧杯、电炉、恒温水浴槽、蒸发皿、布氏漏斗、抽滤瓶。

（2）试剂　$(NH_4)_2Fe(SO_4)_2 \cdot 6H_2O$(AR)、$KClO_3$(AR)、NaOH($2mol \cdot L^{-1}$)、$BaCl_2$($0.1mol \cdot L^{-1}$)。

（3）材料　pH 试纸。

四、实验内容

称取 $(NH_4)_2Fe(SO_4)_2 \cdot 6H_2O$ 晶体 8.0g，加水 10mL，恒温水浴中加热到 20～25℃ 搅拌溶解（有部分晶体不溶）。检验此时 pH，慢慢滴加 $2mol \cdot L^{-1}$ NaOH，边加边搅拌至溶液 pH 为 4～4.5，停止加碱。观察过程中沉淀颜色的变化。

另取 0.3g $KClO_3$ 倒入上述溶液中，搅拌后检验溶液的 pH。将水浴温度升到 80～85℃ 进行氧化反应。不断滴加 $2mol \cdot L^{-1}$ NaOH，至溶液的 pH 为 4～4.5 时停止加碱。

由于可溶盐难以洗净，因此，最后生成的淡黄色颜料要用 60℃左右的水洗涤，直至溶液中基本无 SO_4^{2-} 为止。抽滤，可得黄色颜料，将其转入蒸发皿中，在水浴中加热烘干，烘干后称重并计算产率。

五、思考题

(1) 简练且准确地归纳出由亚铁制备铁黄的原理及反应的条件。

(2) 为何制得铁黄后要用水浴加热干燥?

实验 31

硫酸亚铁铵的制备及质量检验

一、实验目的

(1) 学习利用盐类在不同温度下溶解度的差异来制备物质的方法。

(2) 巩固水浴加热、蒸发浓缩、减压过滤、结晶等基本操作。

(3) 掌握目测比色法的原理和方法。

二、实验原理

1. 制备原理

通常，亚铁盐在空气中容易氧化，但是硫酸亚铁铵 [$FeSO_4 \cdot (NH_4)_2SO_4 \cdot 6H_2O$] 在空气中却比较温定，不易被氧化。由于这种稳定性，它在定量分析中常被用来配制亚铁离子的标准溶液。

硫酸亚铁铵是由硫酸亚铁和硫酸铵两种简单盐组成的复盐，也称莫尔盐。它是一种浅蓝绿色单斜晶体，能溶于水，其溶解度与硫酸亚铁和硫酸铵的溶解度见表 3-5。

表 3-5　$(NH_4)_2SO_4$、$FeSO_4 \cdot 7H_2O$、$FeSO_4 \cdot (NH_4)_2SO_4 \cdot 6H_2O$ 的溶解度　单位：$g \cdot (100g\ H_2O)^{-1}$

温度/℃	10	20	30	40	50	60	70	80
$(NH_4)_2SO_4$	73.0	75.4	78.0	81.0	—	88.0	—	95.3
$FeSO_4 \cdot 7H_2O$	20.5	26.5	32.9	40.2	48.6	—	—	—
$FeSO_4 \cdot (NH_4)_2SO_4 \cdot 6H_2O$	18.1	26.9	—	38.5	—	53.4	—	73.0

由表中数据可知，在 10～60℃范围内，硫酸亚铁铵在水中的溶解度比组成它的简单盐硫酸铵的溶解度都要小很多。因此，它很容易从浓的硫酸亚铁和硫酸铵混合溶液中结晶出来。本实验将根据这种性质来制备硫酸亚铁铵，具体方法如下：

首先将金属铁屑（或铁粉）溶于稀硫酸中得到硫酸亚铁溶液。

$$Fe + H_2SO_4 \longrightarrow FeSO_4 + H_2 \uparrow$$

然后往溶液中加入一定量的硫酸铵制得混合溶液。加热浓缩该混合溶液，再冷却至室温，则浅蓝绿色的六水合硫酸亚铁铵晶体便从溶液中大量析出。

$$FeSO_4 + (NH_4)_2SO_4 + 6H_2O \longrightarrow FeSO_4 \cdot (NH_4)_2SO_4 \cdot 6H_2O$$

2. 比色法检验原理

通过前面方法得到的硫酸亚铁铵产品需要进行质量检验，评定其等级。由于硫酸亚铁铵产品中主要杂质是 Fe^{3+}，所以质量等级也以 Fe^{3+} 的含量多少来评定。本实验采用目测比色法来估计产品中 Fe^{3+} 的含量。先将一定量的产品溶于一定量的水中，再加入一定量的 KSCN，配制成溶液。然后将该溶液置于比色管中。由于 Fe^{3+} 能与 SCN^- 生成血红色的物质 $[Fe(SCN)_n]^{3-n}$（$n=1\sim6$），当比色管中溶液颜色较深时，表明 Fe^{3+} 含量较高，当颜色较浅时，表明 Fe^{3+} 含量较低，具体含量范围可通过与实验室提供的标准色阶进行比对得到。比对后，可确定产品的质量等级。

三、仪器、试剂和材料

（1）仪器　台秤、烧杯（100mL、500mL）、量筒（50mL）、温度计、酒精灯、石棉网、三脚架、布氏漏斗、抽滤瓶、表面皿、试管、比色管（25mL）、三脚架、石棉网。

（2）试剂　H_2SO_4($3mol \cdot L^{-1}$)、HCl($2mol \cdot L^{-1}$)、NaOH($2mol \cdot L^{-1}$)、Na_2CO_3(10%)、KSCN(25%)、$K_3[Fe(CN)]_6$($0.5mol \cdot L^{-1}$)、$BaCl_2$($0.1mol \cdot L^{-1}$)、乙醇(95%)、$(NH_4)_2SO_4$(s，AR)、铁屑。

（3）材料　pH 试纸、滤纸、Fe^{3+} 标准色阶。

四、实验内容

视频扫一扫

实验条件的控制

1. 铁屑的净化

先称取 3g 铁屑，置于 100mL 小烧杯中，再往小烧杯中加入 20mL 的 10% Na_2CO_3 溶液，用小火加热其约 10min，以除去铁屑表面油污。接着用倾析法倒出碱液，再用蒸馏水冲洗铁屑至中性（如直接选用纯净铁粉，则省去这一步。）

2. 硫酸亚铁的制备

在盛有 3g 铁屑（或 3g 纯净铁粉）的小烧杯中加入 $3mol \cdot L^{-1}$ H_2SO_4 溶液约 25mL，将小烧杯置于水浴（500mL 大烧杯中预先加 100mL 左右热水）中加热反应。由于铁屑（或铁粉）中含有硫、磷等杂质，与硫酸反应时会放出有害气体，因此反应要在通风橱中进行。

水浴加热过程中，注意控制温度在 70～80℃范围内，尽可能不超过 90℃，以防止高温加速 Fe^{2+} 的氧化。另外，加热过程中，为避免 $FeSO_4$ 过早析出，要注意经常补充小烧杯内被蒸发掉的水分，同时要略加搅拌，防止底部过热产生 $FeSO_4 \cdot H_2O$ 白色沉淀。

待反应速率明显减慢（气泡很少或没有），再加入 $3mol \cdot L^{-1}$ H_2SO_4 溶液 1mL(防止 pH 过高时 Fe^{2+} 氧化以及水解)，然后趁热减压过滤，滤液转移至小烧杯（或蒸发皿）中。

3. 硫酸亚铁铵的制备

根据硫酸亚铁的理论产量，计算并称取 7.08g 硫酸铵固体，加蒸馏水配制为饱和溶液。再将该饱和溶液也加入至上述盛硫酸亚铁溶液的小烧杯（或蒸发皿）中。蒸发浓缩至晶膜出现（浓缩初期可适当搅拌，后期不宜搅拌）。静置冷却到室温后，减压抽滤。用少量乙醇洗涤晶体两次。取出晶体晾干，称量，计算理论产量和产率。

4. 产品的质量检验（Fe^{3+} 含量测定）

称取 1.00g 产品，置于 25mL 比色管中，用 15mL 不含氧的蒸馏水溶解，再往比色管中加入 $3mol \cdot L^{-1}$ H_2SO_4 溶液和 25% KSCN 各 1mL，然后用不含氧的蒸馏水稀释至刻度，摇匀。与实验室提供的标准色阶进行目测比色，确定产品等级（表 3-6）。

表 3-6 产品含 Fe^{3+} 的纯度级别

级别	Ⅰ级	Ⅱ级	Ⅲ级
铁含量/$mg \cdot L^{-1}$	0.05	0.10	0.20

五、数据记录与结果处理

铁粉的质量：________________ g
硫酸亚铁铵的理论产量：________________ g
硫酸亚铁铵的实际产量：________________ g
产率：________________
产品纯度级别：________________

六、注意事项

（1）硫酸是具有腐蚀性的强酸，操作过程中要防止溅到皮肤上。

（2）无论是铁屑还是铁粉，其中都可能含有硫、磷等杂质，与硫酸反应时会放出有害气体，因此反应一定要在通风橱中进行。

（3）硫酸亚铁铵溶液蒸发至晶膜出现时，应及时停止加热，进行自然冷却。如果浓缩过度，会使晶体中结晶水数量达不到要求，产品结成大块。

（4）将蒸馏水煮沸 1～2min，赶走溶于水中的氧气后，盖上表面皿冷却（中间不可搅拌）后即制得不含氧气的蒸馏水。

七、思考题

（1）什么叫复盐？它与配合物有什么区别？

（2）实验中为什么要保持溶液呈较强酸性？

（3）计算产率时，是根据铁的用量还是硫酸铵的用量？

（4）分析产品中 Fe^{3+} 的含量时，为什么要用不含氧的蒸馏水？如果是含氧气的蒸馏水会对结果产生怎么样的影响？

实验 32

三草酸合铁(Ⅲ)酸钾的制备

一、实验目的

(1) 掌握一种三草酸合铁(Ⅲ)酸钾的制备方法。

(2) 学习电导法测定物质离子类型的原理和方法。

(3) 学习并巩固倾析、蒸发浓缩、减压过滤等基本操作。

(4) 培养学生综合性实验能力。

二、实验原理

1. 三草酸合铁(Ⅲ)酸钾的制备

三草酸合铁(Ⅲ)酸钾 $K_3[Fe(C_2O_4)_3]\cdot 3H_2O$ 是一种翠绿色的配合物晶体，溶于水[0℃时 4.7g·(100g H_2O)$^{-1}$，100℃时 117.7g·(100g^{-1})]，难溶于乙醇、丙酮等有机溶剂，是制备负载型活性铁催化剂的主要原料。该配合物 110℃失去结晶水，230℃开始分解，对光敏感，可进行下列光反应：

$$2\,K_3[Fe(C_2O_4)_3] \longrightarrow 2FeC_2O_4 + 3K_2C_2O_4 + 2CO_2$$

因此，在实验室中可将三草酸合铁(Ⅲ)酸钾做成感光纸，进行感光实验。

三草酸合铁(Ⅲ)酸钾的制备方法主要有三种。第一种方法：以硫酸亚铁铵和草酸钾为原料，经氧化、配位等步骤制得三草酸合铁(Ⅲ)酸钾。第二种方法：以硫酸铁与草酸钾为原料直接合成三草酸合铁(Ⅲ)酸钾。第三种方法：用三氯化铁与草酸钾直接反应合成三草酸合铁(Ⅲ)酸钾，这是最简便成熟的方法。

本实验采用的是第一种方法，以硫酸亚铁铵为原料，通过沉淀反应、氧化还原反应、配位反应等多步转化，最后制得三草酸合铁(Ⅲ)酸钾溶液，主要反应式如下。

沉淀：

$$(NH_4)_2Fe(SO_4)_2\cdot 6H_2O + H_2C_2O_4 \longrightarrow FeC_2O_4\cdot 2H_2O\downarrow + (NH_4)_2SO_4 + H_2SO_4 + 4H_2O$$

氧化：

$$6\,FeC_2O_4\cdot 2H_2O + 3H_2O_2 + 6K_2C_2O_4 \longrightarrow 2\,Fe(OH)_3\downarrow + 4K_3[Fe(C_2O_4)_3] + 12H_2O$$

配位：$2Fe(OH)_3 + 3\,H_2C_2O_4 + 3K_2C_2O_4 \longrightarrow 2K_3[Fe(C_2O_4)_3] + 6H_2O$

将制得的三草酸合铁(Ⅲ)酸钾蒸发浓缩，再加入乙醇，冷却后即析出翠绿色的 $K_3[Fe(C_2O_4)_3]\cdot 3H_2O$ 晶体。

2. 电导法测定配合物离子类型的原理

得到配合物晶体后，我们可以进一步测定配合物离子类型。常用的测定配合物离子类型的方法有电导法和离子交换法。本实验采用的是电导法，其基本原理如下。

电解质溶液具有导电能力，其电导率 κ 与溶液中离子的性质和浓度以及溶液温度与黏度有关。电解质溶液的导电能力通常用摩尔电导率 Λ_m 来衡量。摩尔电导率与电导率以及电解质溶液的浓度之间的关系如下：

$$\Lambda_m = \frac{\kappa}{c} \times 10^{-3} \tag{3-9}$$

式中，κ 为电解质溶液的电导率，$S \cdot m^{-1}$；c 为电解质溶液的浓度，$mol \cdot L^{-1}$；Λ_m 为摩尔电导率，表示含有 1mol 电解质的溶液所具有的导电能力，$S \cdot m^2 \cdot mol^{-1}$。

如果在一定条件下，先测得一系列已知类型和离子数的物质的摩尔电导率，作为参照标准，接着测定出待测配合物的摩尔电导率，然后将其与参照标准进行比较即可得到该配合物的离子总数，进而可确定该配合物的离子类型。例如表 3-7 列出了 25℃时，各种类型的离子化合物在稀度（浓度的倒数）为 1024 时的摩尔电导率范围。本实验只需测定出待测配合物在相同条件下的摩尔电导率，然后与表中数据进行比较，即可求出待测配合物的离子类型。

表 3-7　化合物类型与摩尔电导率（25℃）

化合物类型	MA 型	M_2A 型 MA_2 型	M_3A 型 MA_3 型	M_4A 型 MA_4 型
$\Lambda_{1024} \times 10^{-4} / S \cdot m^2 \cdot mol^{-1}$	118～131	235～273	408～442	523～553

三、仪器、试剂和材料

（1）仪器　电导率仪、分析天平、容量瓶（100mL）、移液管（25mL）、烧杯（100mL、50mL）、量筒（10mL、5mL）、酒精灯、温度计、抽滤瓶、布氏漏斗、表面皿、三脚架、石棉网。

（2）试剂　$(NH_4)_2Fe(SO_4)_2 \cdot 6H_2O$(固)、$H_2SO_4$($3mol \cdot L^{-1}$)、$H_2C_2O_4$(饱和)、$K_2C_2O_4$(饱和)、$H_2O_2$(3%)、乙醇（95%）。

（3）材料　滤纸、棉线。

四、实验内容

视频扫一扫

氧化、配位、结晶操作

1. 三草酸合铁（Ⅲ）酸钾的制备

（1）沉淀　称取 5.0g $(NH_4)_2Fe(SO_4)_2 \cdot 6H_2O$ 固体置于 100mL 烧杯中，然后往烧杯中加入 15mL 蒸馏水与数滴 $3mol \cdot L^{-1}$ H_2SO_4，加热使 $(NH_4)_2Fe(SO_4)_2 \cdot 6H_2O$ 溶解。待 $(NH_4)_2Fe(SO_4)_2 \cdot 6H_2O$ 全部溶解后，再往烧杯中加入 25mL 饱和 $H_2C_2O_4$ 溶液，边搅拌边加热至沸腾。停止加热，静置溶液。待黄色沉淀（$FeC_2O_4 \cdot 2H_2O$）沉降后，用倾析方法弃掉上层清液。再用少量热蒸馏水洗涤沉淀 2～3 次。

（2）氧化　加 13mL 饱和 $K_2C_2O_4$ 溶液于上述沉淀中，微热至 40℃左右。在此温度下，边搅拌边慢慢加入 20mL 3% H_2O_2 溶液至沉淀转化为红棕色。

（3）配位　将上述红棕色溶液加热至沸。在近沸温度下，往该溶液中先加入 5mL 饱和

$H_2C_2O_4$ 溶液，接着再逐滴加入 3mL 饱和 $H_2C_2O_4$ 溶液，期间，注意观察烧杯中溶液颜色的变化。待溶液由红棕色变为透明翠绿色后，趁热进行过滤，将滤液转入 100mL 干净小烧杯中，用小火将其体积浓缩至 25mL 左右，停止加热。

（4）结晶　先加 10mL 95%乙醇于上述溶液中，再将一玻璃棒横架在烧杯上，玻璃棒中央系一小段棉线，棉线的另一端浸入到溶液中，然后静置冷却。期间，可观察到有翠绿色晶体不断析出。待溶液冷却至室温，晶体基本析出后，进行减压抽滤。用 10mL 95%乙醇淋洗滤饼，继续抽干，称重，计算产率。将产物转入称量瓶中，置于干燥器中避光保存。

2. 配合物类型的测定（电导率法）

（1）用 100mL 容量瓶配制稀度（$1/c$）为 256 的产物溶液。自行计算所需产物的量（称准至 0.1mg）。

（2）用移液管移取 25mL 稀度为 256 的产物溶液于 100mL 容量瓶中，稀释至刻度，摇匀，即得到稀度为 1024 的产物溶液。

（3）将稀度为 1024 的产物溶液倒入洁净、干燥的小烧杯中，用电导率仪测定出溶液的电导率 κ，计算摩尔电导率 Λ_{1024}，判断产物的离子类型。

五、数据记录与结果处理

室温：____________℃

硫酸亚铁铵的质量：____________ g

三草酸合铁(Ⅲ) 酸钾的理论产量：____________ g

三草酸合铁(Ⅲ) 酸钾的实际产量：____________ g

产率：____________

电导电极的常数值：____________ cm^{-1}

配合物溶液的电导率：____________ $S \cdot m^{-1}$

配合物溶液的摩尔电导率 Λ_{1024}：____________ $S \cdot m^2 \cdot mol^{-1}$

配合物的离子类型：____________

六、注意事项

（1）进行第一步沉淀反应时，加入饱和 $H_2C_2O_4$ 溶液时要注意搅拌，防止暴沸。

（2）进行第二步氧化反应时，加 3% H_2O_2 溶液时要少量多次，注意温度不要超过 40℃。

七、思考题

（1）进行第一步沉淀反应时，加数滴 H_2SO_4 起何作用？如何证实沉淀反应基本完成？如何证实沉淀洗涤干净？

（2）进行第二步氧化反应时，如何检验溶液中是否还有 Fe^{2+} 存在？

（3）实验中，加入棉线的作用是什么？加入乙醇的作用是什么？

实验 33

碘盐的制备与检验

一、实验目的

（1）掌握碘盐的制备方法。

（2）了解并掌握碘盐的检测原理和方法。

二、实验原理

碘是人体必需的微量元素，其主要功能是参与合成甲状腺素。人体缺碘时，血液中的甲状腺素水平下降，会引起多种疾病，统称为碘缺乏病（IDD），表现为甲状腺肿大，发育滞后，甚至出现痴呆、聋哑、体态畸形等多种病态。成人每日的最低需碘量为 75μg。预防 IDD 最有效、经济、实用、安全的方法就是食用加碘盐。

碘盐的制备是在精制后的食盐中加入碘酸钾或碘化钾。其中碘酸钾的含碘量为 59.3%，碘化钾的含碘量为 76.4%。但由于碘酸钾具有化学性质稳定，在常温下不易挥发，不吸水，不流失，易保存，加入食盐中不影响产品外观质量和味道，在远距离的运输和较长时间储存中损失较少等优点，因此我国目前的碘盐中加入的是碘酸钾。

碘酸钾为无臭、无色或白色结晶粉末，可溶于水，不溶于醇和氨水，加热至 560℃开始分解。纯碘酸钾晶体是有毒的，但在治疗剂量范围内（$<60mg \cdot kg^{-1}$）对人体无毒害且有益。在食用盐中加入碘强化剂后，碘盐中碘含量的平均水平（以碘元素计）为 $20 \sim 30mg \cdot kg^{-1}$。

本实验制备碘盐的方法是在经重结晶精制粗食盐过程中加入含碘量 $200mg \cdot L^{-1}$ 的标准碘酸钾溶液。

碘酸钾在酸性条件下具有氧化性，以 KI 作还原剂，发生如下反应

$$IO_3^- + 5I^- + 6H^+ \longrightarrow 3I_2 + 3H_2O$$

生成的 I_2 遇淀粉呈蓝色，由此可对碘盐的含碘量进行检测。

三、仪器、试剂和材料

（1）仪器　分光光度计、比色皿、烘箱、分析天平、烧杯（100mL，150mL）、蒸发皿、坩埚、酒精灯、三脚架、布氏漏斗，抽滤瓶、容量瓶（100mL、50mL）、吸量管、量筒（50mL、10mL）、试管。

（2）试剂　H_2SO_4（$0.1mol \cdot L^{-1}$）、HCl（$6mol \cdot L^{-1}$）、$KClO_3$（$0.1mol \cdot L^{-1}$）、KI（0.05%）、淀粉（0.5%）、HAc（$2mol \cdot L^{-1}$）、$H_2C_2O_4$（$2mol \cdot L^{-1}$）、无水乙醇、KIO_3（固体，100℃时烘至恒重 3h）、粗食盐、市售碘盐。含碘 $200mg \cdot L^{-1}$ 的标准碘酸钾溶液：称取 0.0338g 已烘至恒重的 KIO_3 固体溶于 100mL 蒸馏水中。

（3）材料　滤纸。

四、实验内容

1. 粗盐精制

用台秤称取 10g 粗食盐于 150mL 烧杯中，加入 30mL 蒸馏水，加热溶解，趁热抽滤后，迅速将滤液转移至另一洁净的 100mL 烧杯中，搅拌并继续加热浓缩至 20mL 左右，冷却，结晶，抽滤。将自制的精盐转入蒸发皿中烘干，冷却后称重，计算回收率。

2. 碘盐制备

称取 5g 自制的精盐，放入洁净的坩埚中，逐滴加入 1mL 含碘 $200mg \cdot L^{-1}$ 的碘酸钾标准溶液。在搅拌下加入 3mL 无水乙醇，点燃，待乙醇燃尽冷却后，可得加碘食盐。计算自制碘盐的含碘量。

3. 市售加碘食盐中碘的鉴定

取少量市售碘盐于试管中，加蒸馏水溶解，得市售盐的水溶液。

取少量盐溶液，加 $6mol \cdot L^{-1}$ HCl 溶液数滴和 0.5%淀粉溶液 2 滴，如果溶液呈蓝色，说明该食盐中含 KIO_3 和 KI。若无色，再逐滴加入 0.05% KI 溶液，边滴加边振荡试管，若溶液呈蓝色，说明该食盐中只含 KIO_3。

若无色，另取少量盐溶液，加 $6mol \cdot L^{-1}$ HCl 溶液数滴和 0.5%淀粉溶液 2 滴，逐滴加入 $0.1mol \cdot L^{-1}$ $KClO_3$ 溶液，边滴加边振荡试管，若溶液呈蓝色，说明该食盐中只含 KI。若无色，说明该食盐中不含碘。

4. 食盐中碘含量的半定量分析

（1）含碘量 $40mg \cdot L^{-1}$ 标准碘溶液的配制　准确吸取 10.00mL 含碘量 $200mg \cdot L^{-1}$ 标准碘溶液于 50mL 容量瓶中，加蒸馏水稀释至刻度。

（2）标准曲线的绘制　准确吸取 0.00mL、0.50mL、1.00mL、1.50mL、2.00mL、2.50mL 含碘量 $40mg \cdot L^{-1}$ 标准碘溶液分别于六支 50mL 容量瓶中，然后各加 $0.1mol \cdot L^{-1}$ H_2SO_4 溶液 3mL、0.05% KI 溶液 1mL 和 0.5%淀粉溶液 1mL，显色后静置 2min，用蒸馏水稀释至刻度，摇匀。在 595nm 光的照射下，用分光光度计（在 1cm 比色皿中）分别测出配制样品的吸光度，绘制标准曲线。

（3）含碘量测定　取自制精盐、自制碘盐、市售碘盐各 1.0g，用 20mL 蒸馏水溶解后，转入 50mL 容量瓶中，再分别加入 $0.1mol \cdot L^{-1}$ H_2SO_4 溶液 3mL、0.05%KI 溶液 1mL 和 0.5%淀粉溶液 1mL，显色后静置 2min，用蒸馏水稀释至刻度，摇匀。在 595nm 光的照射下，用分光光度计分别测试样品的吸光度并作图。对照标准曲线得到各类碘盐的含碘量。

5. 影响碘盐稳定性的因素

取三支干燥试管，各加入 1g 碘盐，在第一支试管中加入 1 滴 $2mol \cdot L^{-1}$ HAc 溶液，在第二支试管中加入 1 滴 $2mol \cdot L^{-1}$ HAc 溶液和 1 滴 $2mol \cdot L^{-1}$ $H_2C_2O_4$ 溶液，在第三支

试管中加入 1 滴蒸馏水。三支试管都用酒精灯加热至干，取出样品，按实验内容 4 中(3) 方法测定碘盐的含碘量。根据实验结果说明影响碘盐稳定性的因素。

五、思考题

(1) 重结晶的目的、原理和一般方法是什么?

(2) 精盐加碘后，可否直接在酒精灯上蒸干? 应如何控制温度?

(3) 炒菜时应先放，中间放，还是最后放入碘盐? 为什么?

(4) 碘剂为什么不直接加入浓缩液中，而是加入精盐结晶中?

第4章

设计性实验

实验34

洗涤剂的配制

一、实验目的

（1）了解洗涤剂的去污原理。

（2）了解洗涤剂配方中各组分的作用。

二、实验原理

洗涤剂是一类为清洗污垢而专门配制的产品，它是由多种成分复合而形成的混合物。这些复合成分主要包括表面活性剂、助洗剂和添加剂等。

其中，表面活性剂是洗涤剂的主要成分，它具有良好的去污能力。其去污原理如下：污垢通常分油污（有机物）、固体污垢（无机成分）和其它污垢（如牛奶、血等）。无机污垢可以通过清水冲洗除去，而有机物等污垢通常不溶于水，不能直接用清水冲洗除去。这时，洗涤剂中的表面活性剂会发挥作用。当污物在洗涤剂溶液中充分润湿、渗透后，表面活性剂会降低这些污垢在物体上的附着力，使污垢易离开物体表面进入洗液，接着表面活性剂又将脱落的污垢乳化，分散于水中，经清水漂洗即可除去。

表面活性剂的种类很多，主要有阴离子表面活性剂、阳离子表面活性剂、两性表面活性剂和非离子表面活性剂。目前洗涤剂中大量使用的是阴离子表面活性剂，如月桂醇硫酸钠、硬脂酸钾等。

助洗剂具有多种功能，可通过各种途径提高表面活性剂的清洗效果。洗涤剂中使用的助洗剂主要有碱性物质，如碳酸钠、碳酸氢钠；螯合剂，如三聚磷酸钠，它对 Ca^{2+}、Mg^{2+} 有良好的配位能力。

此外，为满足一些特殊用途，还需要各种添加剂。比如，对于洗发香波，除了要满足其去除头皮和头发上的污垢最基本需要外，还常添加一些具有去屑止痒、养发、护发、柔顺、防腐等功能的添加剂，如本实验中用于防腐的尼泊金甲酯，使头发具有光泽，且柔顺易梳理的硬脂醇，还有一些香精及色素等。

由于各种表面活性剂与助剂都各具特性，它们混合在一起，可能会产生加和、协同等效应而使得洗涤效果更好，也可能出现相互抵消、对抗效应而使得洗涤效果更差。因此如何进行复配，也即配方的设计是决定洗涤剂能否成功的关键因素。本实验将给出一款洗发香波的配方。

三、仪器和试剂配方

（1）仪器　台秤、温度计、烧杯、量筒、玻璃棒、水浴锅、酒精灯、三脚架。

（2）配方　月桂醇硫酸钠（24.0g）、硬脂酸[$CH_3(CH_2)_{16}COOH$]（6.0g）、硬脂醇[$CH_3(CH_2)_{16}CH_2OH$]（3.0g）、三聚磷酸钠（3.0g）、碳酸氢钠（4.0g）、氢氧化钾（1.4g）、尼泊金甲酯（0.02～0.05g）、香精（适量）、色素（适量）、蒸馏水（60mL）。

四、实验内容

（1）将6.0g硬脂酸和3.0g硬脂醇置于烧杯中，水浴加热烧杯至80℃，使其熔融。

（2）将1.4g氢氧化钾置于烧杯中，加60mL蒸馏水使其溶解，再加热溶液至90℃。

（3）将热的氢氧化钾溶液分次慢慢加入已熔化的硬脂酸和硬脂醇的混合物中，充分搅拌。接着再往该混合物中加入24.0g月桂醇硫酸钠、3.0g三聚磷酸钠和4.0g碳酸氢钠，混合均匀，80℃下搅拌1～2h。

（4）停止加热，继续搅拌，当温度降至约40℃时，加入色素、香精和防腐剂，搅拌均匀，冷却至室温即为成品。

五、思考题

（1）洗涤过程的基本原理是什么？

（2）本实验配方中各组分的作用是什么？

实验35

水的净化及其纯度检测

预习

（1）天然水、自来水中的主要杂质。

（2）蒸馏水、去离子水、矿泉水、纯水、超纯水的区别。

(3) 水的不同净化方法，如蒸馏法、电渗析法、离子交换法等。

一、实验目的

(1) 了解离子交换法制取去离子水的原理和方法。

(2) 掌握水质检验的原理和方法。

(3) 进一步练习电导率仪的使用。

(4) 掌握离子交换树脂预处理、装柱、再生等方法。

二、实验原理

1. 离子交换法的原理

为满足工业生产和科学研究对水质的不同要求，水的净化方法可分为蒸馏法、电渗析法、反渗析法、膜分离法、离子交换法等。

本实验采用离子交换法制取去离子水，其过程是使自来水通过离子交换柱（内装离子交换树脂），除去杂质离子，以达到净化目的。

离子交换树脂是一种人工合成的固态有机高分子聚合物，对酸、碱及一般有机溶剂稳定。它具有网状骨架结构。在其骨架上含有许多可与溶液中的离子起交换作用的“活性基团”。根据树脂可交换活性基团的不同，可将离子交换树脂分为阳离子交换树脂和阴离子交换树脂。

阳离子交换树脂：树脂中的活性基团可与溶液中的阳离子进行交换，如：

$$R{-}SO_3^-H^+ \qquad R{-}COO^-H^+$$

式中，R 表示树脂中网状结构的骨架部分。

阴离子交换树脂：树脂中的活性基团可与溶液中的阴离子进行交换，如：

$$R{-}NH_3^+OH^- \qquad R{-}\underset{\displaystyle OH^-}{\underset{|}{N^+}}(CH_3)_3$$

当水通过阳离子交换树脂，水中含有的杂质阳离子如 Na^+、Ca^{2+}、Mg^{2+} 就会被树脂吸收，而树脂上的 H^+ 被置换出来而进入水中，这时水呈弱酸性。然后将这种弱酸性的水再通过阴离子交换树脂，这时水中含有的杂质阴离子如 Cl^-、SO_4^{2-}、CO_3^{2-} 就被树脂吸收。而从阴离子交换树脂中置换出的 OH^- 与从阳离子交换树脂中置换出的 H^+ 中和生成水，以达到去除杂质离子的目的。其原理如下：

$$2RH^+ + \left\{\begin{array}{l}2Na^+\\Ca^{2+}\\Mg^{2+}\end{array}\right. \rightleftharpoons \left\{\begin{array}{l}2RNa\\R_2Ca\\R_2Mg\end{array}\right. + 2H^+$$

$$2ROH^- + \left\{\begin{array}{l}2Cl^-\\SO_4^{2-}\\CO_3^{2-}\end{array}\right. \rightleftharpoons \left\{\begin{array}{l}2RCl\\R_2SO_4\\R_2CO_3\end{array}\right. + 2OH^-$$

交换出的 H^+ 和 OH^- 结合成水：

$$H^+ + OH^- \rightleftharpoons H_2O$$

使用一段时间后的树脂会失去交换能力，称为“失活”，需要进行再生处理后才能再次使用。

离子交换法制备去离子水的方式有复床式、混合床式和联合床式几种。本实验采用联合床式，如图 4-1 所示。

自来水从阳离子交换树脂柱的顶部进入，底部流出，再从阴离子交换树脂柱的顶部进入，底部流出，最后进入阳、阴离子交换树脂混合柱顶部，从混合柱底部流出时，就成为所需的去离子水。

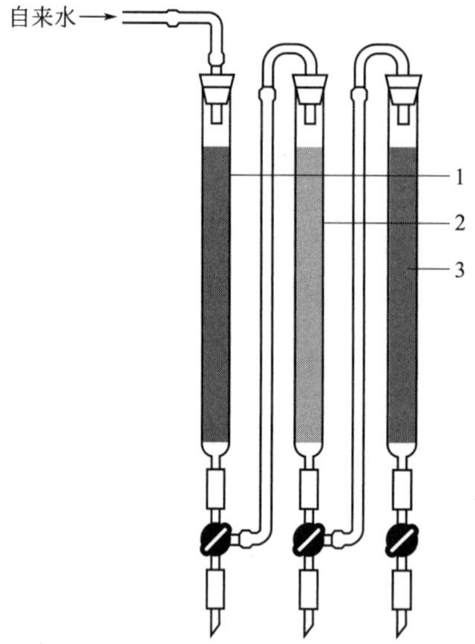

图 4-1 离子交换法制备去离子水装置图

1—阳离子交换柱；2—阴离子交换柱；3—混合交换柱

2. 水质检测方法

（1）测定水的电导率 纯水是一种极弱的电解质。水中含有可溶性杂质会使其导电能力增加，依据水样电导率的大小，就能初步判断水的纯度，电导率值越小水质越好。

（2）化学方法测定

① Mg^{2+} 的检验 若水样中含有 Mg^{2+}，在 pH 为 8～11 的溶液中，蓝色的铬黑 T 与 Mg^{2+} 作用后呈红色。

② Ca^{2+} 的检验 在 pH＞12 时，蓝色的钙指示剂与 Ca^{2+} 结合生成红色螯合物，而此 pH 范围，Mg^{2+} 已生成 $Mg(OH)_2$ 沉淀，因此不干扰 Ca^{2+} 的鉴定。

③ Cl^- 的检验 可用 $AgNO_3$ 溶液，能生成可溶于氨水的白色沉淀，表明水样中 Cl^- 未除净。

④ SO_4^{2-} 的检验 可用 $BaCl_2$ 溶液，在酸性溶液中若有白色沉淀生成表明 SO_4^{2-} 未除净。

三、仪器、试剂和材料

（1）仪器 离子交换装置（联合床式）、电导率仪、烧杯（50mL）。

（2）试剂 HNO_3（2mol·L^{-1}）、NaOH（2mol·L^{-1}）、$NH_3·H_2O$（2mol·L^{-1}）、$AgNO_3$（0.1mol·L^{-1}）、$BaCl_2$（0.10mol·L^{-1}）、铬黑 T(s)、钙指示剂。

（3）材料 强酸性阳离子交换树脂（如 732 型）、强碱性阴离子交换树脂（如 717 型）。

四、实验内容

1. 装柱（实验室已装好）

在离子交换柱下端放入少量玻璃棉（防树脂漏出），然后装入蒸馏水至柱高 1/3 处，排除柱下部和玻璃棉中的空气。将处理好的树脂与水混合后一起加入交换柱中，与此同时打开交换柱下端的夹子，让水缓慢流出（水流的速度不能太快，防止树脂露出水面），使树脂自然沉降。装柱时防止树脂层中夹有气泡。装柱完毕后，在树脂层上盖一层玻璃棉，以防水流入时把树脂冲起。

在离子交换柱中分别装入 2/3 柱高的阳离子交换树脂、阴离子交换树脂和混合柱，并保持水面高出树脂 2～3cm。

2. 去离子水的制备

打开自来水源及交换柱间的旋塞，依次使水流经各交换柱。开始流出的部分水应该弃去，然后用洁净烧杯分别接取自来水、阳离子交换柱流出液、阴离子交换柱流出液、混合柱流出液样品（流速控制在 50 滴 • min^{-1}为宜），留做水质检验。

3. 水质的检验

（1）电导率的测定　用电导率仪分别测定以上四种水样的电导率。每次测量前都应用去离子水、待测水样淋洗电导电极，然后取水样（水要浸没电极）进行测定。在取出电极前，应将“校正/测量”开关拨至“校正”位置。

（2）化学检验

① Mg^{2+}的检验　取水样 1mL，加入 2mol • L^{-1} $NH_3 \cdot H_2O$ 溶液 1 滴和少量固体铬黑 T 指示剂，根据颜色判断有无 Mg^{2+}存在。

② Ca^{2+}的检验　取水样 1mL，加入 2mol • L^{-1} NaOH 溶液 2 滴，再加入少量钙指示剂，观察颜色。

③ Cl^-的检验　取水样 1mL，加入 2mol • L^{-1} HNO_3 溶液 2 滴，再加入 0.1mol • L^{-1} $AgNO_3$ 溶液 2 滴，观察有无白色沉淀产生。

④ SO_4^{2-} 的检验　取水样 1mL，加入 1mol • L^{-1} $BaCl_2$ 溶液 2 滴，观察有无白色沉淀产生。

将检验结果填入表 4-1 中。

表 4-1　水质检测结果

水样名称	电导率/μS • cm^{-1}	电导/μS	杂质离子的检验			
			Mg^{2+}	Ca^{2+}	Cl^-	SO_4^{2-}
自来水						
阳离子交换柱流出液						
阴离子交换柱流出液						
混合柱流出液						

五、注意事项

（1）蒸馏水是将水蒸馏、冷凝后的水。蒸二次的叫重蒸水，三次的叫三蒸水。水中可能含有与沸点相接近的物质，蒸馏法很难清除。

去离子水是经过阴、阳离子交换柱以后的水。水中的阴、阳杂质离子（离子化合物）均已除去，没有离子化的有机物或微生物则不能被清除。

高纯水是高纯度水的统称，可以是蒸馏水，或经过离子交换、EDI（Electrode ionization，又称连续电除盐技术）、电渗透、反渗透、膜分离或其组合工艺等各种工艺制得的高纯度水。

试验用水可分为去离子水、蒸馏水（双蒸水）和超纯水三个级别，一般的试验器皿器具的洗净用去离子水即可，一般试剂配制可用双蒸水，而重要的精细试验应用超纯水。

各种水样电导率值如表 4-2。

表 4-2　各种水样电导率值

项目	市售蒸馏水	玻璃容器三次蒸馏水	石英容器三次蒸馏水	纯水理论值	复床式离子交换水	混合床式离子交换水
电导率/$\mu S \cdot cm^{-1}$	10.0	1.0	0.5	0.0546	0.5	0.0556

（2）树脂的预处理

① 阳离子交换树脂　用水将树脂漂洗至无色后，改用纯水浸泡 4～8h，再用 5% HCl 浸泡 4h。倾去 HCl 溶液，用纯水洗至 pH 为 3～4。纯水浸泡备用。

② 阴离子交换树脂　如同上法漂洗、浸泡 4～8h 后，用 5% NaOH 溶液浸泡 4h。倾去 NaOH 溶液，用纯水洗至 pH 为 8～9。纯水浸泡备用。

（3）树脂的再生　树脂使用一段时间失去正常的交换能力，可按如下方法进行再生后反复使用，如果使用得当，寿命可达 10 年以上。

① 阳离子交换树脂的再生　用自来水漂洗树脂 2～3 次，倾出水后加入 5% HCl 浸泡 20min，再用适量 5% HCl 洗涤 2～3 次，最后用纯水洗至检不出 Cl^-，流出液 pH≈6。

② 阴离子交换树脂的再生　用自来水漂洗树脂 2～3 次，倾出水后加入 5% NaOH 浸泡 20min，再用适量 5% NaOH 洗涤 2～3 次，最后用纯水洗至流出液 pH=8～9。

③ 阴、阳离子交换树脂混合物　可先用 5%的食盐水浸泡。因二者密度不同而在盐水中分层（阴离子交换树脂在上层，阳离子交换树脂在下层）。将它们分离后，再用上面方法分别进行再生。

（4）去离子水的电导率测定应尽快进行，否则实验室空气中的 CO_2、HCl、NH_3、SO_2 等气体溶于水，使水的电导率升高。

（5）铬黑 T，简称 EBT，分子式为 $C_{20}H_{12}O_7N_3SNa$，结构式为：

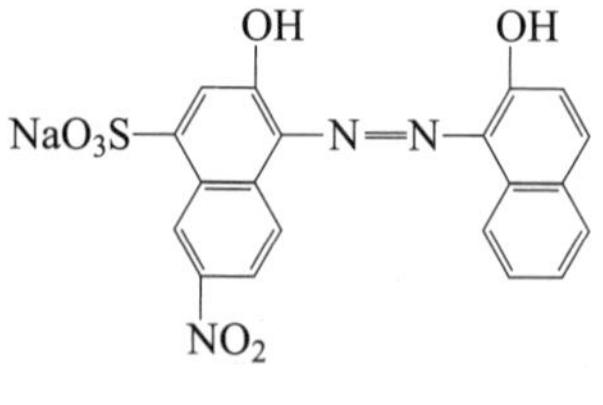

它在 pH 为 8～11 的氨性缓冲溶液中与 Ca^{2+}、Mg^{2+} 生成红色配合物。

（6）钙指示剂是乙二醛双缩（2-羟基苯胺），简称 GBHA，结构式为

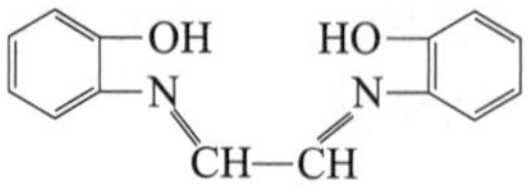

它在 pH>12 的碱性溶液中与 Ca^{2+} 生成红色螯合物。

六、 思考题

（1）自来水中主要含有哪些杂质离子？离子交换法制备去离子水的原理是什么？

（2）在处理水的过程中，树脂为什么要在液面下？为什么交换柱中的水不能流干？

（3）为什么可以用测定水的电导率来检验水的纯度？

实验 36

混合离子的分离与鉴定

一、实验目的

总结复习元素及其化合物的性质，利用这些知识巩固有关离子的分析鉴定。并通过自行设计实验方案，提高灵活应用这些知识的能力。

二、实验原理和相关知识

离子鉴定就是依据所发生化学反应的现象来定性地判断某种离子是否存在的过程。为了能简便、可靠地鉴定出离子，往往要求鉴定离子的反应一般都有明显的外观特征（如颜色变化、沉淀的生成和溶解、气体的产生等），且都应是灵敏和迅速的反应。

如：Pb^{2+} 与稀 HCl 或 K_2CrO_4 溶液作用均产生沉淀。

$$Pb^{2+} + 2Cl^- \rightleftharpoons \underset{\text{（白色）}}{PbCl_2} \downarrow \qquad K_{sp}^{\ominus}(PbCl_2) = 1.7 \times 10^{-5}$$

$$Pb^{2+} + CrO_4^{2-} \rightleftharpoons \underset{\text{（黄色）}}{PbCrO_4} \downarrow \qquad K_{sp}^{\ominus}(PbCrO_4) = 2.8 \times 10^{-13}$$

$PbCl_2$ 的溶解度

$$S(PbCl_2) = \sqrt[3]{\frac{K_{sp}^{\ominus}(PbCl_2)}{4}} = \sqrt[3]{\frac{1.7 \times 10^{-5}}{4}} = 1.6 \times 10^{-2}\,mol \cdot L^{-1}$$

$PbCrO_4$ 的溶解度

$$S(PbCrO_4) = \sqrt{K_{sp}^{\ominus}(PbCrO_4)} = \sqrt{2.8 \times 10^{-13}} = 5.3 \times 10^{-7}\,mol \cdot L^{-1}$$

由于 $S(PbCrO_4) \ll S(PbCl_2)$，且 $PbCrO_4$ 的颜色比 $PbCl_2$ 鲜明，因此一般选用形成 $PbCrO_4$ 来鉴定 Pb^{2+}。

影响鉴定反应的条件一般为：溶液的酸度、反应离子的浓度、溶液的温度、共存物及介质条件。如 CrO_4^{2-} 鉴定 Pb^{2+} 的反应，要求在中性或弱酸性的条件下进行。在碱性介质中会生成 $Pb(OH)_2$ 沉淀，强碱性时还会有 $[Pb(OH)_4]^{2-}$ 生成。而在强酸性介质中，由于 CrO_4^{2-} 浓度降低，不易得到黄色的 $PbCrO_4$ 沉淀，从而使反应灵敏度降低。

通常溶液中被鉴定离子的浓度越大，加入试剂足量，现象越明显。但也有些反应，如用 $NaBiO_3$ 鉴定 Mn^{2+} 的反应，Mn^{2+} 的浓度就不能太大，否则过量的 Mn^{2+} 与生成的 MnO_4^-

反应产生棕褐色 $MnO(OH)_2$ 沉淀。

温度对很多鉴定反应都有影响。加热有助于加快反应速率，所以在有 Ag^+ 做催化剂以 $S_2O_8^{2-}$ 鉴定 Mn^{2+} 时，需要加热。而且加热可使胶状沉淀凝聚，便于沉淀的分离。如分离 AgCl 沉淀时，通常要水浴加热。但也有些鉴定反应生成的沉淀物会随温度的升高溶解度增大，反而使现象不易观察。如 $PbCl_2$ 能溶解在热水中，所以，加 HCl 使 Pb^{2+} 以 $PbCl_2$ 沉淀析出的反应就不宜加热。

某些离子的存在，会对被鉴定离子的检出产生干扰。以 SCN^- 鉴定 Co^{2+} 为例，Fe^{3+} 的存在就会干扰 Co^{2+} 的鉴定。因为 Fe^{3+} 与 SCN^- 产生血红色的 $[Fe(SCN)_n]^{3-n}$（$n=1\sim6$）掩盖了 $[CO(SCN)_4]^{2-}$ 的蓝色。但有时共存物的存在会提高鉴定反应的灵敏度，如以 $Na_3[CO(NO_2)_6]$ 鉴定 K^+ 时，极少量 Ag^+ 的存在，会有利于 K^+ 的检出。

介质的不同对鉴定反应也有一定影响。如上述 SCN^- 鉴定 Co^{2+} 时产生蓝色的 $[CO(SCN)_4]^{2-}$，在水溶液中很不稳定，而在有机溶剂如丙酮或戊醇中（被萃取）则使其稳定性增强，便于观察现象。

有时一种鉴定用的试剂能与几种离子作用，如 K_2CrO_4 能与 Ba^{2+}、Pb^{2+}、Sr^{2+} 产生相似的黄色沉淀，但与 Zn^{2+}、Fe^{3+}、Ca^{2+} 等不产生沉淀。这种在一定条件下，某一鉴定反应只能使某些离子作用而产生特征现象的性质，称为鉴定反应的选择性。能产生特征现象的离子越少，鉴定反应的选择性就越高。如果某一鉴定反应，在一定条件下，只对一种离子产生特征现象，则其选择性最好，这样的鉴定反应称为特效反应（或特征反应）。

由待分析样品制备的试液中，往往会有多种离子共存，而多数鉴定反应是有一定选择性的。因此必须采用一定的措施提高鉴定反应的选择性，以消除干扰离子的影响。

提高鉴定反应的选择性有以下方法。

（1）控制溶液的酸度　如以 CrO_4^{2-} 检验 Ba^{2+} 为例，Sr^{2+} 的存在会干扰 Ba^{2+} 的鉴定，如果使反应在中性或弱酸性条件下进行，由于 CrO_4^{2-} 浓度降低，而 $SrCrO_4$ 的溶解度又大于 $BaCrO_4$ 的溶解度，在此条件下不能生成 $SrCrO_4$ 沉淀，而 $BaCrO_4$ 仍能以沉淀析出，从而提高了选择性。

（2）加入掩蔽剂　如以 SCN^- 鉴定 Co^{2+} 时，Fe^{3+} 的存在会产生干扰。如加入大量 F^- 做掩蔽剂，使 Fe^{3+} 变成无色的 $[FeF_6]^{3-}$，即可消除干扰。

（3）分离干扰离子　这是使用最多的方法。例如用 $C_2O_4^{2-}$ 鉴定 Ca^{2+} 时，产生白色沉淀，而 Ba^{2+} 也同样产生沉淀。这时可加入 CrO_4^{2-} 使 Ba^{2+} 以 $BaCrO_4$ 沉淀析出，分离后即可消除干扰。

下面列出常见阳离子和常用试剂的反应。

1．氯化物

Ag^+、Pb^{2+}、Hg_2^{2+} $\xrightarrow{2mol \cdot L^{-1}HCl}$

- $AgCl\downarrow$（白色）溶于 $NH_3 \cdot H_2O$，加 HNO_3 又析出 AgCl 沉淀。
  AgCl 可溶于浓 HCl，生成 $H[AgCl_2]$
- $PbCl_2\downarrow$（白色）溶于热水、NH_4Ac、浓 HCl
- $Hg_2Cl_2\downarrow$（白色）在氨水中歧化
  $$Hg_2Cl_2 + 2NH_3 \longrightarrow \underset{(白色)}{HgNH_2Cl\downarrow} + \underset{(黑色)}{Hg\downarrow} + NH_4Cl$$

2. 硫酸盐

Ag^{+}、Pb^{2+}、Hg_2^{2+}、Ca^{2+}、Sr^{2+}、Ba^{2+} $\xrightarrow[H_2SO_4]{2mol\cdot L^{-1}}$

- $Ag_2SO_4\downarrow$（白色）
- $PbSO_4\downarrow$（白色）溶于 NH_4Ac、NaOH
- $Hg_2SO_4\downarrow$（白色）
- $CaSO_4\downarrow$（白色）在乙醇中溶解度降低，可溶于浓$(NH_4)_2SO_4$
- $SrSO_4\downarrow$（白色）、$BaSO_4\downarrow$（白色）$\xrightarrow[饱和]{Na_2CO_3}$ $SrCO_3$ 溶于 HAc；$BaCO_3$ 溶于 HAc

3. 氢氧化物

Na^{+}、K^{+}、NH_4^{+} 不生成氢氧化物沉淀。Ca^{2+}一般情况下沉淀不明显，离子浓度较高时才有 $Ca(OH)_2$ 沉淀析出。

生成两性氢氧化物沉淀，能溶于过量 NaOH 的有：

Al^{3+}、Cr^{3+}、Zn^{2+}、Pb^{2+}、Sb^{3+}、Sn^{2+}、Sn(Ⅳ)、Cu^{2+} $\xrightarrow[适量]{NaOH}$

- $Al(OH)_3\downarrow$（白色）
- $Cr(OH)_3\downarrow$（灰绿色）
- $Zn(OH)_2\downarrow$（白色）
- $Pb(OH)_2\downarrow$（白色）
- $Sb(OH)_3\downarrow$（白色）
- $Sn(OH)_2\downarrow$（白色）
- $Sn(OH)_4\downarrow$（白色）（或 $SnO_2\cdot H_2O$）
- $Cu(OH)_2\downarrow$（浅蓝色）$\xrightarrow[\triangle]{浓\ NaOH}$ 部分溶解，生成 $[Cu(OH)_4]^{2-}$（蓝色）

$\xrightarrow[过量]{NaOH}$

- $[Al(OH)_4]^{-}$（无色）
- $[Cr(OH)_4]^{-}$（亮绿色）
- $[Zn(OH)_4]^{2-}$（无色）
- $[Pb(OH)_4]^{2-}$（无色）
- SbO_2^{-}（无色）
- $[Sn(OH)_4]^{2-}$（无色）
- $[Sn(OH)_6]^{2-}$（无色）

$Al(OH)_3$ 如放置时间长，结构改变，将不溶于过量 NaOH。

生成氢氧化物、氧化物或碱式盐沉淀，不溶于过量碱的有：

Mg^{2+}、Fe^{3+}、Fe^{2+}、Mn^{2+}、Cd^{2+}、Ag^{+}、Hg^{2+}、Hg_2^{2+}、Co^{2+}、Ni^{2+} $\xrightarrow{NaOH}$

- $Mg(OH)_2\downarrow$（白色）
- $Fe(OH)_3\downarrow$（红棕色）$\xrightarrow{浓\ NaOH}$ 部分生成 FeO_2^{-}
- $Fe(OH)_2\downarrow$（白色）$\xrightarrow{空气中\ O_2}$ $Fe(OH)_3\downarrow$
- $Mn(OH)_2\downarrow$（白色）$\xrightarrow{空气中\ O_2}$ $MnO(OH)_2\downarrow$（棕褐色）
- $Cd(OH)_2\downarrow$（白色）
- $Ag_2O\downarrow$（褐色）
- $HgO\downarrow$（黄色）
- $HgO\downarrow$（黄色）$+Hg\downarrow$（黑色）
- 碱式盐$\downarrow$（蓝色）、碱式盐$\downarrow$（浅绿色）$\xrightarrow{浓\ NaOH}$ $Co(OH)_2\downarrow$（粉红色）；$Ni(OH)_2\downarrow$（绿色）

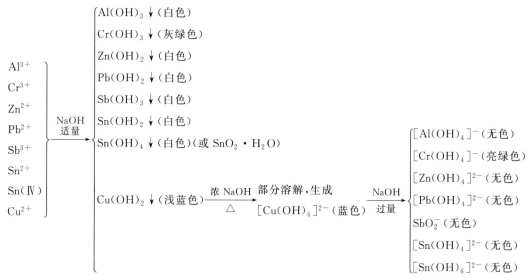

4. 氨合物

生成氢氧化物、氧化物或碱式盐沉淀，能溶于过量氨水，生成配合物的有：

Ag^+ $\xrightarrow[\text{适量}]{NH_3}$ $Ag_2O\downarrow$（褐色） $\xrightarrow[\text{过量}]{NH_3}$ $[Ag(NH_3)_2]^+$（无色）

Cu^{2+} $\xrightarrow[\text{适量}]{NH_3}$ 碱式盐$\downarrow$（蓝绿色） $\xrightarrow[\text{过量}]{NH_3}$ $[Cu(NH_3)_4]^{2+}$（深蓝色）

Cd^{2+} $\xrightarrow[\text{适量}]{NH_3}$ $Cd(OH)_2\downarrow$（白色） $\xrightarrow[\text{过量}]{NH_3}$ $[Cd(NH_3)_4]^{2+}$（无色）

Zn^{2+} $\xrightarrow[\text{适量}]{NH_3}$ $Zn(OH)_2\downarrow$（白色） $\xrightarrow[\text{过量}]{NH_3}$ $[Zn(NH_3)_4]^{2+}$（无色）

Co^{2+} $\xrightarrow[\text{适量}]{NH_3}$ 碱式盐$\downarrow$（蓝色） $\xrightarrow[\text{过量}]{NH_3}$ $[Co(NH_3)_6]^{2+}$（土黄色）$\xrightarrow{\text{空气中 }O_2}$ $[Co(NH_3)_6]^{3+}$（红褐色）

Ni^{2+} $\xrightarrow[\text{适量}]{NH_3}$ 碱式盐$\downarrow$（浅绿色） $\xrightarrow[\text{过量}]{NH_3}$ $[Ni(NH_3)_6]^{2+}$（淡紫色）

生成氢氧化物或碱式盐沉淀，不溶于过量 NH_3 水的有：

Al^{3+} $\xrightarrow{NH_3}$ $Al(OH)_3\downarrow$（白色）

Cr^{3+} $\xrightarrow{NH_3}$ $Cr(OH)_3\downarrow$（灰绿色）

Fe^{3+} $\xrightarrow{NH_3}$ $Fe(OH)_3\downarrow$（红棕色）

Fe^{2+} $\xrightarrow{NH_3}$ $Fe(OH)_2\downarrow$（白色）$\xrightarrow{\text{空气中 }O_2}$ $Fe(OH)_3\downarrow$（红棕色）

Mn^{2+} $\xrightarrow{NH_3}$ $Mn(OH)_2\downarrow$（白色）$\xrightarrow{\text{空气中 }O_2}$ $MnO(OH)_2\downarrow$（棕褐色）

Sn^{2+} $\xrightarrow{NH_3}$ $Sn(OH)_2\downarrow$（白色）

Sn(Ⅳ) $\xrightarrow{NH_3}$ $Sn(OH)_4\downarrow$（白色）

Rb^{2+} $\xrightarrow{NH_3}$ 碱式盐$\downarrow$（白色）

Mg^{2+} $\xrightarrow{NH_3}$ $Mg(OH)_2\downarrow$（白色）

Hg^{2+} $\xrightarrow{NH_3}$ $HgNH_2Cl\downarrow$（白色）

Hg_2^{2+} $\xrightarrow{NH_3}$ $HgNH_2Cl\downarrow$（白色）$+Hg\downarrow$（黑色）

在 NH_3-NH_4Cl 溶液中，部分 Cr^{3+} 生成 $[Cr(NH_3)_6]^{3+}$，溶液加热后，分解析出 $Cr(OH)_3$沉淀。

$Mg(OH)_2$ 的溶解度稍大，只有当氨水的浓度较高，即溶液中的 OH^- 浓度较高时才有 $Mg(OH)_2$ 沉淀，如果溶液中有大量 NH_4Cl 存在，由于 NH_4^+ 水解产生的 H^+，降低了 OH^- 浓度，反而没有 $Mg(OH)_2$ 沉淀生成。

5. 碳酸盐

K^+、Na^+、NH_4^+ 不生成碳酸盐沉淀。Pb^{2+}、Fe^{3+}、Zn^{2+}、Co^{2+}、Ni^{2+}、Cu^{2+}、Cd^{2+}、Bi^{3+}、Mg^{2+}生成碱式盐，其中 Zn^{2+}、Co^{2+}、Ni^{2+} 的碱式盐溶于过量的 $(NH_4)_2CO_3$。Al^{3+}、Cr^{3+}、Sn^{2+}、Sn(Ⅳ)、Sb^{3+}与 $(NH_4)_2CO_3$ 反应生成氢氧化物沉淀。

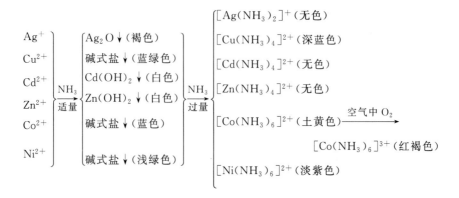

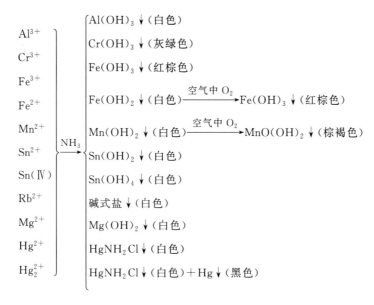

Mg^{2+}、Ag^{+}、Ca^{2+}、Sr^{2+}、Ba^{2+}、Fe^{2+}、Mn^{2+}、Hg_2^{2+} $\xrightarrow{CO_3^{2-}}$

- $Mg_2(OH)_2CO_3$、Ag_2CO_3、$CaCO_3$、$SrCO_3$、$BaCO_3$、$FeCO_3$、$MnCO_3$ 均溶于酸中
- $Hg_2CO_3\downarrow$（淡黄色）$\xrightarrow{迅速}$ $HgO\downarrow$（黄色）$+Hg\downarrow$（黑色）

6．硫化物

K^{+}、Na^{+}、NH_4^{+} 的硫化物溶于水。

能在碱性条件下生成硫化物或氢氧化物沉淀，不溶于水，但可溶于 HCl 的硫化物有：

Fe^{2+}、Mn^{2+}、Zn^{2+}、Co^{2+}、Ni^{2+}、Al^{3+}、Cr^{3+} $\xrightarrow{(NH_4)_2S}$

- $FeS\downarrow$（黑色）、$MnS\downarrow$（肉色）、$ZnS\downarrow$（白色）、$CoS\downarrow$（黑色）、$NiS\downarrow$（黑色） 溶于稀 HCl $\xrightarrow{放置或加热}$ β-CoS、β-NiS 不溶于稀 HCl
- $Al(OH)_3\downarrow$（白色）
- $Cr(OH)_3\downarrow$（灰绿色）

不溶于稀酸，可在酸性条件下（0.2～0.6mol·L^{-1} H^{+}）沉淀的离子有：

Ag^{+}、Pb^{2+}、Cu^{2+}、Cd^{2+}、Bi^{3+}、Hg^{2+}、Hg_2^{2+}、As(Ⅴ)、As^{3+}、Sb(Ⅴ)、Sb^{3+}、Sn(Ⅳ)、Sn^{2+} $\xrightarrow{H_2S}$

- $Ag_2S\downarrow$（黑色）、$PbS\downarrow$（黑色）、$CuS\downarrow$（黑色）、$CdS\downarrow$（黄色）、$Bi_2S_3\downarrow$（黑色） 溶于热 HNO_3
- $HgS\downarrow$（黑色）、$HgS\downarrow+Hg\downarrow$（黑色） 溶于王水
- $As_2S_5\downarrow$（黄色）、$As_2S_3\downarrow$（黄色） 不溶于浓 HCl，溶于 NaOH
- $Sb_2S_5\downarrow$（橙红色）、$Sb_2S_3\downarrow$（橙色）、$SnS_2\downarrow$（黄色） 溶于浓 HCl，也溶于 NaOH
- $SnS\downarrow$（褐色） 溶于浓 HCl，不溶于 NaOH

此外 As_2S_3、Sb_2S_3、SnS_2、As_2S_5、Sb_2S_5 和 HgS 还可溶解在 Na_2S 中，生成相应的可溶性的硫代酸盐和 $Na_2[HgS_2]$。此溶液酸化后，又重新析出硫化物沉淀并放出 H_2S 气体。另外这几种硫化物中除 HgS 外，都可溶于多硫化铵$(NH_4)_2S_x$ 中，生成相应的硫代酸盐（As_2S_3、Sb_2S_3 分别生成 AsS_4^{3-}、SbS_4^{3-}）。

SnS 不溶于 Na_2S，但可被 $(NH_4)_2S_x$ 氧化为 SnS_2 溶解在多硫化物中，形成 SnS_3^{2-}。

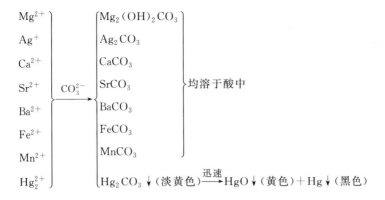

一般构成阴离子的元素较少，且许多阴离子共存的机会也较少。除少数几种阴离子外，大多数情况下阴离子鉴定时相互并不干扰。

三、方案设计提示

（1）Cr^{3+}鉴定可通过生成黄色 $PbCrO_4$ 沉淀来实现。具体方法是在试样中加入过量 NaOH 和 H_2O_2，充分搅拌，加热煮沸，使过量 H_2O_2 分解，溶液变黄。取此溶液 2 滴，用 $6mol \cdot L^{-1}$ HAc 酸化，加 2 滴 $PbAc_2$ 生成黄色沉淀，示有 Cr^{3+}存在。

注意 $PbCrO_4$ 黄色沉淀析出的条件应是弱酸性或中性。

（2）若用生成 AgCl 白色沉淀的方法分离 Ag^+时，加入 Cl^-（如 HCl）的量要适当，以刚好沉淀完全为限，最多过量几滴，因为在 Cl^- 浓度较大时 AgCl 会有部分因生成 $[AgCl_2]^-$ 而溶解。另外，生成的沉淀应用水浴加热，以使 AgCl 胶体凝聚，便于分离。Hg_2^{2+}的鉴定：取试样 2 滴，加入 1 滴 $2mol \cdot L^{-1}$ HCl，生成白色沉淀，再加入几滴 $2mol \cdot L^{-1}$ NH_3，生成灰黑色沉淀，就是 Hg_2^{2+}。

（3）Fe^{3+}可以分别用 KSCN 和 $K_4[Fe(CN)_6]$ 溶液进行鉴定，前者生成血红色溶液，后者生成蓝色沉淀。

（4）Ni^{2+}可用丁二酮肟进行鉴定。具体方法是在试样中滴加 $2mol \cdot L^{-1}$ $NH_3 \cdot H_2O$ 到沉淀刚好溶解形成 $[Ni(NH_3)_6]^{2+}$，然后加入 1%丁二酮肟，生成鲜红色沉淀。

（5）Cd^{2+}与 S^{2-}反应生成黄色 CdS 沉淀，该沉淀不溶于 $2mol \cdot L^{-1}$的 HCl 中。

（6）NO_3^- 可以用棕色环实验进行鉴定。另外，NO_3^- 在 40% NaOH 热溶液中可以被金属铝还原为 NH_3，后者可以用奈斯勒试剂鉴定。

（7）Br^-和 I^-被氧化后形成的单质在 CCl_4 中显示特征颜色。I_2 会掩盖 Br_2 的颜色，所以生成的 I_2 需要进一步被氧化为 IO_3^-，Br_2 的颜色才能被观察到。

四、仪器、试剂和材料

（1）仪器　离心机、离心试管、试管。

（2）试剂　HNO_3（$2mol \cdot L^{-1}$、$6mol \cdot L^{-1}$、浓）、HCl（$2mol \cdot L^{-1}$、$6mol \cdot L^{-1}$、浓）、H_2SO_4（$2mol \cdot L^{-1}$、$6mol \cdot L^{-1}$、浓）、HAc（$2mol \cdot L^{-1}$、$6mol \cdot L^{-1}$）、$NH_3 \cdot H_2O$（$2mol \cdot L^{-1}$、$6mol \cdot L^{-1}$）、NaOH（$2mol \cdot L^{-1}$、$6mol \cdot L^{-1}$）、H_2S（饱和）、$Hg(NO_3)_2$（$0.1mol \cdot L^{-1}$）、KI（$0.1mol \cdot L^{-1}$）、$K_3[Fe(CN)_6]$（$0.1mol \cdot L^{-1}$）、$(NH_4)_2[Hg(SCN)_4]$（$0.1mol \cdot L^{-1}$）、$CuSO_4$（0.02%）、$MnSO_4$（$0.1mol \cdot L^{-1}$）、NH_4Cl（$0.1mol \cdot L^{-1}$）、$FeSO_4$（$0.1mol \cdot L^{-1}$）、$ZnSO_4$（$0.1mol \cdot L^{-1}$）、KCl（$0.1mol \cdot L^{-1}$）、Na_2CO_3（$0.1mol \cdot L^{-1}$）、$NaNO_2$（$0.1mol \cdot L^{-1}$）、Na_3PO_4（$0.1mol \cdot L^{-1}$）、Na_2SO_3（$0.1mol \cdot L^{-1}$）、Na_2SO_4（$0.1mol \cdot L^{-1}$）、$Na_2S_2O_3$（$0.1mol \cdot L^{-1}$）、$AgNO_3$（$0.1mol \cdot L^{-1}$）、$Fe(NO_3)_3$（$0.1mol \cdot L^{-1}$）、$Cr(NO_3)_3$（$0.1mol \cdot L^{-1}$）、$Ni(NO_3)_2$（$0.1mol \cdot L^{-1}$）、$Cd(NO_3)_2$（$0.1mol \cdot L^{-1}$）、KSCN（$0.1mol \cdot L^{-1}$、饱和）、$K_4[Fe(CN)_6]$（$0.1mol \cdot L^{-1}$）、$Pb(NO_3)_2$（$0.1mol \cdot L^{-1}$）、Na_2S（$2mol \cdot L^{-1}$）、$Pb(Ac)_2$

（0.1mol·L^{-1}）、$BaCl_2$（0.1mol·L^{-1}）、氯水、H_2O_2（3%）、乙醚、丁二酮肟（1%）、CCl_4、$FeSO_4 \cdot 7H_2O$(s，AR)、$NaBiO_3$(s，AR)、$KClO_3$(s，AR)。

六瓶未知阳离子溶液分别是：Mn^{2+}、Hg^{2+}、NH_4^+、Fe^{2+}、Cd^{2+}和K^+。

六瓶未知阴离子溶液分别是：CO_3^{2-}、NO_2^-、PO_4^{3-}、SO_3^{2-}、SO_4^{2-}和$S_2O_3^{2-}$。

混合阳离子溶液（含Ag^+、Fe^{3+}、Cr^{3+}、Ni^{2+}和Zn^{2+}）。

混合阴离子溶液（含Cl^-、Br^-、I^-和NO_3^-）。

（3）材料　冰块。

五、实验内容

（1）自行设计方案，分别鉴定下列六瓶未知无色阳离子溶液：

Mn^{2+}、Hg^{2+}、NH_4^+、Fe^{2+}、Cd^{2+}和K^+。

（2）自行设计方案，分别鉴定下列六瓶未知无色阴离子溶液：

CO_3^{2-}、NO_2^-、PO_4^{3-}、SO_3^{2-}、SO_4^{2-}和$S_2O_3^{2-}$。

（3）自行设计方案，分离并鉴定混合阳离子溶液Ag^+、Fe^{3+}、Cr^{3+}、Ni^{2+}和Zn^{2+}。

（4）自行设计方案，鉴定混合阴离子溶液Cl^-、Br^-、I^-和NO_3^-。

实验 37

配合物的合成、晶体结构分析与性能表征

预习

（1）配位化学的概念、配合物的合成、结构与性质。

（2）掌握合成新物种的结构解析与表征方法。

（3）了解合成新物种磁性能的测试与表征手段。

一、实验目的

（1）全面训练学生的新物种合成、结构解析及性质分析技能。

（2）培养学生综合应用所学知识进行科学研究的能力。

二、实验原理

按照图 4-2 所示的设计路线，先进行铜配合物$[Cu(en)_2]^{2+}$的合成；进一步与$K_3[Fe(CN)_6]$反应生成氰桥配合物$\{K[(NC)_5Fe^{III}\text{-}\mu\text{-}CN\text{-}Cu^{II}(en)_2]\}_n$。

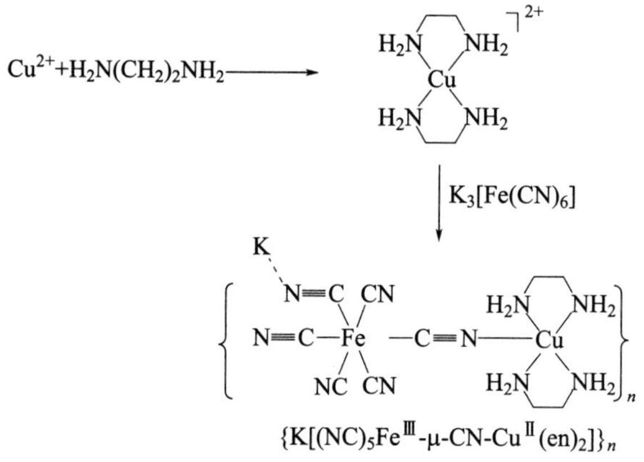

图 4-2　氰桥配合物的合成路线示意图

三、仪器、试剂和材料

（1）仪器

① 普通仪器　烧杯（带刻度 100mL、250mL）、量筒（100mL）、酒精灯、布氏漏斗、吸滤瓶、玻璃搅棒、三脚架、石棉网、分析天平。

② 测试仪器　元素分析仪、红外光谱仪、MPMS XL-7 型磁强计、紫外-可见光分光光度计、X 射线单晶衍射仪。

（2）试剂　$CuCl_2\cdot 2H_2O$(分析纯，AR)、乙二胺(en)（分析纯，AR)、$K_3[Fe(CN)_6]$（分析纯，AR)。

（3）材料　滤纸。

四、实验内容

1. 配合物$\{K[(NC)_5Fe^{III}\text{-}\mu\text{-}CN\text{-}Cu^{II}(en)_2]\}_n$ 的合成

（1）称取 0.374g 的 $CuCl_2\cdot 2H_2O$，置于 50mL 烧杯中，加蒸馏水 10mL 溶解制成溶液。

（2）称取 0.30g 乙二胺(en)，置于 25mL 烧杯中，加蒸馏水 5mL 溶解制成溶液。

（3）称取 0.80g $K_3[Fe(CN)_6]$，置于 50mL 烧杯中，加蒸馏水 10mL 溶解制成溶液。

（4）在搅拌的条件下，把乙二胺溶液慢慢地加入 $CuCl_2\cdot 2H_2O$ 溶液中，并继续搅拌 5min，得到深蓝色的溶液。

（5）在搅拌的条件下，把第（4）步制得的深蓝色的溶液慢慢地加入已配制的 $K_3[Fe(CN)_6]$ 溶液中。搅拌的同时，一种棕色沉淀析出。过滤，干燥，计算产率。

（6）单晶的培养：把第（5）步合成的产品在水中重结晶可得到棕色针状晶体，可用作结构分析。

2. 合成配合物$\{K[(NC)_5Fe^{III}\text{-}\mu\text{-}CN\text{-}Cu^{II}(en)_2]\}_n$ 的表征方法

（1）利用元素分析仪测定产物中 C、H、N 的含量，确定产物的组成。

（2）配合物的晶体结构分析：在单晶衍射仪上采用 Mo-K_α 辐射，ω-2θ 方式扫描。金属原子通过 Patterson 合成确定，非氢原子用 Fourier 合成确定。所有氢原子用差值 Fourier 确定。全部计算在计算机上用 SHELXTL 97 程序完成。

(3) 用红外光谱仪分别测定合成物种和 $K_3[Fe(CN)_6]$ 的红外光谱，并比较两者的氰基伸缩振动频率的区别。

(4) 用紫外-可见分光光度计分别测定合成物种和乙二胺合铜(Ⅱ) 溶液的电子光谱，并加以比较。

(5) 利用 MPMS XL-7 型磁强计，测定合成配合物在 300～2000 范围内的变温磁化率。

五、结果与讨论

(1) 元素分析表明，产物的组成为 $K[Cu^{II}(en)_2][Fe^{III}(CN)_6]$。

(2) 配合物$\{K[(NC)_5Fe^{III}\text{-}\mu\text{-}CN\text{-}Cu^{II}(en)_2]\}_n$ 的晶体结构表征。X 射线单晶衍射解析证明：晶体$\{K[(NC)_5Fe^{III}\text{-}\mu\text{-}CN\text{-}Cu^{II}(en)_2]\}_n$ 属于单斜晶系，空间群为 C2/c。其晶胞参数：$a=8.425(1)$，$b=16.863(2)$，$c=11.860(1)$Å，$\alpha=90$，$\beta=98.84(1)$，$\gamma=90°$，$Z=4$。晶体结构见图 4-3 和图 4-4。部分键长和键角数据列于表 4-3。

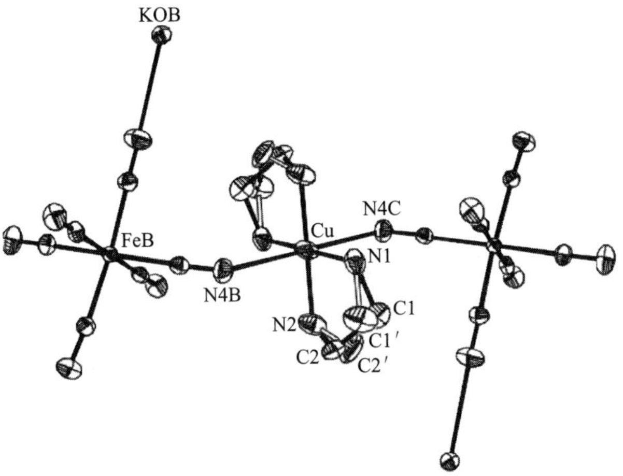

图 4-3 $\{K[(NC)_5Fe^{III}\text{-}\mu\text{-}CN\text{-}Cu^{II}(en)_2]\}_n$ 的晶体结构图

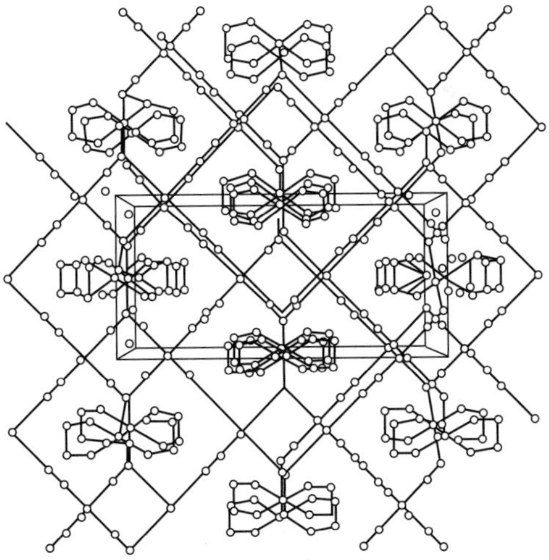

图 4-4 $\{K[(NC)_5Fe^{III}\text{-}\mu\text{-}CN\text{-}Cu^{II}(en)_2]\}_n$ 的堆积图

表 4-3　配合物 $\{K[(NC)_5Fe^{III}\text{-}\mu\text{-}CN\text{-}Cu^{II}(en)_2]\}_n$ 的代表性键长和键角

键长/10^{-10}m			
Cu-N(1)	1.989(2)	Cu-N(2)	1.990(3)
Cu-N(4)#2	2.866(3)	Cu-N(4)#3	2.866(3)
Fe-C(5)#4	1.940(3)	Fe-C(5)	1.940(3)
Fe-C(4)	1.948(3)	Fe-C(3)	1.949(3)
键角/(°)			
N(1′)#1-Cu-N(1)#1	0.00(17)	N(1)#1-Cu-N(1)	180.00(13)
N(1′)#1-Cu-N(1)	180.00(13)	N(2)-Cu-N(2)#1	180.00(10)
N(2)#1-Cu-N(2′)#1	0.00(16)	N(4)#2-Cu-N(4)#3	180.0

(3) 红外光谱表征

$K_3[Fe(CN)_6]$：$\nu_{CN}=2131\ cm^{-1}$

$\{K[(NC)_5Fe^{III}\text{-}\mu\text{-}CN\text{-}Cu^{II}(en)_2]\}_n$：$\nu_{CN}=2101cm^{-1}$

(4) 紫外-可见光谱表征

$[Cu(en)_2]^{2+}$：$\lambda_{max}=558nm$ ($\varepsilon=285dm^3\cdot mol^{-1}\cdot cm^{-1}$)

$\{K[(NC)_5Fe^{III}\text{-}\mu\text{-}CN\text{-}Cu^{II}(en)_2]\}_n$：$\lambda_{max}=423nm$ ($\varepsilon=1045dm^3\cdot mol^{-1}\cdot cm^{-1}$)

(5) 配合物$\{K[(NC)_5Fe^{III}\text{-}\mu\text{-}CN\text{-}Cu^{II}(en)_2]\}_n$ 的磁行为调查

图 4-5 展示了 $\{K[(NC)_5Fe^{III}\text{-}\mu\text{-}CN\text{-}Cu^{II}(en)_2]\}_n$ 磁行为的测试与分析结果。调查结果表明，氰基桥连的配合物中，两种顺磁性物种，Fe(Ⅲ) 和 Cu(Ⅱ) 之间存在有磁交换行为。限于教材篇幅，更深入的磁性能研究没有写入。

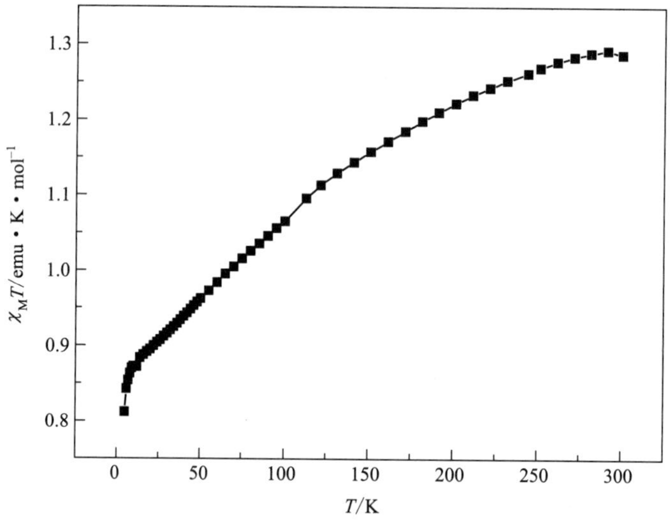

图 4-5　变温条件下 $\{K[(NC)_5Fe^{III}\text{-}\mu\text{-}CN\text{-}Cu^{II}(en)_2]\}_n$ 磁行为的测试与分析结果

六、思考题

(1) 一种新型配合物的解析与表征手段有哪些？

(2) 通过相关资料的查阅，列举过渡金属配合物磁行为的具体表现有哪些？

实验 38

含银废水中金属银的回收与利用

预习

(1) 掌握过渡金属，尤其是银及其化合物的性质。
(2) 了解废水中银的存在形式。

一、实验目的

(1) 运用所学化学知识设计方案从含银废液中提取银。
(2) 掌握金属的性质、选择和设计合理的分离提纯方法。

二、实验原理

银是一种稀有贵重金属，它的盐（如 $AgNO_3$）需求量很大，除了用作化学试剂和药物外，还用于镀银、染发、制照相乳剂等。因此，从含银废液中回收金属银，既能减少它对水的污染，又可节约经费开支。含银废液主要来源于电镀、制镜、胶片处理等场所和化学实验室，其中的银多以 $[Ag(NH_3)_2]^+$、$[Ag(S_2O_3)_2]^{3-}$、Ag^+ 或 AgCl 等形式存在。例如，生产电子元器件时，须利用火法或酸熔法将银固定在金属面板上，在此过程中会产生大量含银废液。电子工业上基于导电性的要求，常常要对某些电器、仪表进行银电镀。这些过程中都会产生含银电镀废液。电镀废液银含量一般为 10～12g・L^{-1}，银主要以配合物的形式存在。

回收银的方法有多种，本实验选择出一种操作简便、回收银粉纯度高的方法，同时所得银粉可用于制备分析纯级硝酸银试剂。

三、仪器、试剂和材料

(1) 仪器　烧杯（100mL、250mL）、量筒（100mL）、G4 砂芯玻璃漏斗、布氏漏斗、吸滤瓶、玻璃搅棒、三脚架、石棉网、分析天平、干燥箱、烘箱。

(2) 试剂　HCl(浓、6mol・L^{-1}、2mol・L^{-1})、HNO_3(浓、0.01mol・L^{-1})、NaCl(3mol・L^{-1})、H_2SO_4(3mol・L^{-1})、NH_3・H_2O(6mol・L^{-1})、$Ba(NO_3)_2$(0.1mol・L^{-1})、Zn(粉)。

(3) 材料　含银废液、滤纸。

四、实验内容

1. 含银废液回收银工艺流程

含银废液回收银工艺流程见图 4-6，具体步骤如下：

(1) 取含银废液 50mL，在加热、搅拌下，加入浓 HCl 溶液，使废液呈酸性，再加入

$3\text{mol}\cdot L^{-1}$ NaCl 溶液，使溶液中有足够的 Cl^- 存在，保证 Ag^+ 沉淀完全。

（2）AgCl 沉淀中常混有 $PbCl_2$、Hg_2Cl_2 和 Ag_2S 沉淀，经加热、搅拌数分钟后，趁热分离除去 $PbCl_2$。

（3）在得到的沉淀物中加入浓 HNO_3 和少量 $2\text{mol}\cdot L^{-1}$ HCl 溶液，加热并充分搅拌，使 Hg_2Cl_2 转变成可溶物，而沉淀 Ag_2S 转变成 AgCl 沉淀，冷却分离。

（4）过滤并用 $0.01\text{mol}\cdot L^{-1}$ HNO_3 洗涤，即得白色 AgCl。

（5）将 AgCl 沉淀用足量浓 $NH_3\cdot H_2O$ 溶解，有不溶物时过滤之，在滤液中加入过量锌片还原 $[Ag(NH_3)_2]^-$。将暗灰色粗银粉，用 $3\text{mol}\cdot L^{-1}$ H_2SO_4 处理以除去过量的锌粉，最后用蒸馏水洗涤至经 $Ba(NO_3)_2$ 溶液检验无 SO_4^{2-} 存在时，烘干，即得纯银粉。

（6）将银粉转移到马弗炉中煅烧、冷却得到银锭。

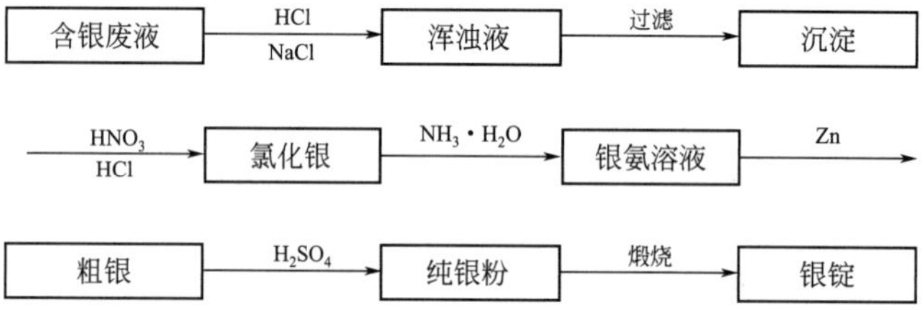

图 4-6　含银废液回收银工艺流程示意图

2. 回收银的循环利用

图 4-7 显示了回收银的循环利用的工艺流程，具体操作如下：

称取 2.5g 银粉，溶于 5mL 稀 HNO_3（1∶1）溶液中，用 G4 砂芯玻璃漏斗减压抽滤，除去不溶物，然后将滤液转入蒸发器中，加热蒸发浓缩至有晶膜出现，停止加热。冷却至室温后，析出白色的 $AgNO_3$ 结晶物，将结晶物置于浓 H_2SO_4 干燥器中干燥或烘箱（120℃左右）中烘干至恒重，再装入棕色瓶保存。

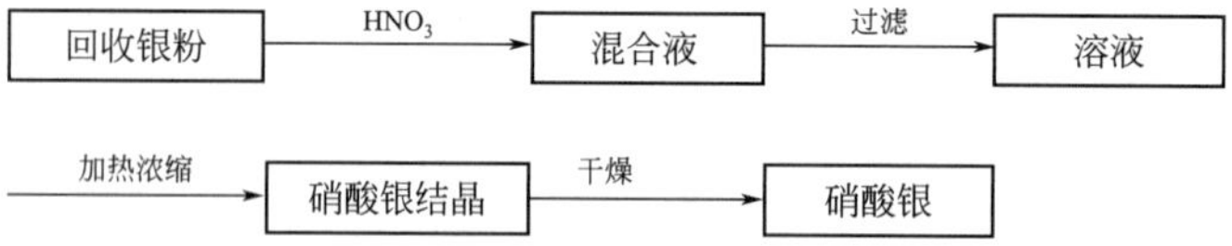

图 4-7　回收银的循环利用的工艺流程示意图

五、数据记录与结果处理

（1）写出相关的反应式。

（2）计算银的回收率。

（3）影响银的回收率的因素有哪些？

（4）如何由银粉制得分析纯级 $AgNO_3$？

实验 39

溶剂萃取法处理电镀厂含铬废水

● 预习

(1) 过渡金属铬及其化合物的性质。

(2) 了解废水中铬物种的存在形式。

一、实验目的

(1) 了解石油亚砜萃取电镀厂含铬废水中 Cr^{3+} 的过程。

(2) 学习和了解液-液萃取实验的操作和过程。

(3) 学习铬试纸的使用方法。

二、实验原理

石油亚砜是从含有醚（R—S—R′）的石油馏分经氧化、分离、提纯而制得的具有多种不同分子量的亚砜混合体，它们对多种重金属离子有特殊的配位性能，可以利用它来分离、提取许多重金属离子，是一优良的工业萃取剂。石油亚砜能对 Cr(Ⅵ) 具有很强的提取能力。利用石油亚砜处理电镀厂含铬废水，可以使危害性较大的含铬废水变废为宝，消除环境污染［国家对含铬废水规定的排放标准为含 Cr(Ⅵ)（$0.5mol \cdot L^{-1}$)］。

石油亚砜处理含铬废水，是一个萃取过程。石油亚砜是萃取剂，白煤油是稀释剂，石油亚砜的白煤油溶液是有机相，含铬废水是水相，两相不相混溶，当它们都在分液漏斗中振荡时，萃取的过程就在进行。萃取后把两相分开，水中的 Cr(Ⅵ) 就大部分转入石油亚砜中。当萃取达到平衡时，在有机相和水相中 Cr(Ⅵ) 的浓度都不会再变化。且条件不变时，它们的比值是确定的，可以用分配比 D 来表示：

$$D=\frac{c(\text{有},\text{总})}{c(\text{水},\text{总})}$$

式中，$c(\text{有},\text{总})$、$c(\text{水},\text{总})$ 分别代表被萃取物在有机相和水相的总浓度。

为了表示萃取剂的萃取能力或被萃取物质在两相的分配情况，在实际工作中，常用萃取率（$\rho\%$）表示。萃取率就是被萃取物进入到有机相中的量占萃取前原料液中被萃取物的总量的百分比，即：

$$\rho\%=\frac{\text{被萃取物在有机相中的量}}{\text{被萃取物在原料液中的总量}}\times 100\%$$

含铬废水经石油亚砜处理后，Cr(Ⅵ) 转移到石油亚砜的有机相中，经用 $6mol \cdot L^{-1}$ NaOH 溶液进行反萃取，Cr(Ⅵ) 就从有机相转移到水溶液中。此时，碱液中含 Cr(Ⅵ) 的浓度大于废水中，碱液经酸化及进一步处理，Cr(Ⅵ) 就可回收利用。而石油亚砜也可以重复使用。

本实验考虑实验仪器及时间有限，仅作半定量要求。分析溶液中 Cr(Ⅵ) 的含量，采用金属铬试纸（测试范围：0.5～50mol·L^{-1}）。

三、仪器、试剂和材料

（1）仪器　分液漏斗（125mL，两只）、量筒（10、20、100mL）、烧杯（200mL）、普通漏斗及漏斗架。

（2）试剂　NaOH(6mol·L^{-1})、HCl(1mol·L^{-1}、6mol·L^{-1}、浓)、含铬废水、石油亚砜溶液（含亚砜硫 0.4mol·L^{-1}的白煤油溶液）。

（3）材料　铬试纸、滤纸。

四、实验内容

（1）用铬试纸检验含铬废水中的 Cr(Ⅵ) 浓度，记录于表 4-4 中。

（2）萃取操作：把两个 125mL 分液漏斗编号为Ⅰ、Ⅱ；用量筒量取 100mL 含铬废水倒入分液漏斗Ⅰ中，再量取 5mL 石油亚砜（即用 1mol·L^{-1} HCl 平衡好的 0.4mol·L^{-1}石油亚砜溶液），注入分液漏斗Ⅰ中，盖好分液漏斗Ⅰ的顶盖，用手振荡 10～15min，使两相溶液充分接触，放置在漏斗架上静止 10～15min，待两相液面清晰，排放下层水相于分液漏斗Ⅱ中，同时用铬试纸检验排出水中含的 Cr(Ⅵ) 浓度。记录于表 4-4 中。

（3）重新取 100mL 含铬废水放于分液漏斗Ⅰ中，与原来留于其中的石油亚砜接触。另量取 5mL 石油亚砜注入分液漏斗Ⅱ中，与第一次从分液漏斗Ⅰ排出的废水接触。分别盖好顶盖，振荡 10～15min，放置静止 10～15min，待两相界面清晰即可进行分离，排出废水分别放入两个有标号的烧杯中，用铬试纸分别检验它们的 Cr(Ⅵ) 浓度，记录于表 4-4中。

（4）反萃取操作：取 5mL 6mol·L^{-1} NaOH 溶液注入分液漏斗Ⅰ中，与已萃取过Cr(Ⅵ)的石油亚砜接触，振荡 10～15min，放置静止至两相界面清晰，分离出碱液并取出 1mL(碱度近似为 6mol·L^{-1} NaOH)，用 6mol·L^{-1} HCl 将此 1mL 反萃碱液调为 1mol·L^{-1} HCl 的酸度，用之与原来的含铬废水比较颜色的深浅，判断反萃液中 Cr(Ⅵ) 浓度的大小。

（5）把Ⅰ和Ⅱ号分液漏斗中的石油亚砜倒入指定回收瓶中。

表 4-4　数据记录与整理

项目	Cr(Ⅵ)的浓度/mol·L^{-1}	萃取率(ρ%)$=\frac{被萃取 Cr(Ⅵ)的量}{废水中 Cr(Ⅵ)的量}\times 100\%$ (若水相体积不变,可用浓度代替量)
含铬废水	$A=$	
Ⅰ号分液漏斗第一次排出废水	$B=$	$\rho(1)\%=\frac{A-B}{A}\times 100\%$

项目	Cr(Ⅵ)的浓度/$mol \cdot L^{-1}$	萃取率(ρ%)$=\frac{被萃取 Cr(Ⅵ)的量}{废水中 Cr(Ⅵ)的量}\times 100\%$ (若水相体积不变,可用浓度代替量)
Ⅰ号分液漏斗第二次排出废水	$C=$	$\rho(2)\%=\frac{A-C}{A}\times 100\%$
Ⅱ号分液漏斗排出废水	$D=$	$\rho(3)\%=\frac{B-D}{B}\times 100\%$

$$\rho(总)\% =\rho(1)\%+\rho(3)\%$$

注：

① 含铬废水：可用 CrO_3 配制为含 Cr(Ⅵ) 溶液（因为一般电镀厂含铬废水含其他杂质较少，通常定性检查不出 Cu^{2+}、Ni^{2+}、Fe^{3+}，所以实验可直接用 CrO_3 模拟配制）。

② 石油亚砜溶液（含亚砜硫 0.4$mol \cdot L^{-1}$的白煤油溶液）的配制方法如下：

$$W=\frac{MV\times 32.06}{E}$$

式中，W 为石油亚砜的质量，g；M 为需配的石油亚砜溶液中含亚砜硫的摩尔浓度，$mol \cdot L^{-1}$；V 为需配溶液的体积，L；E 为原石油亚砜溶液中硫含量，%(石油亚砜产品都已标明亚砜硫的含量)。

如需配 1L 0.40$mol \cdot L^{-1}$亚砜硫的白煤油溶液，若原石油亚砜中含亚砜硫为 8.8%，则

$$W=\frac{0.40\times 1.000\times 32.06}{8.8\%}=145.7(g)$$

即称取 145.7g 原石油亚砜，注入 1L 容量瓶中，用少量白煤油冲洗盛器后，转移入容量瓶中，后用白煤油稀释到刻度即成。

已配制好的石油亚砜应用 1$mol \cdot L^{-1}$ HCl 振荡平衡 2 次（每次用 HCl 量约为石油亚砜溶液的 1/4 左右），最后分离去酸水，石油亚砜溶液即可使用。

③ 铬试纸的使用方法：取试纸一条，浸入欲测溶液中，立即取出，30s 后与标准色板比较，即可得出 Cr(Ⅵ) 的含量。

④ 回收的石油亚砜可用 6$mol \cdot L^{-1}$ NaOH 进行反萃取，再经 1$mol \cdot L^{-1}$ HCl 酸化平衡后，便可重复使用。

五、数据记录与结果处理

(1) 通过实验，如何理解萃取和反萃过程？

(2) 比较萃取率 $\rho(1)$、$\rho(2)$、$\rho(3)$ 和 $\rho(总)$ 的数据，有什么体会？

实验 40

用铝箔、铝制饮料罐制备硫酸铝

一、实验目的

(1) 学习硫酸铝的制备方法。

（2）掌握用化学方法处理铝制废品。

（3）强化学生的废物回收利用意识。

二、实验原理

铝是一种用途十分广泛的轻金属，具有很好的延展性，可以制成铝箔、铝罐等制品用于食品、香烟和饮料等商品的包装。

由于铝是一种重要的资源，当商品消费完后，其铝制包装（铝箔、铝罐）不可当作废弃物随意丢弃，而是要进行回收再利用。否则，不仅是对资源的浪费，还可能导致铝离子进入环境造成污染，毒害人体健康。

铝的回收可根据废料的大小、是否与其他材料混合来确定。大量的铝废料可以用熔炼的方法回收金属铝。零散的铝制品包装则宜用化学方法制成化学试剂。

硫酸铝是一种用途比较多的化合物，比如可作水处理的絮凝剂，泡沫灭火剂的内留剂等。本实验将采用化学方法把铝箔和铝制饮料罐等回收制成硫酸铝。具体如下：先将铝制废料溶于氢氧化钠制得四羟基合铝酸钠，然后用硫酸调节 pH 值使其转化为氢氧化铝沉淀与其他物质分离，接着再用硫酸将氢氧化铝沉淀溶解得到硫酸铝溶液，最后通过浓缩、冷却结晶等步骤得到含 18 个结晶水的硫酸铝晶体。具体反应式为：

$$2Al+2NaOH+6H_2O \longrightarrow 2Na[Al(OH)_4]+3H_2\uparrow$$

$$2Na[Al(OH)_4]+H_2SO_4 \longrightarrow 2Al(OH)_3\downarrow+Na_2SO_4+2H_2O$$

$$2Al(OH)_3+3H_2SO_4 \longrightarrow Al_2(SO_4)_3+6H_2O$$

三、仪器、试剂和材料

（1）仪器　天平、烧杯（250mL）、抽滤瓶、布氏漏斗、玻璃棒、酒精灯、三脚架、石棉网。

（2）试剂　NaOH(s，AR)、H_2SO_4(3mol·L^{-1})。

（3）材料　铝制饮料罐、pH 试纸。

四、实验内容

（1）铝制饮料罐的处理　用剪刀将铝制饮料罐剪碎。

（2）四羟基合铝酸钠的制备　称取 1.3g 固体 NaOH，将其置于 250mL 烧杯中，加 30mL 蒸馏水使其溶解得到 NaOH 溶液。将剪碎的铝制饮料罐投入 NaOH 溶液中进行反应，待反应不再有气泡时加 80mL 左右的水稀释，然后过滤。

（3）氢氧化铝的生成和洗涤　将滤液转移至 250mL 烧杯中，用酒精灯加热至近沸。搅拌下，往滤液中滴加 3mol·L^{-1} H_2SO_4 至 pH＝8～9。继续搅拌至煮沸数分钟后静置澄清。取上层清液用 3mol·L^{-1} H_2SO_4 检验 $Al(OH)_3$ 是否沉淀完全。待 $Al(OH)_3$ 沉淀完全后，用倾析法弃去上层清液。再用煮沸的蒸馏水以倾析法洗涤沉淀 2～3 次。然后减压抽滤，用煮沸的蒸馏水继续洗涤沉淀至滤液 pH＝5～7。抽干。

（4）硫酸铝晶体的制备　将制得的 $Al(OH)_3$ 沉淀转移至烧杯中，加入 18mL 3mol·L^{-1} H_2SO_4 溶液，小心加热至沸。待沉淀溶解后，加入 50mL 蒸馏水进行稀释，过滤。滤液用小火蒸发浓缩至 10mL 左右。用冷水冷却，同时不断搅拌使晶体析出。待充分冷却后取出晶体，并用滤纸吸去晶体上水分。

五、思考题

（1）是否可用浓氨水与铝制废料反应？

（2）如果铝制品中含有铁杂质，该方法是否可以去除铁杂质？

实验 41

钴基催化剂的制备及光催化水还原制氢

预习

（1）了解制取氢气的方法有哪些？

（2）了解催化剂催化水还原生成氢气的过程。

一、实验目的

（1）进一步训练学生的新物种合成和结构表征的技能。

（2）使学生能掌握新物种催化性能的研究途径。

（3）培养学生综合应用所学知识进行科学研究的能力。

二、光催化水还原制氢系统的组成与组装

无论是均相的还是多相的，光催化制氢系统一般是由光敏剂（P）、电子给体（D，牺牲剂）和催化剂三组分构成（图 4-8）。

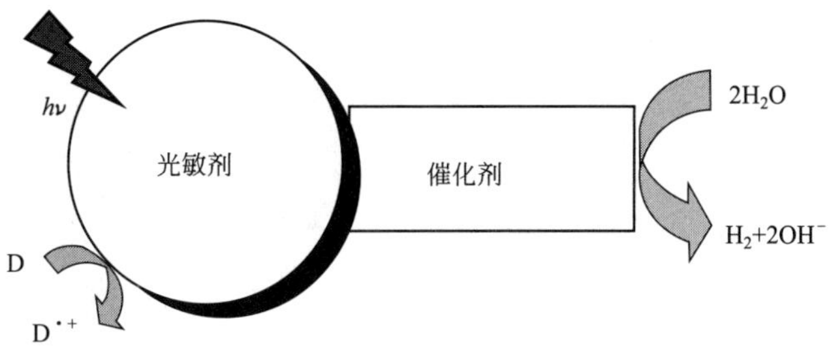

图 4-8　光催化水还原制氢系统的组成示意图

1. 电子给体(D)的选择

根据催化剂性能的不同，选择适应于酸性或碱性介质的电子给体（D），例如抗坏血酸、乙醇胺或亚硫酸盐等。

2. 光敏剂(P)的筛选

（1）对于以研究光催化机理为主，以可见光为光源的均相系统，水溶性的钌配合物，例如 $[Ru(bpy)_3]Cl_3$（bpy：2,2′-联吡啶）等常常作为光敏剂的候选。

（2）对于以紫外光为光源的多相系统，常选择 TiO_2 等作为光敏剂。

（3）对于以催化应用为主，以可见光为光源的多相系统，根据催化剂不同的性能，选择不同的光敏剂，比如，CdS、ZnS 和 CdSe 等。

3. 光催化剂的设计

光催化剂的种类很多，本实验选取金属配合物作为催化剂。具有催化性能配合物设计的前提条件是：金属配合物具有不饱和性或催化过程中具有不饱和性，以便使金属中心有空位置发生水的还原反应。

三、仪器、试剂和材料

（1）仪器　烧杯（100mL、250mL）、量筒（100mL）、玻璃搅棒、三脚架、石棉网、布氏漏斗、吸滤瓶、分析天平、试管、LED 灯（λ=469nm）光照箱、注射针、能检测氢气的气相色谱仪。

（2）试剂　$[Ru(bpy)_3]Cl_3$(s，AR)、2,2′-联吡啶（bpy，s，AR）、$Co(NO_3)_2 \cdot 6H_2O$ (s，AR)、KH_2PO_4(s，AR)。

（3）材料　滤纸、橡胶塞。

四、实验内容

1. 钴基催化剂 $[(bpy)_2Co(NO_3)] \cdot NO_3$ 的制备

把 10mL 含有 0.291g(1.0mmol) $Co(NO_3)_2 \cdot 6H_2O$ 的甲醇溶液加入含有 0.312g (2.0mmol)2,2′-联吡啶的 10mL 甲醇溶液的烧杯中，并搅拌。旋转蒸发浓缩析出玫瑰红晶体。晶体结构分析证明，其结构组成为：$[(bpy)_2Co(NO_3)] \cdot NO_3$（图 4-9）。

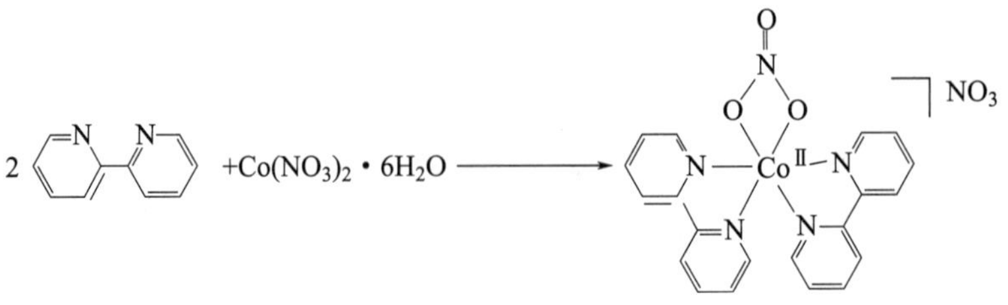

图 4-9　$[(bpy)_2Co(NO_3)] \cdot NO_3$ 的制备过程

2. 光催化系统的组装

该实验的光催化制氢系统由 $[Ru(bpy)_3]Cl_3$（光敏剂）、抗坏血酸（H_2A，牺牲剂）和 $[(bpy)_2Co(NO_3)]\cdot NO_3$（催化剂）三组分构成。影响光催化制氢效率的因素是多方面的，例如催化系统的酸碱性、催化剂的用量、牺牲剂的用量和光敏剂的用量等。通过一系列的控制实验，优化出最佳组成，1.0×10^{-4} mol · L^{-1} $[Ru(bpy)_3]Cl_3$，0.10mol · L^{-1} H_2A 和 1.0×10^{-4} mol · L^{-1} 的 $[(bpy)_2Co(NO_3)]\cdot NO_3$，介质的 pH 为 5.0。把这三种物质转移至试管中，用 KH_2PO_4 溶液调节其 pH 为 5.0，并用橡胶塞密封试管口［图 4-10(a)］。接下来把这一催化反应装置放入 LED 灯（λ=469nm）光照箱中，并启动光催化反应。1h 的光照后，用注射针抽取催化反应装置上部中的气体［图 4-10(b)］，注入气相色谱仪检测产生氢气的量。

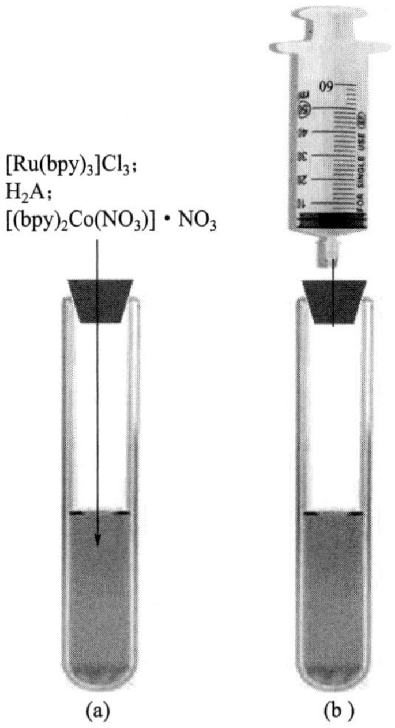

图 4-10　光催化水还原制氢装置（a）和抽取氢气装置（b）

3. 光催化系统的制氢效率

按照最佳方案，制作系列反应室，并对其进行连续的蓝光照射。接下来，利用气相色谱仪对每个反应室的产氢量进行测定，图 4-11 列举其测试结果。人们常常用“TON”（周转数，turnover number）来表示某一催化系统的催化效率，也就是某一时间内，单位催化剂产生氢气的量。由测定结果计算出的该催化系统 3h 内的 TON 值为 1930[mol(H_2) · mol^{-1}（催化剂）]。

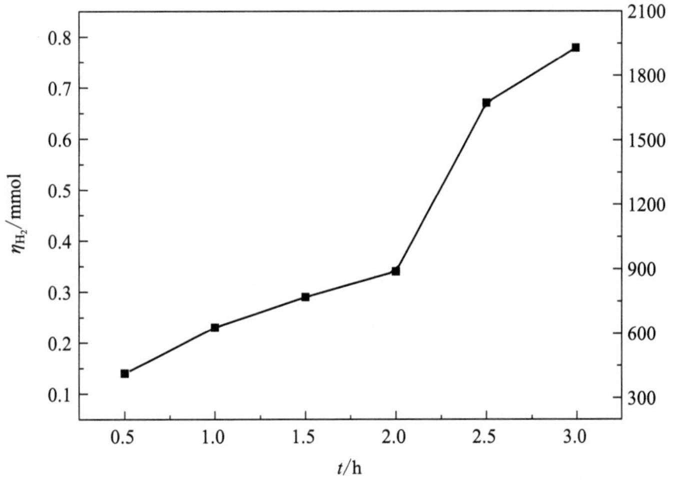

图 4-11　连续的蓝光（λ=469nm）照射下，含有 1.0×10^{-4} mol · L^{-1} $[Ru(bpy)_3]Cl_3$、0.10mol · L^{-1}抗坏血酸（H_2A）和 1.0×10^{-4} mol · L^{-1}的 $[(bpy)_2Co(NO_3)]\cdot NO_3$ 光催化系统产氢量的测试结果

工作条件：pH 为 5.0 的 0.25mol · L^{-1}磷酸盐缓冲溶液作为介质

4. 催化产氢机理调查

为了理解上述光催化机理，利用一系列的电化学、光化学和光物理技术，对上述催化反应过程进行了追踪、测试与分析（由于篇幅限制，本书中没有把具体的实验仪器、实验方法、实验操作、测试过程、测试结果和分析等内容写入）。根据相关的实验现象和实验结果，给出了上述光催化系统的光催化产氢机理。

如图 4-12 所示，光照导致 $[Ru(bpy)_3]Cl_3$ 分解为 $^*[Ru(bpy)_3]^{2+}$ 自由基；抗坏血酸(H_2A)的引入使 $^*[Ru(bpy)_3]^{2+}$ 转化为 $[Ru(bpy)_3]^+$；处于低氧化态的 $[Ru(bpy)_3]^+$ 把 $[Co^{II}(bpy)_2]^{2+}$ 还原成 $[Co^0(bpy)_2]^+$。接下来，氢质子（H_3O^+）的引入导致中间体 $[Co^{II}(bpy)_2(H)]^+$ 生成。最后，进一步的氢质子（H_3O^+）引入导致氢气的产生和 $[Co^{II}(bpy)_2]^{2+}$ 的再生。

$$[Ru(bpy)_3]^{3+} \xrightarrow{h\nu} {}^*[Ru(bpy)_3]^{2+}$$
$$^*[Ru(bpy)_3]^{2+} + HA^- \longrightarrow [Ru(bpy)_3]^+ + HA^*$$
$$[Ru(bpy)_3]^+ + [Co^{II}(bpy)_2]^{2+} \longrightarrow [Co^{I}(bpy)_2]^+ + Ru(bpy)_3^{2+}$$
$$Ru(bpy)_3^+ + [Co^{I}(bpy)_2] \longrightarrow [Co^0(bpy)_2]^+ + Ru(bpy)_3^{2+}$$
$$[Co^0(bpy)_2]^+ + H_3O^+ \longrightarrow [Co^{II}(bpy)_2(H)]^+ + H_2O$$
$$[Co^{II}(bpy)_2(H)]^+ + H_3O^+ \longrightarrow H_2 + [Co^{II}(bpy)_2]^{2+} + H_2O$$

图 4-12　由 $[Ru(bpy)_3]Cl_3$、抗坏血酸(H_2A) 和 $[(bpy)_2Co(NO_3)]\cdot NO_3$ 组成的光催化系统的氢气产生机理

基于上述案例的介绍，对光催化水还原制氢过程有了更深刻的理解，为催化剂的设计和将来氢能的开发与利用奠定理论基础。

五、思考题

(1) 该实验的实施对学生将来的工作有哪些启示？
(2) 光催化制氢系统由哪几部分组成？
(3) 成为催化剂的标准是什么？
(4) 如何检测产生的氢气？
(5) 能否理解光催化制氢机理？

实验 42

不同形貌 CdS 的制备与表征

一、实验目的

(1) 了解并掌握水热合成的操作方法。
(2) 全面培训学生合成和结构表征的技能。

（3）初步培养学生综合应用所学知识进行科学研究的能力。

二、实验原理

有着2.45 eV禁带的硫化镉，CdS是一种良好的窗口层和过渡层材料，广泛应用于光伏电池、光敏器件、传感器的组装等。高纯度硫化镉是良好的半导体，对可见光有强烈的光电效应，可用于制光电管、太阳能电池。尤其是，近年来作为光敏剂广泛应用在光催化制氢和二氧化碳活化的研究，鉴于硫化镉的形貌对其性能有着特别的影响，本实验介绍水热法制备纳米棒和纳米簇的过程以及它们的表征方法。制备原理按下列反应式实施：

$$CdCl_2 + Na_2S_2O_3 + H_2O \longrightarrow CdS + 2HCl + Na_2SO_4$$

三、仪器、试剂和材料

（1）仪器　烧杯（100mL、250mL）、量筒（100mL）、布氏漏斗、吸滤瓶、玻璃搅棒、分析天平、烘箱、不锈钢反应釜、聚四氟乙烯衬套、X射线衍射仪、电子显微镜。

（2）试剂　$CdCl_2$(s，A R)、$Na_2S_2O_3$(s，A R)。

（3）材料　滤纸。

四、实验内容

1. CdS纳米簇的制备

把1.1g(0.006mol)的$CdCl_2$溶解在35mL蒸馏水中，在搅拌条件下加入0.006mol的硫代硫酸钠，并继续搅拌1h。然后，将此混合溶液装入50mL的聚四氟乙烯的衬套里。接下来，将此衬套放入不锈钢反应釜中，并将反应釜放入烘箱里升温至100℃，保持6h。反应结束后取出反应釜，自然冷却至室温，衬套里出现黄色晶体。通过过滤、蒸馏水和乙醇的几次洗涤得到黄色产物。接下来，在80℃条件下，把黄色产物在烘箱里烘烤3h。

2. CdS纳米棒的制备

把1.1g(0.006mol)的$CdCl_2$溶解在35mL蒸馏水中，在搅拌条件下加入0.006mol的硫代硫酸钠，并继续搅拌1h。然后，将此混合溶液装入50mL的聚四氟乙烯的衬套里。接下来，将此衬套放入不锈钢反应釜中，并将反应釜放入烘箱里升温至160℃，保持8h。反应结束后取出反应釜，自然冷却至室温，衬套里出现黄色晶体。通过过滤、蒸馏水和乙醇的几次洗涤得到黄色产物。接下来，在80℃条件下，把黄色产物在烘箱里烘烤3h。利用D8 Advance型X射线衍射仪测定CdS的晶体结构；由JEM-2000FX型电子显微镜表征颗粒的尺度与形状。

3. CdS的形貌表征

图4-13为CdS纳米簇的SEM图片，从这张图片可以看出，CdS的纳米簇已经成功制备出。

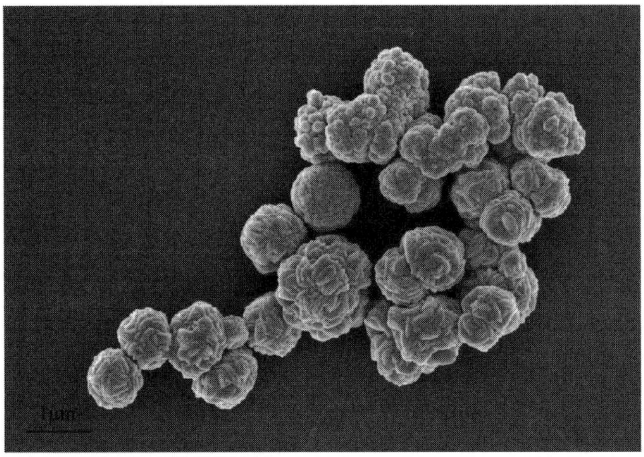

图 4-13　制备的 CdS 纳米簇的 SEM 图

图 4-14 为 CdS 纳米棒的 SEM 图片，从这张图片可以看出，CdS 的纳米棒已经成功制备出，得到的纳米棒散乱分布。图 4-15 为 CdS 纳米棒的 TEM 图片，单个的纳米棒的直径为 10 nm，长度介于 200～300 nm 之间。

图 4-14　制备的 CdS 纳米棒的 SEM 图

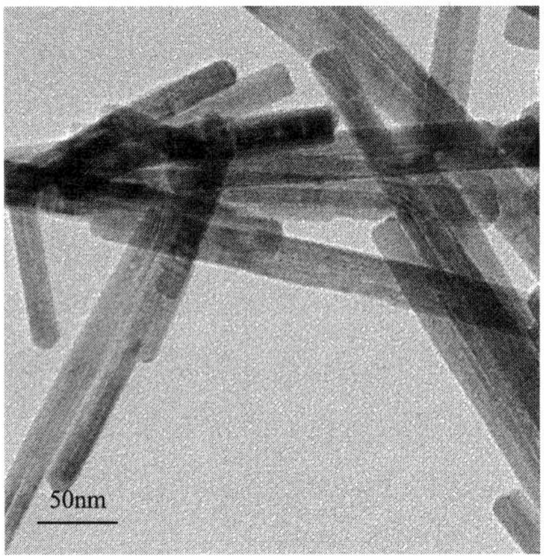

图 4-15　制备的 CdS 纳米棒的 TEM 图

图 4-16 是 CdS 纳米棒的 XRD 光谱图，由图看出，制备的 CdS 纳米棒的结构是六方晶型，沿着垂直（002）晶面的［001］晶向生长。

在其它条件相同的情况下，反应温度的变化能改变 CdS 的形貌（制备实验 1 和 2），电镜的测试结果也证明了此结论。

五、思考题

（1）该实验的过程与方法对学生将来的工作有哪些启示？

（2）无机物种的合成有哪些方法？

（3）无机物种的表征手段有哪些？

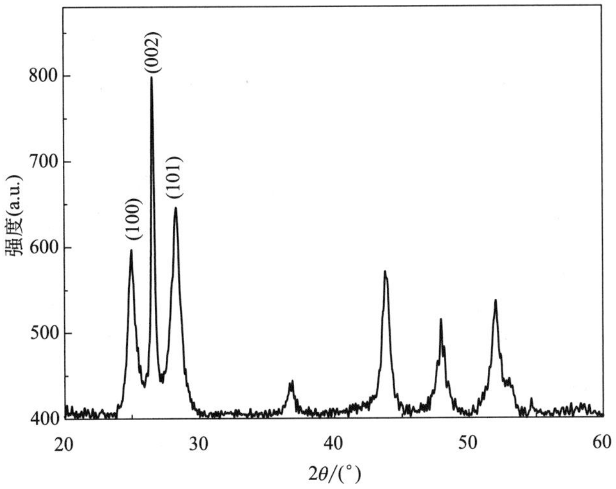

图 4-16　制备 CdS 纳米棒的 XRD 光谱图

实验 43

茶叶中微量元素的鉴定与定量测定

一、实验目的

（1）了解并掌握鉴定茶叶中某些化学元素的方法。

（2）学习络合滴定法测定茶叶中钙、镁含量的方法和原理。

（3）掌握分光光度法测定茶叶中微量铁的方法。

二、实验原理

茶叶属植物类，为有机体，主要由 C、H、N 和 O 等元素组成，其中含有 Fe、Al、Ca、Mg 等微量金属元素。本实验的目的是要求从茶叶中定性鉴定 Fe、Al、Ca 和 Mg 等元素，并对 Fe、Ca、Mg 进行定量测定。

首先要将茶叶进行“干灰化”。将试样在空气中置于敞口的蒸发皿或坩埚中加热，把有机物经氧化分解而烧成灰烬。此法特别适用于生物样品的预处理。灰化后，经酸溶解，即可进行定量分析。

铁铝混合液中 Fe^{3+} 对 Al^{3+} 的鉴定有干扰。可利用 Al^{3+} 的两性，加入过量的碱能使 Al^{3+} 转变为 AlO_2^- 留在溶液中，Fe^{3+} 则生成 $Fe(OH)_3$ 沉淀，经分离去除后，消除了相互干扰。钙镁混合液中，Ca^{2+}、Mg^{2+} 互不干扰，可直接鉴定，不必分离。

定性鉴定铁、铝、钙、镁的特征反应式如下：

$$Fe^{3+} + nKSCN(饱和) \longrightarrow Fe(SCN)_n^{3-n} + nK^+$$

$$Al^{3+} + 铝试剂 + OH^- \longrightarrow 红色絮状沉淀$$

$$Mg^{2+} + \text{镁试剂} + OH^- \longrightarrow \text{天蓝色沉淀}$$

$$Ca^{2+} + C_2O_4^{2-} \xrightarrow{\text{HAc 介质}} CaC_2O_4(\text{白色沉淀})$$

钙、镁含量的测定，可采用络合滴定法。在 pH=10 的条件下，以 KB(萘酚绿 B) 为指示剂，EDTA(乙二胺四乙酸) 为标准溶液，直接滴定可测得 Ca、Mg 总量。若要测定 Ca、Mg 各自的含量，可在 pH>12.5 时，使 Mg^{2+} 生成氢氧化物沉淀，以钙指示剂、用 EDTA 滴定 Ca^{2+} 含量，然后用差减法即可求得 Mg^{2+} 的含量。

Fe^{3+}、Al^{3+} 的存在会干扰 Ca^{2+}、Mg^{2+} 的测定，可用三乙醇胺掩蔽 Fe^{3+} 与 Al^{3+}。

茶叶中铁含量较低，可用邻菲罗啉-铁分光光度法测定。

三、仪器、试剂和材料

（1）仪器　电炉、研钵、蒸发皿、称量瓶、分析天平、烧杯、分光光度计、试管、吸量管、长胶头滴管、离心机。

（2）试剂　KB 指示剂、HCl(6mol·L^{-1})、HAc(2mol·L^{-1})、NaOH(6mol·L^{-1})、$(NH_4)_2C_2O_4$(0.25mol·L^{-1})、EDTA(0.01mol·L^{-1}，自配并标定)、KSCN(饱和)、铁标准溶液（50μg·mL^{-1})、铝试剂、镁试剂、25%三乙醇胺水溶液、$NH_3 \cdot H_2O$-NH_4Cl 缓冲溶液（pH=10)、HAc-NaAc 缓冲溶液（pH=4.6)、0.15%邻菲罗啉水溶液、10%盐酸羟胺水溶液、$NH_3 \cdot H_2O$(6mol·L^{-1})。

（3）材料　中速定量滤纸。

四、实验内容

1. 茶叶的灰化和试液的制备

取在 100～105℃下烘干的茶叶 8g 置于研体捣成细末，转移至称量瓶中，用差减法称取一定量的茶叶末，并记录其准确质量。

将盛有茶叶末的蒸发皿加热使茶叶灰化（在通风柜中进行)，使其完全灰化，冷却后，加 6mol·L^{-1} HCl 10mL 于蒸发皿中，搅拌溶解（可能有少量不溶物）并将溶液完全转移至 100mL 烧杯中，加蒸馏水 20mL，再加 6mol·L^{-1} NaOH 10mL，使产生沉淀，并在沸水浴中加热 30min，过滤，洗涤烧杯和滤纸。滤液直接用 250mL 容量瓶承接，并用蒸馏水稀释至刻度，摇匀待测，贴上标签，标明为 Ca^{2+}、Mg^{2+} 试液（1#）。

另取一个 250mL 容量瓶放置于长颈漏斗之下，用 6mol·L^{-1} HCl 10mL 重新溶解滤纸上的沉淀，并少量多次地洗涤滤纸。最后，稀释容量瓶中滤液至刻度线，摇匀待测，贴上标签，标明为 Fe^{3+} 试液（2#）。

2. Fe、Al、Ca、Mg 元素的鉴定

从盛装 Ca^{2+}、Mg^{2+} 试液的容量瓶中吸取 1mL 试液置于洁净试管中，从试管中取试液 2 滴于点滴板上。加镁试剂 1 滴，再加 6mol·L^{-1} NaOH 碱化，观察现象，并作出判断。

另取试液 2～3 滴于另一试管中，加入 1～2 滴 2mol·L^{-1} HAc 酸化，加 2 滴 0.25mol·L^{-1} $(NH_4)_2C_2O_4$，观察实验现象，并作出判断。

从 Fe^{3+} 试液（2#）的容量瓶中吸取试液 1mL 置于另一洁净试管中，再从试管中取试

液 2 滴于点滴板上，加饱和 KSCN 溶液 1 滴，根据实验现象，并作出判断。

在上述试管剩余试液中，加 $6mol \cdot L^{-1}$ NaOH 直至白色沉淀溶解为止，离心分离，取上层清液置于另一试管中，加 $6mol \cdot L^{-1}$ HAc 酸化，加铝试剂 3～4 滴，放置片刻后，加 $6mol \cdot L^{-1}$ $NH_3 \cdot H_2O$ 碱化，在水溶中加热，观察实验现象，作出判断。

3. 茶叶中 Ca、Mg 总量的测定

从 1# 容量瓶中准确吸取试液 25.00mL 置于 250mL 锥形瓶中，加入 5mL 三乙醇胺，再加入 10mL 氨性缓冲溶液，摇匀。加入 KB 指示剂，用 EDTA 标准溶液滴定至溶液恰好由红紫色变成纯蓝色，即达终点。根据 EDTA 的消耗量，可计算出茶叶中 Ca、Mg 的总量，并以 MgO 的质量分数表示。

4. 茶叶中 Fe 含量的测量

（1）标准曲线的绘制　用吸量管吸取 0.00mL、1.00mL、2.00mL、3.00mL、4.00mL、5.00mL $50mg \cdot mL^{-1}$ 铁标准溶液于 6 只 50mL 容量瓶中，分别加入 1mL10%盐酸羟胺溶液、5.00mL HAc-NaAc 缓冲溶液、2.00mL 邻菲罗啉，用蒸馏水稀释到刻度，摇匀备用。在 520nm 波长下，用 1cm 的比色皿，以试剂空白为参比，测量各溶液的吸光度，以铁的浓度为横坐标，吸光度为纵坐标，绘制吸收曲线。

（2）茶叶中 Fe 含量测定　用吸量管从 2# 容量瓶中吸取试液 20.00mL 置于 50mL 容量瓶中，依次加入 1.00mL 盐酸羟胺、5.00mL HAc -NaAc 缓冲溶液、2.00mL 邻菲罗啉，用蒸馏水稀释至刻度，摇匀，放置 10min，用 1cm 比色皿，以空白溶液为参比溶液，在同一波长测其吸光度，并计算茶叶中 Fe 的含量，以 Fe_2O_3 质量分数表示。

五、注意事项

（1）茶叶尽量捣碎，以利于灰化。

（2）灰化必须彻底，若酸溶后发现有未灰化物，应定量过滤，将未灰化的重新灰化。

（3）茶叶灰化后，酸溶解速度较慢时可用小火略加热，定量转移要完全。

（4）为使 Fe^{3+}、Al^{3+} 与 Ca^{2+}、Mg^{2+} 分离，茶叶灰化后，加 10mL $6mol \cdot L^{-1}$ HCl 使之溶解，后加入的 $6mol \cdot L^{-1}$ NaOH 也应为 10mL。

六、思考题

（1）如何选择灰化的温度？

（2）鉴定 Ca^{2+} 时，Mg^{2+} 为什么不会干扰？

（3）如果要测该茶叶中 Al^{3+} 含量，应如何设计方案？

（4）为什么 pH＝7 时，能将 Fe^{3+}、Al^{3+} 与 Ca^{2+}、Mg^{2+} 分离完全？

附　　录

附录 1

一些元素的原子量

原子序数	名称	符号	原子量	原子序数	名称	符号	原子量
1	氢	H	1.0079	41	铌	Nb	92.9064
2	氦	He	4.00260	42	钼	Mo	95.94
3	锂	Li	6.941	43	锝	Tc	[97][99]
4	铍	Be	9.01218	44	钌	Ru	101.07
5	硼	B	10.81	45	铑	Rh	102.9055
6	碳	C	12.011	46	钯	Pd	106.4
7	氮	N	14.0067	47	银	Ag	107.868
8	氧	O	15.9994	48	镉	Cd	112.41
9	氟	F	18.99840	49	铟	In	114.82
10	氖	Ne	20.179	50	锡	Sn	118.69
11	钠	Na	22.98977	51	锑	Sb	121.75
12	镁	Mg	24.305	52	碲	Te	127.60
13	铝	Al	26.98154	53	碘	I	126.9045
14	硅	Si	28.0855	54	氙	Xe	131.30
15	磷	P	30.97376	55	铯	Cs	132.9054
16	硫	S	32.06	56	钡	Ba	137.33
17	氯	Cl	35.453	57	镧	La	138.9055
18	氩	Ar	39.948	58	铈	Ce	140.12
19	钾	K	39.098	59	镨	Pr	140.9077
20	钙	Ca	40.08	60	钕	Nd	144.24
21	钪	Sc	44.9559	61	钷	Pm	[145]
22	钛	Ti	47.90	62	钐	Sm	150.4
23	钒	V	50.9415	63	铕	Eu	151.96
24	铬	Cr	51.996	64	钆	Gd	157.25
25	锰	Mn	54.9380	65	铽	Tb	158.9254
26	铁	Fe	55.847	66	镝	Dy	162.50
27	钴	Co	58.9332	67	钬	Ho	164.9304
28	镍	Ni	58.70	68	铒	Er	167.26
29	铜	Cu	63.546	69	铥	Tm	168.9342
30	锌	Zn	65.38	70	镱	Yb	173.04
31	镓	Ga	69.72	71	镥	Lu	174.967
32	锗	Ge	72.59	72	铪	Hf	178.49
33	砷	As	74.9216	73	钽	Ta	180.9479
34	硒	Se	78.96	74	钨	W	183.85
35	溴	Br	79.904	75	铼	Re	186.207
36	氪	Kr	83.80	76	锇	Os	190.2
37	铷	Rb	85.4678	77	铱	Ir	192.22
38	锶	Sr	87.62	78	铂	Pt	195.09
39	钇	Y	88.9059	79	金	Au	196.9665
40	锆	Zr	91.22	80	汞	Hg	200.59

附录 2

常用化学试剂的分级与适用范围

中文名称	英文名称	符号	适用范围	标签标志
优级纯	guarantee reagent	GR	用于精密分析	绿色
分析纯	analytical reagent	AR	用于溶剂及合成	红色
化学纯	chemical pure	CP	可用于合成	蓝色
实验试剂	laboratorial reagent	LR	用于工业品合成	棕色

附录 3

实验室一些常见酸和碱的浓度

试剂名称	密度/$g\cdot cm^{-3}$	浓度/$mol\cdot L^{-1}$	质量分数/%
高氯酸	1.67	12	70
浓硫酸	1.84	18	96
浓盐酸	1.19	12	36
浓硝酸	1.42	13	60
磷酸	1.70	15	86
冰醋酸	1.05	17	99
浓氨水	0.9	15	28

附录 4

几种常用酸碱指示剂

指示剂	变色范围(pH)及颜色	配制方法
甲基紫	黄色(0.1～1.5)蓝色	0.1g 甲基紫溶于 100mL 水中
甲基橙	红色(3.0～4.4)黄色	0.1g 甲基橙溶于 100mL 水中
甲基红	红色(4.2～6.2)黄色	0.1g 甲基红溶于 100mL 60%乙醇中
酚红	黄色(6.8～8.4)红色	0.1g 酚红溶于 100mL 20%乙醇中
酚酞	无色(8.2～10.0)红色	0.1g 酚酞溶于 100mL 60%乙醇中
百里酚酞	无色(9.3～10.5)蓝色	0.1g 百里酚酞溶于 100mL 90%乙醇中

附录 5

一些弱酸、弱碱在水中的离解常数（298.15K、离子强度 $I=0$）

化合物	分子式	$K_a^\ominus$	$pK_a^\ominus$
砷酸	H_3AsO_4	$6.3\times10^{-3}(K_{a1}^\ominus)$ $1.0\times10^{-7}(K_{a2}^\ominus)$ $3.2\times10^{-12}(K_{a3}^\ominus)$	2.20 7.00 11.50
亚砷酸	$HAsO_2$	6.0×10^{-10}	9.22
硼酸	H_3BO_3	5.8×10^{-10}	9.24
焦硼酸	$H_2B_4O_7$	$1.0\times10^{-4}(K_{a1}^\ominus)$ $1.0\times10^{-9}(K_{a2}^\ominus)$	4 9
碳酸	$H_2CO_3(CO_2+H_2O)$	$4.2\times10^{-7}(K_{a1}^\ominus)$ $5.6\times10^{-11}(K_{a2}^\ominus)$	6.38 10.25
氢氰酸	HCN	6.2×10^{-10}	9.21
铬酸	H_2CrO_4	$1.8\times10^{-1}(K_{a1}^\ominus)$ $3.2\times10^{-7}(K_{a2}^\ominus)$	0.74 6.50
氢氟酸	HF	6.6×10^{-4}	3.18
亚硝酸	HNO_2	5.1×10^{-4}	3.29
过氧化氢	H_2O_2	1.8×10^{-12}	11.75
磷酸	H_3PO_4	$7.6\times10^{-3}(K_{a1}^\ominus)$ $6.3\times10^{-3}(K_{a2}^\ominus)$ $4.4\times10^{-13}(K_{a3}^\ominus)$	2.12 7.2 12.36
焦磷酸	$H_4P_2O_7$	$3.0\times10^{-2}(K_{a1}^\ominus)$ $4.4\times10^{-3}(K_{a2}^\ominus)$ $2.5\times10^{-7}(K_{a3}^\ominus)$ $5.6\times10^{-10}(K_{a4}^\ominus)$	1.52 2.36 6.60 9.25
亚磷酸	H_3PO_3	$5.0\times10^{-2}(K_{a1}^\ominus)$ $2.5\times10^{-7}(K_{a2}^\ominus)$	1.30 6.60
氢硫酸	H_2S	$1.3\times10^{-7}(K_{a1}^\ominus)$ $7.1\times10^{-15}(K_{a2}^\ominus)$	6.88 14.15
硫酸	HSO_4^-	$1.0\times10^{-2}(K_{a1}^\ominus)$	1.99
亚硫酸	$H_3SO_3(SO_2+H_2O)$	$1.3\times10^{-2}(K_{a1}^\ominus)$ $6.3\times10^{-8}(K_{a2}^\ominus)$	1.90 7.20
偏硅酸	H_2SiO_3	$1.7\times10^{-10}(K_{a1}^\ominus)$ $1.6\times10^{-12}(K_{a2}^\ominus)$	9.77 11.8

续表

化合物	分子式	$K_a^\ominus$	$pK_a^\ominus$
甲酸	$HCOOH$	1.8×10^{-4}	3.74
乙酸	CH_3COOH	1.8×10^{-5}	4.74
一氯乙酸	$CH_2ClCOOH$	1.4×10^{-3}	2.86
二氯乙酸	$CHCl_2COOH$	5.0×10^{-2}	1.30
三氯乙酸	CCl_3COOH	0.23	0.64
氨基乙酸盐	$^+NH_3CH_2COOH^-$ $^+NH_3CH_2COO^-$	$4.5\times10^{-3}(K_{a1}^\ominus)$ $2.5\times10^{-10}(K_{a2}^\ominus)$	2.35 9.60
抗坏血酸	$C_6H_8O_6$	$5.0\times10^{-5}(K_{a1}^\ominus)$ $1.5\times10^{-10}(K_{a2}^\ominus)$	4.30 9.82
乳酸	$CH_3CHOHCOOH$	1.4×10^{-4}	3.86
苯甲酸	C_6H_5COOH	6.2×10^{-5}	4.21
草酸	$H_2C_2O_4$	$5.9\times10^{-2}(K_{a1}^\ominus)$ $6.4\times10^{-5}(K_{a2}^\ominus)$	1.22 4.19
d-酒石酸	CH(OH)COOH | CH(OH)COOH	$9.1\times10^{-4}(K_{a1}^\ominus)$ $4.3\times10^{-5}(K_{a2}^\ominus)$	3.04 4.37
邻苯二甲酸	$C_8H_6O_4$	$1.1\times10^{-3}(K_{a1}^\ominus)$ $3.9\times10^{-6}(K_{a2}^\ominus)$	2.95 5.41
柠檬酸	CH_2COOH | CH(OH)COOH | CH_2COOH	$7.4\times10^{-4}(K_{a1}^\ominus)$ $1.7\times10^{-5}(K_{a2}^\ominus)$ $4.0\times10^{-7}(K_{a3}^\ominus)$	3.13 4.76 6.40
苯酚	C_6H_5OH	1.1×10^{-10}	9.95
乙二胺四乙酸	H_6-$EDTA^{2+}$ H_5-$EDTA^+$ H_4-EDTA H_3-$EDTA^-$ H_2-$EDTA^{2-}$ H-$EDTA^{3-}$	$0.1(K_{a1}^\ominus)$ $3\times10^{-2}(K_{a2}^\ominus)$ $1\times10^{-2}(K_{a3}^\ominus)$ $2.1\times10^{-3}(K_{a4}^\ominus)$ $6.9\times10^{-7}(K_{a5}^\ominus)$ $5.5\times10^{-11}(K_{a6}^\ominus)$	0.9 1.6 2.0 2.67 6.17 10.26
氨水	NH_3	1.8×10^{-5}	4.74
联氨	H_2NNH_2	$3.0\times10^{-6}(K_{b1}^\ominus)$ $1.7\times10^{-5}(K_{b2}^\ominus)$	5.52 14.12
羟胺	NH_2OH	9.1×10^{-6}	8.04
甲胺	CH_3NH_2	4.2×10^{-4}	3.38
乙胺	$C_2H_5NH_2$	5.6×10^{-4}	3.25
二甲胺	$(CH_3)_2NH$	1.2×10^{-4}	3.93
二乙胺	$(C_2H_5)_2NH$	1.3×10^{-3}	2.89

续表

化合物	分子式	$K_a^{\ominus}$	$pK_a^{\ominus}$
乙醇胺	$HOCH_2CH_2NH_2$	3.2×10^{-5}	4.50
三乙醇胺	$(HOCH_2CH_2)_3N$	5.8×10^{-7}	6.24
六亚甲基四胺	$(CH_2)_6N_4$	1.4×10^{-9}	8.85
乙二胺	$H_2NHC_2CH_2NH_2$	$8.5\times10^{-5}(K_{b1}^{\ominus})$ $7.1\times10^{-8}(K_{b2}^{\ominus})$	4.07 7.15
吡啶	C_5H_5N	1.7×10^{-5}	8.77

附录 6

常见微溶化合物的溶度积（298.15K、离子强度 $I=0$）

分子式	$K_{sp}^{\ominus}$	$pK_{sp}^{\ominus}$	分子式	$K_{sp}^{\ominus}$	$pK_{sp}^{\ominus}$
Ag_3AsO_4	1.0×10^{-22}	22.0	$Cd_2[Fe(CN)_6]$	3.2×10^{-17}	16.49
AgBr	5.0×10^{-13}	12.30	$Cd(OH)_2$ 新析出	2.5×10^{-14}	13.60
Ag_2CO_3	8.1×10^{-12}	11.09	$CdC_2O_4\cdot3H_2O$	9.1×10^{-8}	7.04
AgCl	1.8×10^{-10}	9.75	CdS	8×10^{-27}	26.1
Ag_2CrO_4	$2.0>\times10^{-12}$	11.71	$CoCO_3$	1.4×10^{-13}	12.84
AgCN	1.2×10^{-16}	15.92	$Co_2[Fe(CN)_6]$	1.8×10^{-15}	14.74
AgOH	2.0×10^{-8}	7.71	$Co(OH)_2$ 新析出	2×10^{-15}	14.7
AgI	9.3×10^{-17}	16.03	$Co(OH)_3$	2×10^{-44}	43.7
$Ag_2C_2O_4$	3.5×10^{-11}	10.46	$Co[Hg(SCN)_4]$	1.5×10^{-6}	5.82
Ag_3PO_4	1.4×10^{-16}	15.84	α-CoS	4×10^{-21}	20.4
Ag_2SO_4	1.4×10^{-5}	4.48	β-CoS	2×10^{-23}	24.7
Ag_2S	2×10^{-49}	48.7	$Co_3(PO_4)_2$	2×10^{-35}	34.7
AgSCN	1.0×10^{-12}	12.00	$Cr(OH)_3$	6×10^{-31}	30.2
$Al(OH)_3$ 无定形	1.3×10^{-33}	32.9	CuBr	5.2×10^{-9}	8.28
As_2S_3	2.1×10^{-22}	21.68	CuCl	1.2×10^{-6}	5.92
BaC_2O_3	5.1×10^{-9}	8.29	CuCN	3.2×10^{-20}	19.49
$BaCrO_4$	1.2×10^{-10}	9.93	CuI	1.1×10^{-12}	11.96
BaF_2	1×10^{-6}	6.0	CuOH	1×10^{-14}	14.0
$BaC_2O_4\cdot H_2O$	2.3×10^{-8}	7.64	Cu_2S	2×10^{-48}	47.7

分子式	$K_{sp}^{\ominus}$	$pK_{sp}^{\ominus}$	分子式	$K_{sp}^{\ominus}$	$pK_{sp}^{\ominus}$
$BaSO_4$	1.1×10^{-10}	9.96	CuSCN	4.8×10^{-15}	14.32
$Bi(OH)_2$	4×10^{-31}	30.4	$CuCO_3$	1.4×10^{-10}	9.86
BiOOH	4×10^{-10}	9.4	$Cu(OH)_2$	2.2×10^{-20}	19.66
BiI_3	8.1×10^{-19}	18.09	CuS	6×10^{-36}	35.2
BiOCl	1.8×10^{-31}	30.75	$FeCO_3$	3.2×10^{-11}	10.50
$BiPO_4$	1.3×10^{-23}	22.89	$Fe(OH)_2$	8×10^{-16}	15.1
Bi_2S_3	1×10^{-97}	97.0	FeS	6×10^{-15}	17.2
$CaCO_3$	2.9×10^{-9}	8.54	$Fe(OH)_3$	4×10^{-38}	37.4
CaF_2	2.7×10^{-11}	10.57	$FePO_4$	1.3×10^{-22}	21.89
$CaC_2O_4 \cdot H_2O$	2.0×10^{-9}	8.70	Hg_2Br_2	5.8×10^{-23}	22.24
$Ca_3(PO_4)_2$	2.0×10^{-29}	28.70	Hg_2CO_3	8.9×10^{-17}	16.05
$CaSO_4$	9.1×10^{-6}	5.04	Hg_2Cl_2	1.3×10^{-18}	17.88
$CaWO_4$	8.7×10^{-9}	8.06	$Hg_2(OH)_2$	2×10^{-24}	23.7
$CdCO_3$	5.2×10^{-12}	11.23	Hg_2I_2	4.5×10^{-28}	28.35
Hg_2SO_4	7.4×10^{-7}	6.13	PbI_2	7.1×10^{-9}	8.15
Hg_2S	1×10^{-47}	47.0	$PbMoO_4$	1×10^{-13}	13.0
$Hg(OH)_2$	3.0×10^{-26}	25.52	$Pb_3(PO_4)_2$	8.0×10^{-43}	42.10
HgS(红色)	4×10^{-53}	52.4	$PbSO_4$	1.6×10^{-8}	7.79
HgS(黑色)	2×10^{-52}	51.7	PbS	1.3×10^{-26}	27.9
$MgNH_4PO_4$	2×10^{-13}	12.7	$Pb(OH)_4$	3×10^{-66}	66.5
$MgCO_3$	3.5×10^{-8}	7.46	$Sb(OH)_2$	4×10^{-42}	41.4
MgF_2	6.4×10^{-9}	8.19	Sb_2S_3	2×10^{-93}	92.8
$Mg(OH)_2$	1.8×10^{-11}	10.74	$Sn(OH)_2$	1.4×10^{-28}	27.85
$MgCO_3$	1.8×10^{-11}	10.74	SnS	1×10^{-25}	25.0
$Mn(OH)_2$	1.9×10^{-13}	12.72	$Sn(OH)_4$	1×10^{-56}	56.0
MnS 无定形	2×10^{-10}	9.7	SnS_2	2×10^{-27}	26.7
MnS 晶形	2×10^{-13}	12.7	$SrCO_3$	1.1×10^{-10}	9.96
$NiCO_3$	6.6×10^{-9}	8.18	$SrCrO_4$	2.2×10^{-5}	4.65
$Ni(OH)_2$ 新析出	2×10^{-15}	14.7	SrF_2	2.4×10^{-9}	8.61
$Ni_3(PO_4)_2$	5×10^{-31}	30.3	$SrC_2O_4 \cdot H_2O$	1.6×10^{-7}	6.80
α-NiS	3×10^{-19}	18.5	$Sr_3(PO_4)_2$	4.1×10^{-28}	27.38
β-NiS	1×10^{-24}	24.0	Sr_3SO_4	3.2×10^{-7}	6.49

续表

分子式	$K_{sp}^{\ominus}$	$pK_{sp}^{\ominus}$	分子式	$K_{sp}^{\ominus}$	$pK_{sp}^{\ominus}$
γ-NiS	2×10^{-36}	25.7	$Ti(OH)_3$	1×10^{-40}	40.0
$PbCO_3$	7.4×10^{-14}	13.13	$TiO(OH)_2$	1×10^{-29}	29.0
$PbCl_2$	1.6×10^{-5}	4.79	$ZnCO_3$	1.4×10^{-11}	10.84
PbClF	2.4×10^{-9}	8.65	$Zn_2[Fe(CN)_6]$	4.1×10^{-16}	15.39
$PbCrO_4$	2.8×10^{-13}	12.55	$Zn(OH)_2$	1.2×10^{-17}	16.92
PbF_2	2.7×10^{-8}	7.57	$Zn_3(PO_4)_2$	9.1×10^{-33}	32.04
$Pb(OH)_2$	1.2×10^{-15}	14.93	ZnS	2×10^{-22}	21.7

附录 7

一些金属-EDTA(乙二胺四乙酸根,Y)配合物的稳定常数(298.15K)

配合物	$\lg K^{\ominus}$	配合物	$\lg K^{\ominus}$
$[AgY]^{+}$	7.32	$[MgY]^{2+}$	8.64
$[AlY]^{3+}$	16.11	$[MnY]^{2+}$	13.8
$[BaY]^{2+}$	7.78	$[MoY]^{5+}$	6.36
$[BeY]^{2+}$	9.3	$[NaY]^{+}$	1.66
$[BiY]^{3+}$	22.8	$[NiY]^{2+}$	18.56
$[CaY]^{2+}$	11.0	$[PbY]^{2+}$	18.3
$[CdY]^{2+}$	16.4	$[PdY]^{2+}$	18.5
$[CoY]^{2+}$	16.31	$[ScY]^{2+}$	23.1
$[CoY]^{3+}$	36.0	$[SnY]^{2+}$	22.1
$[CrY]^{3+}$	23.0	$[SrY]^{2+}$	8.80
$[CuY]^{2+}$	18.7	$[ThY]^{4+}$	23.2
$[FeY]^{2+}$	14.83	$[TiOY]^{2+}$	17.3
$[FeY]^{3+}$	24.23	$[TlY]^{3+}$	22.5
$[GaY]^{3+}$	20.25	$[UY]^{4+}$	17.50
$[HgY]^{2+}$	21.80	$[VOY]^{2+}$	18.0
$[InY]^{3+}$	24.95	$[ZnY]^{2+}$	16.4
$[LiY]^{+}$	2.79	$[ZrY]^{4+}$	19.4

附录 8

标准电极电势表（298.15K）

（本表按 $E^{\ominus}$ 代数值由大到小编排）

电极反应 氧化型+ne^- ⇌ 还原型	氧化还原电对符号	$E^{\ominus}$/V
F_2(气)$+2H^+ +2e^- \rightleftharpoons 2HF$	F_2/HF	3.06
$O_3+2H^+ +2e^- \rightleftharpoons O_2+H_2O$	O_3/O_2	2.07
$S_2O_8^{2-}+2e^- \rightleftharpoons 2SO_4^{2-}$	$S_2O_8^{2-}/SO_4^{2-}$	2.01
$H_2O_2+2H^+ +2e^- \rightleftharpoons 2H_2O$	H_2O_2/H_2O	1.77
$MnO_4^- +4H^+ +3e^- \rightleftharpoons MnO_2$(固)$+2H_2O$	MnO_4^-/MnO_2	1.695
PbO_2(固)$+SO_4^{2-}+4H^+ +2e^- \rightleftharpoons PbSO_4$(固)$+2H_2O$	$PbO_2/PbSO_4$	1.685
$HClO_2+2H^+ +2e^- \rightleftharpoons HClO+H_2O$	$HClO_2/HClO$	1.64
$HClO+H^+ +e^- \rightleftharpoons 1/2Cl_2+H_2O$	$HClO/Cl_2$	1.63
$Ce^{4+}+e^- \rightleftharpoons Ce^{3+}$	Ce^{4+}/Ce^{3+}	1.61
$H_5IO_6+H^+ +2e^- \rightleftharpoons IO_3^- +3H_2O$	H_5IO_6/IO_3^-	1.60
$HBrO+H^+ +e^- \rightleftharpoons 1/2Br_2+H_2O$	$HBrO/Br_2$	1.59
$BrO_3^- +6H^+ +5e^- \rightleftharpoons 1/2Br_2+3H_2O$	BrO_3^-/Br_2	1.52
$MnO_4^- +8H^+ +5e^- \rightleftharpoons Mn^{2+}+4H_2O$	MnO_4^-/Mn^{2+}	1.51
$Au^{3+}+3e^- \rightleftharpoons Au$	Au^{3+}/Au	1.50
$HClO+H^+ +2e^- \rightleftharpoons Cl^- +H_2O$	$HClO/Cl^-$	1.49
$ClO_3^- +6H^+ +5e^- \rightleftharpoons 1/2Cl_2+3H_2O$	ClO_3^-/Cl_2	1.47
PbO_2(固)$+4H^+ +2e^- \rightleftharpoons Pb^{2+}+2H_2O$	PbO_2/Pb^{2+}	1.455
$HIO+H^+ +e^- \rightleftharpoons 1/2I_2+H_2O$	HIO/I_2	1.45
$ClO_3^- +6H^+ +6e^- \rightleftharpoons Cl^- +3H_2O$	ClO_3^-/Cl^-	1.45
$BrO_3^- +6H^+ +6e^- \rightleftharpoons Br^- +3H_2O$	BrO_3^-/Br^-	1.44
$Au^{3+}+2e^- \rightleftharpoons Au^+$	Au^{3+}/Au^+	1.41

电极反应 氧化型$+ne^-$⇌还原型	氧化还原电对符号	$E^{\ominus}/V$
Cl_2(气)$+2e^-$⇌$2Cl^-$	Cl_2/Cl^-	1.3595
$ClO_4^-+8H^++7e^-$⇌$1/2Cl_2+4H_2O$	ClO_4^-/Cl_2	1.34
$Cr_2O_7^{2-}+14H^++6e^-$⇌$2Cr^{3+}+7H_2O$	$Cr_2O_7^{2-}/Cr^{3+}$	1.33
MnO_2(固)$+4H^++2e^-$⇌$Mn^{2+}+2H_2O$	MnO_2/Mn^{2+}	1.23
O_2(气)$+4H^++4e^-$⇌$2H_2O$	O_2/H_2O	1.229
$IO_3^-+6H^++5e^-$⇌$1/2\ I_2+3H_2O$	IO_3^-/I_2	1.20
$ClO_4^-+2H^++2e^-$⇌$ClO_3^-+H_2O$	ClO_4^-/ClO_3^-	1.19
Br_2(水)$+2e^-$⇌$2Br^-$	Br_2/Br^-	1.087
$NO_2+H^++e^-$⇌HNO_2	NO_2/HNO_2	1.07
Br_2+2e^-⇌$2Br^-$	Br_2/Br^-	1.05
$HNO_2+H^++e^-$⇌NO(气)$+H_2O$	HNO_2/NO	1.00
$VO_2^++2H^++e^-$⇌$VO^{2+}+H_2O$	VO_2^+/VO^{2+}	1.00
$HIO+H^++2e^-$⇌I^-+H_2O	HIO/I^-	0.99
$NO_3^-+3H^++2e^-$⇌HNO_2+H_2O	NO_3^-/HNO_2	0.94
$ClO^-+H_2O+2e^-$⇌Cl^-+2OH^-	ClO^-/Cl^-	0.89
$H_2O_2+2e^-$⇌$2OH^-$	H_2O_2/OH^-	0.88
$Cu^{2+}+I^-+e^-$⇌CuI(固)	Cu^{2+}/CuI	0.86
$Hg^{2+}+2e^-$⇌Hg	Hg^{2+}/Hg	0.845
$NO_3^-+2H^++e^-$⇌NO_2+H_2O	NO_3^-/NO_2	0.80
Ag^++e^-⇌Ag	Ag^+/Ag	0.7995
$Hg_2^{2+}+2e^-$⇌2Hg	Hg_2^{2+}/Hg	0.793
$Fe^{3+}+e^-$⇌Fe^{2+}	Fe^{3+}/Fe^{2+}	0.771
$BrO^-+H_2O+2e^-$⇌Br^-+2OH^-	BrO^-/Br^-	0.76
O_2(气)$+2H^++2e^-$⇌H_2O_2	O_2/H_2O_2	0.682
$AsO_2^-+2H_2O+3e^-$⇌$As+4OH^-$	AsO_2^-/As	0.68

续表

电极反应 氧化型$+ne^- \rightleftharpoons$还原型	氧化还原电对符号	$E^{\ominus}/V$
$2HgCl_2 + 2e^- \rightleftharpoons Hg_2Cl_2$(固)$+2Cl^-$	$HgCl_2/Hg_2Cl_2$	0.63
Hg_2SO_4(固)$+2e^- \rightleftharpoons 2Hg + SO_4^{2-}$	Hg_2SO_4/Hg	0.6151
$MnO_4^- + 2H_2O + 3e^- \rightleftharpoons MnO_2 + 4OH^-$	MnO_4^-/MnO_2	0.588
$MnO_4^- + e^- \rightleftharpoons MnO_4^{2-}$	MnO_4^-/MnO_4^{2-}	0.564
$H_3AsO_4 + 2H^+ + 2e^- \rightleftharpoons HAsO_2 + 2H_2O$	$H_3AsO_4/HAsO_2$	0.559
$I_3^- + 2e^- \rightleftharpoons 3I^-$	I_3^-/I^-	0.545
I_2(固)$+2e^- \rightleftharpoons 2I^-$	I_2/I^-	0.5345
$Mo^{6+} + e^- \rightleftharpoons Mo^{5+}$	Mo^{6+}/Mo^{5+}	0.53
$Cu^+ + e^- \rightleftharpoons Cu$	Cu^+/Cu	0.52
$4SO_2$(水)$+4H^+ + 6e^- \rightleftharpoons S_4O_6^{2-} + 2H_2O$	$SO_2/S_4O_6^{2-}$	0.51
$HgCl_4^{2-} + 2e^- \rightleftharpoons Hg + 4Cl^-$	$HgCl_4^{2-}/Hg$	0.48
$2SO_2$(水)$+2H^+ + 4e^- \rightleftharpoons S_2O_3^{2-} + H_2O$	$SO_2/S_2O_3^{2-}$	0.40
$Fe(CN)_6^{3-} + e^- \rightleftharpoons Fe(CN)_6^{4-}$	$Fe(CN)_6^{3-}/Fe(CN)_6^{4-}$	0.36
$Cu^{2+} + 2e^- \rightleftharpoons Cu$	Cu^{2+}/Cu	0.337
$VO_2^+ + 4H^+ + 2e^- \rightleftharpoons V^{3+} + 2H_2O$	VO_2^+/V^{3+}	0.337
$BiO^+ + 2H^+ + 3e^- \rightleftharpoons Bi + H_2O$	BiO^+/Bi	0.32
Hg_2Cl_2(固)$+2e^- \rightleftharpoons 2Hg + 2Cl^-$	Hg_2Cl_2/Hg	0.2676
$HAsO_2 + 3H^+ + 3e^- \rightleftharpoons As + 2H_2O$	$HAsO_2/As$	0.248
$AgCl$(固)$+e^- \rightleftharpoons Ag + Cl^-$	$AgCl/Ag$	0.2223
$SbO^+ + 2H^+ + 3e^- \rightleftharpoons Sb + H_2O$	SbO^+/Sb	0.212
$SO_4^{2-} + 4H^+ + 2e^- \rightleftharpoons SO_2$(水)$+2H_2O$	SO_4^{2-}/SO_2	0.17
$Cu^{2+} + e^- \rightleftharpoons Cu^+$	Cu^{2+}/Cu^+	0.153
$Sn^{4+} + 2e^- \rightleftharpoons Sn^{2+}$	Sn^{4+}/Sn^{2+}	0.154
$S + 2H^+ + 2e^- \rightleftharpoons H_2S$(气)	S/H_2S	0.141
$Hg_2Br_2 + 2e^- \rightleftharpoons 2Hg + 2Br^-$	Hg_2Br_2/Hg	0.1395

续表

电极反应 氧化型$+ne^-\rightleftharpoons$还原型	氧化还原电对符号	$E^{\ominus}/V$
$TiO^{2+}+2H^++e^-\rightleftharpoons Ti^{3+}+H_2O$	TiO^{2+}/Ti^{3+}	0.1
$S_4O_6^{2-}+2e^-\rightleftharpoons 2S_2O_3^{2-}$	$S_4O_6^{2-}/S_2O_3^{2-}$	0.08
$AgBr$(固)$+e^-\rightleftharpoons Ag+Br^-$	$AgBr/Ag$	0.071
$2H^++2e^-\rightleftharpoons H_2$	$2H^+/H_2$	0.000
$O_2+H_2O+2e^-\rightleftharpoons HO_2^-+OH^-$	O_2/HO_2^-	−0.067
$TiOCl^++2H^++3Cl^-+e^-\rightleftharpoons TiCl_4^-+H_2O$	$TiOCl^+/TiCl_4^-$	−0.09
$Pb^{2+}+2e^-\rightleftharpoons Pb$	Pb^{2+}/Pb	−0.126
$Sn^{2+}+2e^-\rightleftharpoons Sn$	Sn^{2+}/Sn	−0.136
AgI(固)$+e^-\rightleftharpoons Ag+I^-$	AgI/Ag	−0.152
$Ni^{2+}+2e^-\rightleftharpoons Ni$	Ni^{2+}/Ni	−0.246
$H_3PO_4+2H^++2e^-\rightleftharpoons H_3PO_3+H_2O$	H_3PO_4/H_3PO_3	−0.276
$Co^{2+}+2e^-\rightleftharpoons Co$	Co^{2+}/Co	−0.277
$Tl^++e^-\rightleftharpoons Tl$	Tl^+/Tl	−0.3360
$In^{3+}+3e^-\rightleftharpoons In$	In^{3+}/In	−0.345
$PbSO_4$(固)$+2e^-\rightleftharpoons Pb+SO_4^{2-}$	$PbSO_4/Pb$	−0.3553
$SeO_3^{2-}+3H_2O+4e^-\rightleftharpoons Se+6OH^-$	SeO_3^{2-}/Se	−0.366
$As+3H^++3e^-\rightleftharpoons AsH_3$	As/AsH_3	−0.38
$Se+2H^++2e^-\rightleftharpoons H_2Se$	Se/H_2Se	−0.40
$Cd^{2+}+2e^-\rightleftharpoons Cd$	Cd^{2+}/Cd	−0.403
$Cr^{3+}+e^-\rightleftharpoons Cr^{2+}$	Cr^{3+}/Cr^{2+}	−0.41
$Fe^{2+}+2e^-\rightleftharpoons Fe$	Fe^{2+}/Fe	−0.440
$S+2e^-\rightleftharpoons S^{2-}$	S/S^{2-}	−0.48
$2CO_2+2H^++2e^-\rightleftharpoons H_2C_2O_4$	$CO_2/H_2C_2O_4$	−0.49
$H_3PO_3+2H^++2e^-\rightleftharpoons H_3PO_2+H_2O$	H_3PO_3/H_3PO_2	−0.50
$Sb+3H^++3e^-\rightleftharpoons SbH_3$	Sb/SbH_3	−0.51

电极反应 氧化型$+ne^- \rightleftharpoons$还原型	氧化还原电对符号	$E^{\ominus}/V$
$HPbO_2^- + H_2O + 2e^- \rightleftharpoons Pb + 3OH^-$	$HPbO_2^-/Pb$	−0.54
$Ga^{3+} + 3e^- \rightleftharpoons Ga$	Ga^{3+}/Ga	−0.56
$TeO_3^{2-} + 3H_2O + 4e^- \rightleftharpoons Te + 6OH^-$	TeO_3^{2-}/Te	−0.57
$2SO_3^{2-} + 3H_2O + 4e^- \rightleftharpoons S_2O_3^{2-} + 6OH^-$	$SO_3^{2-}/S_2O_3^{2-}$	−0.58
$SO_3^{2-} + 3H_2O + 4e^- \rightleftharpoons S + 6OH^-$	SO_3^{2-}/S	−0.66
$AsO_4^{3-} + 2H_2O + 2e^- \rightleftharpoons AsO_2^- + 4OH^-$	AsO_4^{3-}/AsO_2^-	−0.67
Ag_2S(固)$+ 2e^- \rightleftharpoons 2Ag + S^{2-}$	Ag_2S/Ag	−0.69
$Zn^{2+} + 2e^- \rightleftharpoons Zn$	Zn^{2+}/Zn	−0.763
$2H_2O + 2e^- \rightleftharpoons H_2 + 2OH^-$	H_2O/H_2	−0.828
$Cr^{2+} + 2e^- \rightleftharpoons Cr$	Cr^{2+}/Cr	−0.91
$HSnO_2^- + H_2O + 2e^- \rightleftharpoons Sn + 3OH^-$	$HSnO_2^-/Sn$	−0.91
$Se + 2e^- \rightleftharpoons Se^{2-}$	Se/Se^{2-}	−0.92
$Sn(OH)_6^{2-} + 2e^- \rightleftharpoons HSnO_2^- + H_2O + 3OH^-$	$Sn(OH)_6^{2-}/HSnO_2^-$	−0.93
$CNO^- + H_2O + 2e^- \rightleftharpoons CN^- + 2OH^-$	CNO^-/CN^-	−0.97
$Mn^{2+} + 2e^- \rightleftharpoons Mn$	Mn^{2+}/Mn	−1.182
$ZnO_2^{2-} + 2H_2O + 2e^- \rightleftharpoons Zn + 4OH^-$	ZnO_2^{2-}/Zn	−1.216
$Al^{3+} + 3e^- \rightleftharpoons Al$	Al^{3+}/Al	−1.66
$H_2AlO_3^- + H_2O + 3e^- \rightleftharpoons Al + 4OH^-$	$H_2AlO_3^-/Al$	−2.35
$Mg^{2+} + 2e^- \rightleftharpoons Mg$	Mg^{2+}/Mg	−2.37
$Na^+ + e^- \rightleftharpoons Na$	Na^+/Na	−2.71
$Ca^{2+} + 2e^- \rightleftharpoons Ca$	Ca^{2+}/Ca	−2.87
$Sr^{2+} + 2e^- \rightleftharpoons Sr$	Sr^{2+}/Sr	−2.89
$Ba^{2+} + 2e^- \rightleftharpoons Ba$	Ba^{2+}/Ba	−2.90
$K^+ + e^- \rightleftharpoons K$	K^+/K	−2.925
$Li^+ + e^- \rightleftharpoons Li$	Li^+/Li	−3.042

附录 9

常见离子和化合物的颜色

无色离子	Na^{+}	K^{+}	NH_4^{+}	Mg^{2+}	Ca^{2+}	Sr^{2+}	Ba^{2+}	Al^{3+}	Sn^{2+}	Sn^{4+}
	Pb^{2+}	Bi^{3+}	Ag^{+}	Zn^{2+}	Cd^{2+}	Hg^{2+}	Hg_2^{2+}	TiO^{2+}	$[Ag(NH_3)_2]^{+}$	
	BO_2^{-}	CO_3^{2-}	$C_2O_4^{2-}$	Ac^{-}	SiO_3^{2-}	NO_3^{-}	NO_2^{-}	PO_4^{3-}	SO_4^{2-}	SO_3^{2-}
	$S_2O_3^{2-}$	S^{2-}	F^{-}	Cl^{-}	ClO^{-}	ClO_3^{-}	ClO_4^{-}	Br^{-}	BrO_3^{-}	I^{-}
	IO_3^{-}	SCN^{-}	$[FeF_6]^{3-}$	$[Ag(S_2O_3)_2]^{3-}$						

有色离子	$[Ti(H_2O)_6]^{3+}$ 紫色	$[Cr(H_2O)_6]^{3+}$ 紫色	CrO_2^{-} 亮绿色	CrO_4^{2-} 黄色	$Cr_2O_7^{2-}$ 橙色
	$[Mn(H_2O)_6]^{2+}$ 浅粉色	MnO_4^{2-} 绿色	MnO_4^{-} 紫红色	$[Fe(H_2O)_6]^{2+}$ 浅绿色	$[Fe(H_2O)_6]^{3+}$ 淡紫色
	$[Fe(CN)_6]^{4-}$ 黄色	$[Fe(CN)_6]^{3-}$ 红棕色	$[Fe(SCN)_n]^{3-n}$ 血红色	$[Co(H_2O)_6]^{2+}$ 粉红色	$[Co(NH_3)_6]^{2+}$ 黄色
	$[Co(NH_3)_6]^{3+}$ 红棕色	$[Co(SCN)_4]^{2-}$ 蓝色	$[Ni(H_2O)_6]^{2+}$ 绿色	$[Cu(H_2O)_4]^{2+}$ 浅蓝色	$[Cu(NH_3)_4]^{2+}$ 深蓝色
	I_3^{-} 黄棕色				
氧化物	TiO_2 白色或红色	Cr_2O_3 绿色	CrO_3 橙红色	MnO_2 棕褐色	FeO 黑色
	Fe_2O_3 砖红色	CoO 灰绿色	Co_2O_3 黑色	NiO_2 暗绿色	Ni_2O_3 黑色
	Cu_2O 红色	CuO 黑色	Ag_2O 黑色	ZnO 白色	Hg_2O 黑褐色
	HgO 红色或黄色	Pb_3O_4 红色			
氢氧化物	$Mg(OH)_2$ 白色	$Ca(OH)_2$ 白色	$Al(OH)_3$ 白色	$Sn(OH)_2$ 白色	$Sn(OH)_4$ 白色
	$Pb(OH)_2$ 白色	$Sb(OH)_3$ 白色	$Bi(OH)_3$ 白色	$Cr(OH)_3$ 灰绿色	$Mn(OH)_2$ 白色
	$Fe(OH)_2$ 白色	$Fe(OH)_3$ 红棕色	$Co(OH)_2$ 粉红色	$Co(OH)_3$ 褐色	$Ni(OH)_2$ 浅绿色
	$Ni(OH)_3$ 黑色	$CuOH$ 黄色	$Cu(OH)_2$ 浅蓝色	$Zn(OH)_2$ 白色	$Cd(OH)_2$ 白色
卤化物	$Sn(OH)Cl$ 白色	$PbCl_2$ 白色	PbI_2 黄色	$SbOCl$ 白色	$BiOCl$ 白色
	$FeCl_3 \cdot 6H_2O$ 黄棕色	$CoCl_2$ 蓝色	$CoCl_2 \cdot 6H_2O$ 浅粉色	$CuCl_2$ 棕黄色	$CuCl_2 \cdot 2H_2O$ 蓝色
	$CuCl$ 白色	CuI 白色	$AgCl$ 白色	$AgBr$ 浅黄色	AgI 黄色
	$Hg(NH_2)Cl$ 白色	Hg_2Cl_2 白色	HgI_2 红色	Hg_2I_2 黄绿色	

硫化物	SnS 褐色	SnS_2 黄色	PbS 黑色	As_2S_3 浅黄色	As_2S_5 浅黄色
	Sb_2S_3 橙色	Sb_2S_5 橙红色	Bi_2S_3 暗棕色	MnS 肉色	FeS 黑色
	CoS 黑色	NiS 黑色	CuS 黑色	Cu_2S 黑色	Ag_2S 黑色
	ZnS 白色	CdS 黄色	HgS 黑色	Hg_2S 黑色	
含氧酸盐	$CaSO_4 \cdot 2H_2O$ 白色	$SrSO_4$ 无色	$BaSO_4$ 白色	$PbSO_4$ 白色	$Cr_2(SO_4)_3 \cdot 6H_2O$ 绿色
	$MnSO_4 \cdot 5H_2O$ 粉红色	$FeSO_4 \cdot 7H_2O$ 蓝绿色	$CoSO_4 \cdot 7H_2O$ 粉红色	$CuSO_4 \cdot 5H_2O$ 蓝色	Ag_2SO_4 白色
	$CaCO_3$ 白色	$BaCO_3$ 白色	$PbCO_3$ 白色	$Cu_2(OH)_2CO_3$ 暗绿色	Ag_2CO_3 白色
	Ag_3PO_4 黄色	$BaCrO_4$ 黄色	$PbCrO_4$ 黄色	Ag_2CrO_4 砖红色	CaC_2O_4 白色
	$Ag_2C_2O_4$ 白色	$Ag_2S_2O_3$ 白色	$BaSiO_3$ 白色	$MnSiO_3$ 肉色	$Fe_2(SiO_3)_3$ 棕红色
	$CoSiO_3$ 紫色	$NiSiO_3$ 绿色	$CuSiO_3$ 蓝色	$ZnSiO_3$ 白色	

附录 10

常见阳离子的鉴定方法

离子	试剂及条件	鉴定方法及反应	主要干扰离子
Na^+	$Zn(Ac)_2 \cdot UO_2(Ac)_2$(醋酸铀酰锌) 中性或 HAc 酸性溶液中	取 2 滴试液于试管中，加 4 滴 95%乙醇和 8 滴醋酸铀酰锌溶液，用玻璃棒摩擦管壁，析出淡黄色晶状沉淀： $Na^+ + Zn^{2+} + 3UO_2^{2+} + 9Ac^- + 9H_2O \longrightarrow NaAc \cdot Zn(Ac)_2 \cdot 3UO_2(Ac)_2 \cdot 9H_2O \downarrow$	大量 K^+ 存在时会生成 $KAcUO_2(Ac)_2$ 的针状结晶，此时可用水冲稀后实验。Ag^+、Hg_2^{2+}、Sb^{3+} 对鉴定反应有干扰；PO_4^{3-}、AsO_4^{3-} 能使试剂分解
	$K[Sb(OH)_6]$(六羟基锑酸钾) 中性或弱酸性介质(酸能使试剂分解)	取试液与等体积的 $0.1mol \cdot L^{-1}$ $K[Sb(OH)_6]$溶液于试管中混合，用玻璃棒摩擦试管壁，放置后产生白色沉淀： $Na^+ + [Sb(OH)_6]^- \longrightarrow Na[Sb(OH)_6] \downarrow$ 温度升高时沉淀的溶解度增大。 Na^+浓度大时立即有沉淀析出，浓度小时应生成过饱和溶液，放很久才会有结晶析出	除碱金属外的其他金属离子也能与试剂形成沉淀，应预先除去
	焰色反应	用洁净的镍丝(蘸取浓 HCl 在煤气灯的氧化焰中烧至近无色)蘸取试液，在氧化焰中灼烧，火焰呈黄色	

离子	试剂及条件	鉴定方法及反应	主要干扰离子
K^+	$Na_3[Co(NO_2)_6]$（六硝基合钴酸钠） 中性或微酸性介质（酸、碱能分解试剂中的$[Co(NO_2)_6]^{3-}$）	取2滴试液于试管中，加3滴六硝基合钴酸钠溶液，放置片刻，析出黄色沉淀： $2K^+ + Na^+ + [Co(NO_2)_6]^{3-} \longrightarrow K_2Na[Co(NO_2)_6]\downarrow$	NH_4^+ 与试剂生成橙色$(NH_4)_2Na[Co(NO_2)_6]$沉淀而干扰鉴定反应，但在沸水浴中加热1～2min，橙色沉淀分解，而$K_2Na[Co(NO_2)_6]$不变
	$Na[B(C_6H_5)_4]$（四苯硼酸钠） 碱性、中性或稀酸介质	取2滴试液于试管中，加2～3滴0.1mol·L^{-1} $Na[B(C_6H_5)_4]$溶液，有白色沉淀析出： $K^+ + [B(C_6H_5)_4]^- \longrightarrow K[B(C_6H_5)_4]\downarrow$	NH_4^+ 有类似的反应而干扰，Ag^+、Hg^{2+}的影响可加KCN消除，当pH＝5，若有EDTA存在时，其他阳离子不干扰
	焰色反应	用洁净的镍丝(蘸取浓HCl在煤气灯的氧化焰中烧至近无色)蘸取试液，在氧化焰中灼烧，火焰呈紫色	Na^+干扰，可用蓝色钴玻璃消除
NH_4^+	NaOH 强碱性介质	取10滴试液于试管中，加入2mol·L^{-1} NaOH溶液碱化，微热，并用红色石蕊试纸(或pH试纸)检验逸出的气体，试纸显蓝色： $NH_4^+ + OH^- \longrightarrow NH_3\uparrow + H_2O$	
	$K_2[HgI_4]$，KOH （奈斯勒试剂） 碱性介质	取1滴试液于白色点滴板上，加2滴奈斯勒试剂，生成红棕色沉淀。或取10滴试液于试管中，加入2mol·L^{-1} NaOH溶液碱化，微热，并用滴加奈斯勒试剂的试纸检验逸出的气体，试纸上呈现红棕色斑点： $NH_4^+ + 2[HgI_4]^{2-} + 4OH^- \longrightarrow HgO\cdot HgNH_2I\downarrow + 7I^- + 3H_2O$	Fe^{3+}、Cr^{3+}、Co^{2+}、Ni^{2+}、Hg^{2+}、Ag^+等因与碱生成有色沉淀而干扰鉴定反应； 大量S^{2-}存在使$[HgI_4]^{2-}$分解析出HgS↓
Mg^{2+}	镁试剂Ⅰ （对硝基苯偶氮间苯二酚） 强碱性介质	取2滴试液于试管中，加2滴2mol·L^{-1} NaOH和2滴镁试剂Ⅰ，析出天蓝色沉淀： Mg^{2+}＋镁试剂Ⅰ⟶天蓝色沉淀 镁试剂Ⅰ在碱性条件下呈红色或红紫色，被$Mg(OH)_2$沉淀吸附后呈天蓝色	大量NH_4^+存在时，会降低溶液中OH^-的浓度，妨碍Mg^{2+}的检出，鉴定前应先加碱煮沸，除去NH_4^+； Fe^{3+}、Cu^{2+}、Co^{2+}、Ni^{2+}、Hg^{2+}、Cr^{3+}、Ag^+、Mn^{2+}及大量Ca^{2+}对鉴定反应有干扰
Ca^{2+}	$(NH_4)_2C_2O_4$ HAc酸性、中性、碱性条件	取2滴试液于试管中，滴加饱和草酸铵溶液，析出白色沉淀： $Ca^{2+} + C_2O_4^{2-} \longrightarrow CaC_2O_4\downarrow$	Mg^{2+}、Sr^{2+}、Ba^{2+}有干扰。但MgC_2O_4可溶于醋酸，CaC_2O_4不溶
	乙二醛双缩(2-羟基苯胺)(简称GBHA) 碱性介质	取1滴试液于试管中，加4滴GBHA的乙醇饱和溶液、1滴2mol·L^{-1} NaOH、1滴10% Na_2CO_3溶液及10滴$CHCl_3$，加水数滴，振荡，$CHCl_3$呈红色： $Ca^{2+} + GBHA \longrightarrow Ca(GBHA)\downarrow + 2H^+$	Ba^{2+}、Sr^{2+}在相同条件下生成橙色、红色沉淀，但加入Na_2CO_3后因生成碳酸盐沉淀，使螯合物颜色变浅，而Ca(GBHA)颜色基本不变； Cu^{2+}、Cd^{2+}、Co^{2+}、Ni^{2+}、Mn^{2+}等与试剂生成有色螯合物而干扰鉴定反应，当加萃取剂$CHCl_3$时，只有Cd^{2+}、Ca^{2+}的螯合物被萃取

续表

离子	试剂及条件	鉴定方法及反应	主要干扰离子
Ba^{2+}	K_2CrO_4 中性或弱酸性介质	取 2 滴试液于离心试管中，加 1 滴 $2mol \cdot L^{-1}$ HAc 溶液和 1 滴 $1mol \cdot L^{-1}$ K_2CrO_4 溶液，生成黄色沉淀，离心分离，沉淀上加 2 滴 $2mol \cdot L^{-1}$ NaOH 溶液，沉淀不溶解： $Ba^{2+} + CrO_4^{2-} \longrightarrow BaCrO_4 \downarrow$	Sr^{2+}、Ag^{+}、Pb^{2+}、Hg^{2+} 等与 CrO_4^{2-} 生成有色沉淀，影响 Ba^{2+} 的检出； Ag^{+}、Pb^{2+}、Hg^{2+} 等可在鉴定前在浓氨水的条件下，加锌粉，并在沸水浴中煮沸 1～2 min，使金属离子被还原，离心分离除去
Al^{3+}	茜素磺酸钠 （茜素 S）	在滤纸上加 1 滴试液和 1 滴 0.1% 茜素磺酸钠，用浓氨水熏（或加 1 滴 $6mol \cdot L^{-1}$ 氨水）至出现红色斑点。此时立即停止氨熏。如氨熏时间长，茜素磺酸钠显紫色，可将滤纸隔石棉网烤一下，紫色褪去，出现红色： Al^{3+} + 茜素 S $\longrightarrow$ 红色沉淀	Fe^{3+}、Cr^{3+}、Mn^{2+} 及大量 Cu^{2+} 对鉴定反应有干扰。可用 $K_4[Fe(CN)_6]$ 在纸上分离，由于干扰离子沉淀为亚铁氰酸盐留在斑点的中央，Al^{3+} 不被沉淀，扩散到斑点的外围（水渍区），用茜素磺酸钠在斑点外围鉴定 Al^{3+}
Sn^{2+}	$HgCl_2$ 酸性介质	取 2 滴试液于试管中，加 1 滴 $0.1mol \cdot L^{-1}$ $HgCl_2$，生成白色沉淀，后沉淀变灰色或黑色： $Sn^{2+} + 2HgCl_2 + 4Cl^{-} \longrightarrow Hg_2Cl_2 \downarrow + [SnCl_6]^{2-}$ $Sn^{2+} + Hg_2Cl_2 + 4Cl^{-} \longrightarrow 2Hg \downarrow + [SnCl_6]^{2-}$	
Pb^{2+}	K_2CrO_4 中性或弱酸性介质	取 2 滴试液于试管中，加 2 滴 $6mol \cdot L^{-1}$ HAc 使溶液呈弱酸性，再加 2 滴 $0.1mol \cdot L^{-1}$ K_2CrO_4 溶液，析出黄色沉淀： $Pb^{2+} + CrO_4^{2-} \longrightarrow PbCrO_4 \downarrow$	Ba^{2+}、Ag^{+}、Hg^{2+} 等与 CrO_4^{2-} 生成有色沉淀，影响 Pb^{2+} 的检出。可先加 $6mol \cdot L^{-1}$ H_2SO_4，加热，搅拌，使 $PbSO_4$ 沉淀完全，离心分离，在沉淀中加入 $6mol \cdot L^{-1}$ NaOH，使沉淀溶解为 $[Pb(OH)_3]^{-}$，离心分离，清液用 $6mol \cdot L^{-1}$ HAc 调至弱酸性，再加 K_2CrO_4 鉴定 Pb^{2+}
Bi^{3+}	$Na_2[Sn(OH)_4]$ 强碱性	取 1～2 滴试液于试管中，加 2～3 滴新配制的 $Na_2[Sn(OH)_4]$ 溶液，析出黑色沉淀： $2Bi^{3+} + 3[Sn(OH)_4]^{2-} + 6\ OH^{-}$ $\longrightarrow 3[Sn(OH)_6]^{2-} + 2Bi \downarrow$	Cu^{2+}、Cd^{2+} 等干扰鉴定反应。可先加浓氨水，使 Bi^{3+} 转化为 $Bi(OH)_3$ 沉淀，洗涤沉淀后再加 $Na_2[Sn(OH)_4]$ 进行检验
Cr^{3+}	H_2O_2，$Pb(NO_3)_2$ 强碱性介质中，H_2O_2 将 Cr^{3+} 氧化为 CrO_4^{2-} 在弱酸性(HAc)条件下 Pb^{2+} 与 CrO_4^{2-} 生成 $PbCrO_4$ 沉淀	取 2 滴试液于试管中，加 $6mol \cdot L^{-1}$ NaOH 溶液至生成的沉淀刚好溶解，再多加 2 滴。搅动后加 4 滴 3% H_2O_2，水浴加热，溶液颜色变黄色，继续加热使过量的 H_2O_2 分解，冷却，加 $6mol \cdot L^{-1}$ HAc 酸化，加 2 滴 $Pb(NO_3)_2$ 溶液，析出黄色沉淀。 $Cr^{3+} + 4OH^{-} \longrightarrow CrO_2^{-} + 2H_2O$ $2CrO_2^{-} + 3H_2O_2 + 2OH^{-} \longrightarrow 2CrO_4^{2-} + 4H_2O$ $Pb^{2+} + CrO_4^{2-} \longrightarrow PbCrO_4 \downarrow$	
	H_2O_2 碱性介质	取 2 滴试液于试管中，加 $6mol \cdot L^{-1}$ NaOH 溶液至生成的沉淀刚好溶解，再多加 2 滴。搅动后加 4 滴 3% H_2O_2，微热，溶液变黄色，冷却后加 1mL 戊醇（或乙醚），5 滴 3% H_2O_2，最后一边振荡试管一边滴加 $6mol \cdot L^{-1}$ HNO_3，戊醇层出现蓝色： $2CrO_2^{-} + 3H_2O_2 + 2OH^{-} \longrightarrow 2CrO_4^{2-} + 4H_2O$ $2CrO_4^{2-} + 2H^{+} \longrightarrow Cr_2O_7^{2-} + H_2O$ $Cr_2O_7^{2-} + 4H_2O_2 + 2H^{+} \longrightarrow 2CrO(O_2)_2 + 5H_2O$	在水中不稳定，需用戊醇萃取，且温度降低时，稳定性增强； 其他离子对此反应无干扰

续表

离子	试剂及条件	鉴定方法及反应	主要干扰离子
Mn^{2+}	$NaBiO_3$ 固体 硝酸或硫酸介质	取 2 滴试液于离心试管中，加 6mol・L^{-1} HNO_3 酸化，加少量 $NaBiO_3$ 固体，搅拌，离心沉降，溶液呈现紫红色： $2Mn^{2+}+5NaBiO_3(s)+14H^+ \longrightarrow 2MnO_4^-+5Bi^{3+}+5Na^++7H_2O$	还原剂(Cl^-、Br^-、I^-、H_2O_2)存在时影响此鉴定反应
Fe^{3+}	KSCN 酸性介质(不能用 HNO_3)	取 1 滴试液于白色点滴板上，加 1 滴 2mol・L^{-1} HCl 酸化，加 1 滴 0.1mol・L^{-1} KSCN 溶液，溶液呈现血红色： $Fe^{3+}+nSCN^- \longrightarrow [Fe(SCN)_n]^{3-n}(n=1\sim6)$	F^-、H_3PO_4、$H_2C_2O_4$、酒石酸、柠檬酸等能与 Fe^{3+} 生成稳定的配合物而干扰。溶液中若有大量的汞盐，由于形成[$Hg(SCN)_4$]$^{2-}$ 而干扰鉴定反应。Cr^{3+}、Ni^{2+}、Co^{2+}、Cu^{2+} 盐因离子有颜色或与 SCN^- 的反应产物有色，会降低鉴定反应的灵敏度
	$K_4[Fe(CN)_6]$ 酸性介质	取 1 滴试液于白色点滴板上，加 1 滴 $K_4[Fe(CN)_6]$ 溶液，产生蓝色沉淀： $Fe^{3+}+K^++[Fe(CN)_6]^{4-} \longrightarrow [KFe^{III}(CN)_6Fe^{II}]\downarrow$	大量存在的 Cu^{2+}、Co^{2+}、Ni^{2+} 等干扰鉴定反应
Fe^{2+}	$K_3[Fe(CN)_6]$ 酸性介质	取 1 滴试液于白色点滴板上，加 1 滴 $K_3[Fe(CN)_6]$ 溶液，析出蓝色沉淀： $Fe^{2+}+K^++[Fe(CN)_6]^{3-} \longrightarrow [KFe^{III}(CN)_6Fe^{II}]\downarrow$	本法灵敏度及选择性都很高，只有在大量其他金属离子存在，而 Fe^{2+} 量很少时，现象不明显
	邻菲罗啉 中性或微酸性介质	取 1 滴试液于白色点滴板上，加 2 滴 2%邻菲罗啉溶液，溶液呈橘红色： Fe^{2+} + 邻菲罗啉 ⟶ 橘红色配合物	Fe^{3+} 与邻菲罗啉生成微橙黄色配合物，但不干扰鉴定反应；若 Fe^{3} 与 Co^{2+} 同时存在，或有 10 倍量的 Cu^{2+}、40 倍量的 $C_2O_4^{2-}$、6 倍量的 CN^- 存在时，干扰鉴定反应
Co^{2+}	KSCN，丙酮 酸性介质	取 2 滴试液于试管中，加饱和 KSCN 溶液或少量 KSCN 固体，再加数滴丙酮(或戊醇)，振荡，静置，有机层呈现蓝色： $Co^{2+}+4SCN^- \longrightarrow [Co(SCN)_4]^{2-}$ $[Co(SCN)_4]^{2-}$ 在水中不稳定，在丙酮(或戊醇)中稳定性增强	Fe^{3+} 的干扰，可通过加 NaF 掩蔽；大量的 Cu^{2+}、Ni^{2+} 存在，干扰鉴定反应
Ni^{2+}	丁二酮肟(DMG) 氨性溶液 pH=5～10	取 1 滴试液于白色点滴板上，加 1 滴 2mol・L^{-1} 氨水，再加 1 滴 1%丁二酮肟，出现鲜红色沉淀： $Ni^{2+}+2NH_3+2DMG \longrightarrow Ni(DMG)_2\downarrow+2NH_4^+$	大量 Fe^{2+}、Fe^{3+}、Co^{2+}、Cu^{2+}、Cr^{3+}、Mn^{2+} 因与氨水或试剂生成有色沉淀或可溶性物质而干扰鉴定反应
Cu^{2+}	$K_4[Fe(CN)_6]$ 中性或酸性介质	取 1 滴试液于白色点滴板上，加 2 滴 0.1mol・L^{-1} $K_4[Fe(CN)_6]$ 溶液，析出红棕色沉淀： $2Cu^{2+}+[Fe(CN)_6]^{4-} \longrightarrow Cu_2[Fe(CN)_6]\downarrow$ 生成的沉淀不溶于稀酸，但可溶于氨水生成[$Cu(NH_3)_4$]$^{2+}$，或与强碱生成 $Cu(OH)_2$	Fe^{3+} 及大量的 Co^{2+}、Ni^{2+} 干扰鉴定反应
Ag^+	HCl，氨水 HNO_3 介质	取 2 滴试液于离心试管中，加 2 滴 2mol・L^{-1} HCl 溶液，搅拌，生成白色沉淀，水浴加热，使沉淀凝聚，离心分离。在沉淀上加 2 滴 2mol・L^{-1} 氨水，使沉淀溶解。再加 2 滴 2mol・L^{-1} HNO_3，沉淀又重新析出： $Ag^++Cl^- \longrightarrow AgCl\downarrow$ $AgCl+2NH_3 \longrightarrow [Ag(NH_3)_2]^++Cl^-$ $[Ag(NH_3)_2]^++Cl^-+2H^+ \longrightarrow 2NH_4^++AgCl\downarrow$	

离子	试剂及条件	鉴定方法及反应	主要干扰离子
Zn^{2+}	$(NH_4)_2Hg(SCN)_4$ 中性或微酸性介质	取2滴试液于试管中，用2mol·L^{-1} HAc酸化，加等体积$(NH_4)_2Hg(SCN)_4$溶液，摩擦试管内壁，析出白色沉淀： $Zn^{2+}+[Hg(SCN)_4]^{2-} \longrightarrow ZnHg(SCN)_4\downarrow$ 若有极稀的$CuSO_4$(<0.02%)溶液存在，可迅速产生铜锌紫色混晶，更便于观察； 也可用极稀的$CoCl_2$(<0.02%)溶液，则产生钴锌蓝色混晶	Fe^{3+}及Cu^{2+}、Co^{2+}大量存在时，干扰鉴定反应
	二苯硫腙 强碱性	取2滴试液于试管中，加5滴6mol·L^{-1}NaOH、10滴CCl_4，再加入2滴二苯硫腙溶液，振荡试管，水层呈现粉红色，CCl_4层由绿色变为棕色	在中性或弱酸性条件下，很多重金属离子都能与二苯硫腙生成有色的配合物，因此应注意鉴定的介质条件
Hg^{2+}	$SnCl_2$ 酸性介质	取2滴试液于试管中，加入2～3滴0.1mol·L^{-1} $SnCl_2$溶液，生成白色沉淀，继续加过量$SnCl_2$溶液，白色沉淀变灰色或黑色： $Sn^{2+}+2HgCl_2+4Cl^- \longrightarrow Hg_2Cl_2\downarrow+[SnCl_6]^{2-}$ $Sn^{2+}+Hg_2Cl_2+4Cl^- \longrightarrow 2Hg\downarrow+[SnCl_6]^{2-}$	应先除去能与Cl^-产生沉淀的离子，及能与$SnCl_2$反应的氧化剂
	KI，Na_2SO_3，$CuSO_4$ 中性或微酸性介质	取2滴试液于试管中，加0.1mol·L^{-1} KI溶液使生成沉淀后又溶解，加2滴KI-Na_2SO_3溶液、2～3滴0.1mol·L^{-1} $CuSO_4$溶液，析出橙红色沉淀： $Hg^{2+}+2I^- \longrightarrow HgI_2\downarrow$ $HgI_2+2I^- \longrightarrow [HgI_4]^{2-}$ $2Cu^{2+}+4I^- \longrightarrow 2CuI\downarrow+I_2$ $2CuI+[HgI_4]^{2-} \longrightarrow Cu_2HgI_4\downarrow+2I^-$ 反应生成的I_2由Na_2SO_3除去 $SO_3^{2-}+I_2+H_2O \longrightarrow SO_4^{2-}+2H^++2I^-$	WO_4^{2-}、MoO_4^{2-}干扰鉴定反应 Cu_2HgI_4与HgI_2的颜色相近，但Cu_2HgI_4不溶于KI

附录 11

常见阴离子的鉴定方法

离子	试剂及条件	鉴定方法及反应	主要干扰离子
Cl^-	$AgNO_3$ 酸性介质	取2滴试液于离心试管中，加6mol·L^{-1} HNO_3酸化，加0.1mol·L^{-1} $AgNO_3$溶液至沉淀完全，水浴加热，使沉淀凝聚，离心分离。在沉淀上滴加2mol·L^{-1}氨水，使沉淀溶解。再滴加6mol·L^{-1} HNO_3，沉淀又重新析出： $Ag^++Cl^- \longrightarrow AgCl\downarrow$ $AgCl+2NH_3 \longrightarrow [Ag(NH_3)_2]^++Cl^-$ $[Ag(NH_3)_2]^++Cl^-+2H^+ \longrightarrow 2NH_4^++AgCl\downarrow$	

离子	试剂及条件	鉴定方法及反应	主要干扰离子
Br^-	氯水,CCl_4 中性或酸性介质	取 2 滴试液于试管中,加 10 滴 CCl_4,滴加氯水,振荡,有机层显红棕色或黄色: $2Br^- + Cl_2 \longrightarrow Br_2 + 2Cl^-$	
I^-	氯水,CCl_4 中性或酸性介质	取 2 滴试液于试管中,加 10 滴 CCl_4,滴加氯水,振荡,有机层显紫红色: $2I^- + Cl_2 \longrightarrow I_2 + 2Cl^-$	加入氯水过量时,I_2 被氧化为 IO_3^-,有机层紫红色褪去
S^{2-}	H_2SO_4	取 3 滴试液于试管中,加 $2mol \cdot L^{-1}$ H_2SO_4 酸化,用 $Pb(Ac)_2$ 试纸检验放出的气体,试纸变黑色: $S^{2-} + 2H^+ \longrightarrow H_2S \uparrow$	
	$Na_2[Fe(CN)_5NO]$ 碱性介质	取 1 滴试液于白色点滴板上,加 1 滴 1% $Na_2[Fe(CN)_5NO]$溶液,溶液呈红紫色: $S^{2-} + [Fe(CN)_5NO]^{2-} \longrightarrow [Fe(CN)_5NOS]^{4-}$	在酸性介质中由于 $S^{2-} + H^+ \longrightarrow HS^-$ 无红紫色产生
$S_2O_3^{2-}$	稀盐酸	取 2 滴试液于试管中,加 2～3 滴 $2mol \cdot L^{-1}$ HCl 溶液,加热,出现白色浑浊: $S_2O_3^{2-} + 2H^+ \longrightarrow SO_2 \uparrow + S \downarrow + H_2O$	S^{2-} 和 SO_3^{2-} 同时存在时干扰鉴定反应
	$AgNO_3$ 中性介质	取 1 滴试液于白色点滴板上,加 2 滴 $0.1mol \cdot L^{-1}$ $AgNO_3$ 溶液,产生白色沉淀,并很快变成黄色、棕色,最后变为黑色: $S_2O_3^{2-} + 2Ag^+ \longrightarrow Ag_2S_2O_3 \downarrow$ $Ag_2S_2O_3 + H_2O \longrightarrow Ag_2S \downarrow + 2H^+ + SO_4^{2-}$	S^{2-} 干扰鉴定反应,必须先除去。可加少量 $PbCO_3$ 固体于试液中,搅拌,当白色沉淀变为黑色时,再加少量 $PbCO_3$ 固体,搅拌,直至沉淀呈灰色,离心分离,取清液进行鉴定
SO_3^{2-}	$ZnSO_4$, $K_4[Fe(CN)_6]$, $Na_2[Fe(CN)_5NO]$ 中性介质 酸能使沉淀消失,所以需用氨水将溶液调至中性	在点滴板上加 1 滴饱和 $ZnSO_4$ 溶液、1 滴 $0.1mol \cdot L^{-1}$ $K_4[Fe(CN)_6]$溶液和 1 滴 1% $Na_2[Fe(CN)_5NO]$溶液,再加 1 滴 $2mol \cdot L^{-1}$ 氨水及 1 滴试液,产生红色沉淀 $Zn_2[Fe(CN)_5NOSO_3]$	S^{2-} 与 $Na_2[Fe(CN)_5NO]$生成紫红色配合物,干扰鉴定反应,应先除去
SO_4^{2-}	$BaCl_2$ 酸性介质	取 2 滴试液,用 $6mol \cdot L^{-1}$ HCl 酸化,加 2 滴 $0.1mol \cdot L^{-1}$ $BaCl_2$ 溶液,析出白色沉淀: $SO_4^{2-} + Ba^{2+} \longrightarrow BaSO_4 \downarrow$ 白色沉淀不溶于 HCl 及 HNO_3	
NO_3^-	$FeSO_4$ 浓 H_2SO_4	取 5 滴试液于试管中,加入少量 $FeSO_4$ 晶体,振荡溶解后,斜持试管,沿试管壁慢慢加入 1mL 浓 H_2SO_4,在 H_2SO_4 层和水层界面处出现“棕色环”: $3Fe^{2+} + NO_3^- + 4H^+ \longrightarrow 3Fe^{3+} + NO \uparrow + 2H_2O$ $FeSO_4 + NO \longrightarrow [Fe(NO)]SO_4$	NO_2^-、Br^-、I^-、CrO_4^{2-} 干扰鉴定反应。应先除去。取 10 滴试液,加 5 滴 $2mol \cdot L^{-1}$ H_2SO_4、1mL $0.02mol \cdot L^{-1}$ Ag_2SO_4 溶液,搅拌,离心分离,在清液中加入尿素(除去 NO_2^-),微热,然后进行 NO_3^- 的鉴定
NO_2^-	$FeSO_4$ HAc	取 5 滴试液于试管中,加少量 $FeSO_4$ 固体,振荡溶解后,加 10 滴 $2mol \cdot L^{-1}$ HAc,溶液呈棕色: $Fe^{2+} + NO_2^- + 2HAc \longrightarrow Fe^{3+} + NO \uparrow + Ac^- + H_2O$ $FeSO_4 + NO \longrightarrow [Fe(NO)]SO_4$	Br^-、I^- 干扰鉴定反应
	对氨基苯磺酸 α-萘胺 中性或 HAc 介质	取 1 滴试液于试管中,加 $6mol \cdot L^{-1}$ HAc 酸化,再加对氨基苯磺酸、α-萘胺各 1 滴,溶液呈现红紫色	

续表

离子	试剂及条件	鉴定方法及反应	主要干扰离子
PO_4^{3-}	$(NH_4)_2MoO_4$ 为避免沉淀溶于过量的磷酸盐生成配离子，应加入过量试剂	取 2 滴试液于试管中，加 10 滴 $(NH_4)_2MoO_4$ 溶液，水浴加热，析出黄色沉淀： $PO_4^{3-}+3NH_4^{+}+12MoO_4^{2-}+24H^{+}$ $\longrightarrow (NH_4)_3PO_4\cdot 12MoO_3\cdot 6H_2O\downarrow +6H_2O$	还原性离子可将 Mo(Ⅵ)还原为低价钼的化合物——“钼蓝”而使溶液呈蓝色，干扰鉴定反应。大量 Cl^- 存在会降低鉴定反应的灵敏度。可通过加入浓 HNO_3，并加热煮沸的方法除去 Cl^- 和还原性离子
	$AgNO_3$ 中性或弱酸性介质	取 2 滴试液于试管中，加入 2～3 滴 0.1mol·L^{-1} $AgNO_3$ 溶液，振荡，析出黄色沉淀： $3Ag^{+}+PO_4^{3-}\longrightarrow Ag_3PO_4\downarrow$	CrO_4^{2-}、S^{2-}、I^-、$S_2O_3^{2-}$、AsO_4^{3-}、AsO_3^{3-} 等能与 Ag^+ 生成有色沉淀，干扰鉴定反应

参 考 文 献

［1］ 展树中，刘静，杨少容．大学化学实验．北京：高等教育出版社，2020.

［2］ 何永科，吕美横，刘威，等．无机化学实验．2 版．北京：化学工业出版社，2017.

［3］ 赵新华．无机化学实验．4 版．北京：高等教育出版社，2014.

［4］ 王传胜，孙亚光，李红．无机化学实验．北京：化学工业出版社，2009.

［5］ 华南理工大学无机化学教研室．无机化学实验．北京：化学工业出版社，2009.

［6］ 吴俊森．大学基础化学实验．北京：化学工业出版社，2006.

［7］ 北京师范大学，等．无机化学实验．北京：高等教育出版社，2004.

［8］ 展树中，杨浩．一种新型光催化制氢系统设计．实验室研究与探索，2021，40（7）：6-9.

［9］ 展树中．"从含银废水中回收金属银"实验的改进与实践．广东化工，2018，45（17）：178-179.

［10］ Luo Su-Ping，Tang Ling-Zhi，Zhan Shu-Zhong. Inorg. Chem. Commun，2017，86：276-280.

［11］ Xue Dan，Peng Qiu-Xia，Li Dong，et al. Polyhedron，2017，126：239-244.

［12］ Zhan Shu-Zhong，Yu Kai-Bei，Liu Jiang. Inorg. Chem. Commun，2006，9，1007-1010.